"十三五"普通高等教育规划教材

FPGA 原理与应用

主编　李辉　邓超

参编　周巧喜　叶小涛

机 械 工 业 出 版 社

本书从实用的角度出发，介绍了 FPGA 的基本原理和开发技术，包括 FPGA 的器件原理、Quartus 集成开发环境、ModelSim 仿真软件、FPGA 开发流程、Verilog HDL 硬件描述语言、IP 核等内容。书中内容结合实际操作讲解，便于理解和掌握。本书最后一章单独给出了若干实验案例和完整代码，由浅入深，从基本实验到综合实例，帮助读者真正掌握 FPGA 开发技术。

本书既可作为高等学校 FPGA 相关课程的教材，也可作为 FPGA 技术开发人员的技术参考书。

为便于教学，本书提供了授课所需的电子课件和程序源码，需要的读者可登录 www. cmpedu. com 免费注册、审核通过后下载，或联系编辑索取（QQ：6142415，电话 010-88379753）。

图书在版编目(CIP)数据

FPGA 原理与应用/李辉，邓超主编．—北京：机械工业出版社，2019. 3
(2025. 2 重印)
“十三五”普通高等教育规划教材
ISBN 978-7-111-62360-1

Ⅰ. ①F… Ⅱ. ①李… ②邓… Ⅲ. ①可编程序逻辑阵列-系统设计-高等学校-教材 Ⅳ. ①TP332. 1

中国版本图书馆 CIP 数据核字(2019)第 055735 号

机械工业出版社(北京市百万庄大街 22 号 邮政编码 100037)
责任编辑：李馨馨 秦 菲 责任校对：张艳霞
责任印制：张 博

北京建宏印刷有限公司印刷

2025 年 2 月第 1 版 · 第 8 次印刷
184mm×260mm · 14. 25 印张 · 349 千字
标准书号：ISBN 978-7-111-62360-1
定价：45. 00 元

凡购本书，如有缺页、倒页、脱页，由本社发行部调换

电话服务
服务咨询热线：(010)88379833
读者购书热线：(010)68326294

网络服务
机 工 官 网：www. cmpbook. com
机 工 官 博：weibo. com/cmp1952
金 书 网：www. golden-book. com
教育服务网：www. cmpedu. com

前　言

FPGA 技术是当前硬件设计的主流方向之一，在许多数字系统中有着广泛的应用。本书以 FPGA 的基本原理为基础，同时介绍了其应用系统设计。

本书第 1 章介绍了可编程逻辑设计；第 2 章介绍了 CPLD 和 FPGA 的基本结构和原理；第 3 章讨论了 Quartus Ⅱ 集成开发环境的使用；第 4 章讨论了 ModelSim 仿真软件的使用；第 5 章介绍 Verilog HDL 硬件描述语言；第 6 章介绍了 IP 核的使用；第 7 章介绍了若干实验案例和综合实例，可满足课内实验和课程设计的需求。

本书由河南理工大学物理与电子信息学院的教师共同编写，第 1~4 章由邓超编写，第 5 章由周巧喜编写，第 6 章由叶小涛编写，第 7 章由李辉编写。本书的顺利出版，要感谢河南理工大学及其物理与电子信息学院给予的大力支持和帮助，同时感谢李馨馨编辑的辛劳付出。

本书提供电子教案和程序源码，可发送邮件至 li20022004@ hpu. edu. cn 索取。

由于时间仓促，书中难免存在不妥之处，请读者原谅，并提出宝贵意见。

作　者

目　　录

第1章 可编程逻辑设计概述

本章首先介绍可编程逻辑设计的发展历史、特性、应用领域及产品分类，然后介绍可编程逻辑设计的开发流程，最后介绍常用的开发环境和EDA工具——Altera和Xilinx的开发工具、仿真工具和综合工具等基本理论知识，为学习本书后续内容做好准备。

1.1 可编程逻辑设计简介

可编程逻辑器件（Programmable Logic Device，PLD）是一种可由用户进行编程的大规模集成电路，其电路结构具有通用性和可配置性，在出厂时它们不具备任何逻辑功能，用户通过开发软件对器件编程来实现所需要的逻辑功能。可编程逻辑设计的出现改变了传统的数字系统设计的方法，该类设计具有可多次擦除和反复编程的特点。

1.1.1 可编程逻辑器件发展史

随着数字电路的应用越来越广泛，传统通用的数字电路集成芯片已经难以满足系统的功能要求，而且随着系统复杂程度的提高，所需通用集成电路的数量呈爆炸式增长，使得电路的体积庞大，可靠性难以保证。此外，现代产品的生命周期都很短，一个电路可能需要在很短的周期内进行改动以满足新的功能需求，对于采用通用的数字集成电路设计的电路系统来说，这意味着重新设计和重新布线。可编程逻辑器件内部可能包含几千个门和触发器，用一片PLD就可以实现多片通用型逻辑器件所实现的功能，这意味着可减小整个数字系统的体积和功耗，并提高其可靠性，而且，通过改变PLD的程序就可以轻易地改变设计，不用改变系统的PCB布线就可以实现新的系统功能。可编程逻辑器件伴随着半导体集成电路的发展而不断发展，纵观其发展历程，大致可分为以下几个阶段。

1. 第一阶段

20世纪70年代，先后出现了可编程只读存储器（Programmable Read-Only Memory，PROM）、可编程逻辑阵列（Programmable Logic Array，PLA）和可编程阵列逻辑（Programmable Array Logic，PAL）器件，其中PAL器件在当时曾得到广泛的应用。这一类集成电路由逻辑门构成，门之间通过金属熔丝相互连接，当对器件进行编程时，由专用编程器产生较大的电流。根据设计要求烧断内部的一些熔丝来断开信号的连接，保留的熔丝则为内部电路提供信号的连接，从而实现用户所需要的逻辑功能。由于这类芯片内部的熔丝烧断后是不能恢复的，因此属于一次性可编程器件。

2. 第二阶段

随着技术的发展和应用要求的不断提高，20世纪80年代，出现了紫外线可擦除只读存储器（EPROM）和电可擦除只读存储器（EEPROM）。其价格便宜、易于编程，适合于存储函数和数据表格，因此很快被应用到PLD器件中。在这一时期，Lattice公司推出了用电擦除的通用阵列逻辑器件（Generic Array Logic，GAL）。Altera公司和Cypress公司联合推出了可用紫外线擦除的可编程器件（Erasable PLD，EPLD）MAX系列产品，后来逐步发展成为可用电擦除的复杂PLD（Complex PLD，CPLD），从而解决了PAL器件逻辑资源较少的问题。而Xilinx公司则应用静态存储器（SRAM）技术生产出了世界上第一片现场可编程门阵列器件（Field Programmable Gate Array，FPGA），它是作为专用集成电路（Application Specific Integrated Circuit，ASIC）领域中的一种半定制电路而出现的，既解决了定制电路的不足，又克服了原有可编程器件门电路数有限的缺点，因而在复杂数字系统中被广泛应用。

3. 第三阶段

这些早期的PLD器件的一个共同特点是可以实现速度特性较好的逻辑功能，但其过于简单的结构也使它们只能实现规模较小的电路。为了弥补这一缺陷，20世纪90年代中期，Altera和Xilinx分别推出了类似于PAL结构的扩展型EPLD和与标准门阵列类似的FPGA，它们都具有体系结构和逻辑单元灵活、集成度高以及适用范围宽等特点。这两种器件兼容了PLD和通用门阵列的优点，可实现较大规模的电路，而且编程也很灵活。与门阵列等其他ASIC相比，它们又具有设计开发周期短、设计制造成本低、开发工具先进、标准产品无需测试、质量稳定以及可实时在线检验等优点，因此被广泛应用于产品的原型设计和产品生产之中。

4. 第四阶段

21世纪初，将现场可编程门阵列和CPU相融合，并且集成到一个单个的FPGA器件中。如Xilinx推出了两种基于FPGA的嵌入式解决方案。

1）FPGA器件内嵌了时钟频率高达500 MHz的Power PC硬核微处理器和1GHz的ARM Cortex-A9双核硬核嵌入式处理器。

2）低成本的嵌入式软核处理器，如Micro Blaze和Pico Blaze。

为了更明确地说明可编程逻辑器件的发展史，图1-1给出了可编程逻辑器件的发展结构示意图。

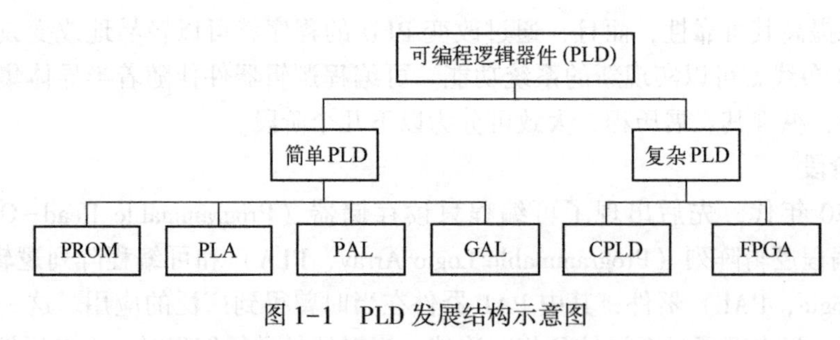

图1-1　PLD发展结构示意图

1.1.2　可编程逻辑器件特性

可编程逻辑器件内部包含两个基本部分：一是逻辑阵列，指的是设计人员可以编程的部分；另一个是输出单元或宏单元，设计人员可以通过宏单元改变PLD的输出结构。输入信号通过“与”矩阵，产生输入信号的乘积项组合，然后通过“或”矩阵相加，再经过输出单元或宏单元输出。其实，根据《数字电路》一书中的卡诺图和摩根定理的知识可知，任何逻辑功能均可以通过化简得到“积之和”逻辑方程。

采用可编程逻辑器件通过对器件内部的设计来实现系统功能，是一种基于芯片的设计方法。设计者可以根据需要定义器件的内部逻辑和引出端，将电路板设计的大部分工作放在芯片的设计中进行，通过对芯片设计实现数字系统的逻辑功能。灵活的内部功能块组合、引出端定义等，可大大减轻电路设计和电路板设计的工作量和难度，有效地增强设计的灵活性，提高工作效率。同时采用可编程逻辑器件，设计人员在实验室可反复编程、修改错误以便尽快开发产品，迅速占领市场。基于芯片的设计方法可以减少芯片的数量、缩小系统体积、降低能源消耗、提高系统的性能和可靠性。因此，可编程逻辑器件的特性要求如下。

1. 可读性

研究表明：投入一定的时间写好文档，可以在调试、测试和维护设计过程中节省大量的时间。而一个好的文档和经过验证的电路设计，可以很容易被重用。

可读性的具体要求如下：

1）可编程逻辑设计的原理图和硬件描述语言设计应包含足够详细的注释。

2）各个模块的详细说明。

3）原理图之间的关系及硬件描述的模块之间的互连关系的详细说明。

例如，CPLD/FPGA 的设计文档应包含用户自己创建的约束文件，还应该说明在设计、实现和验证阶段使用的各个输出文件。在综合后，应当说明网表文件的硬件描述语言类型、目的等。状态机的文档也应当包含状态图或功能描述。布尔方程的实现过程也应该写在文档中，甚至应当写在源代码里面，包括简化前后的布尔方程。

2. 可测性

可测性也是优秀的可编程逻辑设计的一个重要特征。任何一种电子产品，在生产完成之后，都要进行测试，以判断产品的质量是否合格，它包含以下几种场合的测试：芯片生产后测试；芯片封装完成后进行的电路测试；集成电路装上 PCB 后的测试；系统成套完成后的测试；现场使用测试。早期的可编程逻辑器件测试通常在测试设备上进行，将被测集成电路或测试板放在测试仪器上，测试设备根据需要产生一系列测试输入信号，将测试输出与预期输出进行比较，如果两者相等，表示测试通过。否则，被测电路可能出现一定的问题。很明显，随着集成系统的日益复杂，集成规模日趋庞大，测试生成处理开销变得巨大。此外，与集成电路的内部接点相比，I/O 引脚要少很多，根本无法将所需要的激励和观察点全部引出。很明显，仅考虑改良测试方法，将很难解决测试问题，远远不能适应电路集成度增长的发展要求。因此，可编程逻辑设计的开发商及系统工程师都应该考虑这些问题。系统级的测试要求工程师对整个设计流程及系统架构都要很清楚。

3. 可重复性

可编程逻辑设计应该保证在不同的设计者从不同部位开始，并重新进行布局布线等情况下，可以得到同样的结果。没有这个保证，验证以及其他形式的设计测试就毫无价值。因为设计师显然不希望在设计里出现这样的情况：器件具有相同的输入/输出引出端和功能，但是由于布局布线的差异，最后时序却不一样。如果在实现的过程中，没有让系统设计软件的参数或选项保持一致，这种情况就会发生。就获得可重复结果而言，资源合理利用和频率要求很高是最大的挑战，这就要求把那些需要整体优化、实施和验证的逻辑放在同一层级，另外需要记录模块的输入和输出。把时序路径保持在模块内部，从而避免模块改变时引起相互影响。最后，把所有需要放入更大可编程逻辑器件资源的逻辑全部设置在相同层级。这样就能保证可编程逻辑设计具有可重复性的特点。

关于可编程逻辑设计的可重复性，有两点应该注意：一是随机数种子；二是布局布线编辑情况。随机数种子是一个由系统时钟生成的 n 位随机数，用来初始化自动布局布线（Automatic Place and Route，APR）进程。如果在执行 APR 过程前没有指定这个随机数种子，那么每次运行 APR 就会得到不同的结果。同样，在 APR 之后，可能需要人工进行修改或完善，这些人工修改的过程或参数都应该以文档的方式记录下来，包括布局布线编辑器的选项和参数设置。如果不这样做，最终的实现就会因人而异，整个系统的性能也变得不稳定，甚至无法评估。

1.1.3 可编程逻辑器件应用领域

通信是 PLD 的传统领域，随着微电子技术的发展，芯片面积缩小，价格迅速下降，市场发展加快，同时由于 PLD 灵活方便，不仅在性能、速度、连接上具有优势，而且可以缩短上市时间，因此其应用领域不断拓展。现在，许多用户都开始在一些批量生产的消费类电子产品上采用 PLD，如游戏设备、PDA、数字视频、移动网络、无线局域网等。以下为 PLD 的几个主要应用领域。

（1）在通信系统中的应用

随着集成技术的迅猛发展，可编程逻辑器件在通信领域中取得了不可替代的作用。在现代通信系统的设计中，将通信系统的信号发送端和信号接收端分开，因此器件的合理选择是很重要的。基于电可擦除编程工艺的 CPLD 的优点是编程后信息不会因断电而丢失，但编程次数有限，编程的速度不快。对于 SRAM 型的 FPGA 来说，配置次数无限，在加电时可随时更改逻辑，但掉电后芯片中的信息丢失，每次上电必须重新载入信息。相比之下，为了体现系统的可重开发功能，大规模 FPGA 是最好的选择。同时，目前现代通信系统的发展方向是功能更强、体积更小、速度更快，而 FPGA 在集成度、功能和速度上的优势正好满足通信系统的这些要求，因而融入通信系统的市场也是必然的结果。

（2）在专用型集成电路设计中的应用

PLD 是在 ASIC 设计的基础上发展起来的。在 ASIC 设计方法中，通常采用全定制和半定制的电路设计方法，如果设计完成后不满足系统设计的要求，就得重新设计、验证，这样就使设计开发周期变长，大大增加了产品的开发费用。目前 ASIC 的容量越来越大，密度已达到平均每平方米 100 万个门电路，但随着密度的不断提高，芯片则受到引脚的限制。片上芯片虽然很多，但接入内核的引脚数目却是有限的，而选择 PLD 则不存在这样的限制，现在 PLD 芯片的规模越来越大，其单片逻辑门数已经达到上百万系统门，有的甚至达到了上千万系统门，实现的功能也越来越强。

（3）在数字电路实验中的应用

如今，在数字电路的实验中，进行一次电路实验课程需要准备大量的基本门电路、触发器、中规模集成电路等逻辑集成芯片，增加了器件的选购和管理的难度，尤其是有些逻辑芯片只是用一次就不再使用了，使得闲置的逻辑芯片将会大大增加，造成资源的浪费。但是，如果使用 PLD，在组合电路和相关实验中可以把 PLD 编程写为各种组合式门电路结构，还可以用它构成几乎所有的中规模组合集成电路，如译码器、编码器等。例如：在做触发器实验中，利用一片 GAL16V8 芯片可以同时实现 R-S 触发器、J-K 触发器、D 触发器、T 触发器等基本触发器。由此看来，在把 PLD 用于数字电路实验后，一般实验只要准备一种集成芯片即可，这就大大减少了器件的选购、管理的工作量及经费的开支。此外，PLD 还从很大程度上改变了数字系统的设计方式。最显著的特点是它使硬件的设计工作更加简单方便。

在具体的应用上，PLD 的逻辑功能有控制接口、总线接口、格式变换/控制、通道接口、协议控制接口、信号处理接口、成像控制/数字处理、加密/解密、错误探测等。PLD 的典型应用见表 1-1。

表 1-1　PLD 的典型应用

汽车/军事	消费类产品	控　　制
自适应行驶控制 防滑制动装置/控制引擎 全球定位/导航/振动分析 语音命令/雷达信号处理 声呐信号处理	数字收音机/TV 教育类玩具 音乐合成器/固态应答器 雷达检测器 高清晰数字电视	磁盘驱动控制 引擎控制 激光打印机控制 电动机控制/伺服控制 机器人控制
数字信号处理	图形/图像处理	工业/医学
自适应滤波、DDS 卷积、数字滤波 快速傅里叶变换 波形产生/频谱分析	神经网络、同态信号处理 动画/数字地图 图像压缩/传输 图像增强、模式识别	数字化控制 电力线监控 机器人、安全检修 诊断设备/超声设备
电信	网络	声音/语音处理
个人通信系统（PCS） ADPCM/蜂窝电话 个人数字助理（PDA） 专用交换机（PBX） DTMF 编/解码器 回波抵消器	1200~56600 bit/s Modem xDSL、视频会议 传真、未来终端 无线局域网/蓝牙 WCDMA MPEG-2 码流传输	语音处理 语音增强 语音声码器 语音识别/语音合成 文本/语音转换技术 语音邮箱

1.1.4　可编程逻辑器件产品分类

可编程逻辑器件（PLD）是 20 世纪 70 年代发展起来的一种新型逻辑器件，是目前数字系统设计的主要硬件基础。目前生产和使用的 PLD 产品主要有可编程只读存储器（PROM）、现场可编程逻辑阵列（FPLA）、可编程阵列逻辑（PAL）、通用阵列逻辑（GAL）、可擦除的可编程逻辑器件（EPLD）、复杂可编程逻辑器件（CPLD）、现场可编程门阵列（FPGA）等几种类型。

根据可编程逻辑器件结构、集成度以及编程工艺的不同，它存在以下不同的分类方法。

1. 按结构特点分类

一是基于与或阵列结构的器件——阵列型，如 PROM、EPROM、EEPROM、PAL、GAL、CPLD、EPLD 和 FPLA；二是基于门阵列结构的器件——单元型，如 FPGA。它们的结构及特点介绍如下。

（1）可编程只读存储器（PROM）

可编程只读存储器只允许写入一次，所以也被称为一次可编程只读存储器（One Time Programming ROM，OTP-ROM）。可编程只读存储器在出厂时，存储的内容全为 1，用户可以根据需要将其中的某些单元写入数据 0（部分的 PROM 在出厂时数据全为 0，则用户可以将其中的部分单元写入1)，以实现对其“编程”的目的。PROM的典型产品分为两类：一类是经典的可编程只读存储器，为使用“特基二极管”的PROM，它是由二极管组成的结破坏型电路。出厂时，二极管处于反向截止状态，用大电流的方法将反相电压加在“肖特基二极管”，造成其永久性击穿即可。另一类是由晶体管组成的熔丝型电路，如果想改写某些单元，则可以给这些单元通以足够大的电流，并维持一定的时间，原先的熔丝即可熔断，这样就达到了改写某些位的效果。两种PROM结构示意图如图1-2所示。

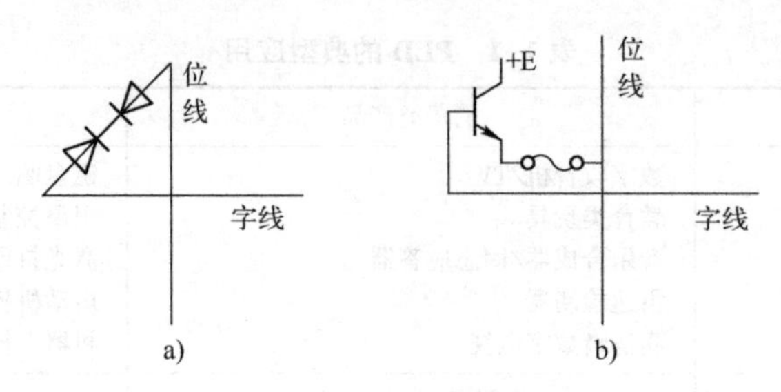

图1-2　PROM结构示意图
a）结破坏型　b）熔丝型

在结破坏型PROM中，每个存储单元都有两个对接的二极管。这两个二极管将字线与位线断开，相当于每个存储单元都存有信息“0”。如果将某个单元的字线和位线接通，即将该单元改写为“1”，需要在其位线和字线之间加100～150 mA的电流，击穿二极管。这样，该单元就被改写为“1”。

在熔丝型可编程只读存储器中，存储矩阵的每个存储单元都有一个晶体管。该晶体管的基极和字线相连，发射极通过一段镍铬熔丝和位线相连。在正常工作电流下，熔丝不会烧断，这样每个存储单元都有一个PN结，表示该单元存有信息“1”。但是，如果在某个存储单元的字线和位线之间通过几倍的工作电流，该单元的熔丝立刻会被烧断。这时字线、位线断开，该单元被改写为“0”。

PROM的存储单元一旦由“0”改写为“1”或由“1”改写为“0”，就变成固定结构，因此只能进行一次编程。

(2) 可擦除的可编程只读存储器（EPROM）

最早研究成功并投入使用的EPROM是用紫外线照射进来擦除的。EPROM采用MOS型电路结构，其存储单元通常由叠栅型MOS晶体管组成，而叠栅型MOS晶体管通常采用增强型场效应晶体管结构。叠栅型MOS晶体管的结构原理图和符号如图1-3所示。

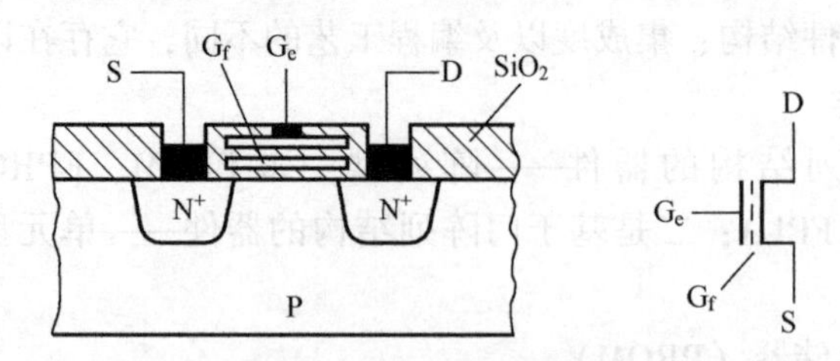

图1-3　SIMOS晶体管的结构原理图和符号

以叠栅型MOS晶体管为例，图中叠栅型MOS晶体管有两个重叠的栅极：一个在上面，称为控制口，其作用与普通MOS晶体管的栅极相似；另一个埋在二氧化硅绝缘层内，称为浮置栅。如果浮置栅上没有电荷，叠栅型 MOS 晶体管的工作原理与普通 MOS 晶体管相似。当控制栅上的电压高于它的开启电压时，即在栅极加上正常的高电平信号时，漏源之间有电流产生，SIMOS 高管导通。如果浮置栅上有电子，这些电子产生负电场。这时要使管子导通，控制栅必须加较高的正电压，以克服负电场的影响。换句话说，如果浮置栅上有电子，管子的开启电压就会增加，在栅极加上正常的高电平信号时 SIMOS 晶体管将不会导通。

浮置栅上的电荷是靠漏源及栅源之间同时加一较高电压（例如+20～+25 V 的编程电压，正常工作电压只有 5 V）而产生的。当源极接地时，漏极的高电压使漏源之间形成沟道。沟道内的电子在漏源间强电场的作用下获得足够的能量。同时借助于控制栅正电压的吸引，一部分电子穿过二氧化硅薄层进入浮置栅。当高压电源（例如+20～+25 V 的编程电压）去掉后，由于浮置栅被绝缘层包围，它所获得的电子很难泄漏，因此可以长期保存。浮置栅上注入了电荷的 SIMOS 管相当于写入了数据“1”，未注入电荷的相当于存入了数据“0”。

当浮置栅带上电子后，如果要想擦去浮置栅上的电子，可采用强紫外线或 X 射线对叠栅进行照射，当浮置栅上的电子获得足够的能量后，就会穿过绝缘层返回到衬底中去。

（3）电信号擦除的可编程 ROM（EEPROM）

EEPROM（也有写成 E^2PROM）是一种可以用电信号擦除和改写的可编程 ROM。它不仅可以整体擦除存储单元内容，还可进行逐字擦除和逐字改写。EEPROM 的擦除和改写电流很小，在普通工作电源条件下即可进行，擦除时也不需要将器件从系统上拆卸下来。

（4）可编程阵列逻辑（PAL）

PAL 沿用了在生产 PROM 器件中所采用的熔丝式双极型工艺，具有“与”阵列可编程而“或”阵列固定结构，可以达到很高的工作速度。PAL 器件与 PROM 相比，阵列规模大大减少，能更灵活地实现各种逻辑功能，而且 PAL 器件编程简单、适应性强，可以取代多种常用中小规模晶体管逻辑器件。PAL 器件的构成原理以逻辑函数的最简与或式为主要依据，其基本结构如图 1-4 所示。

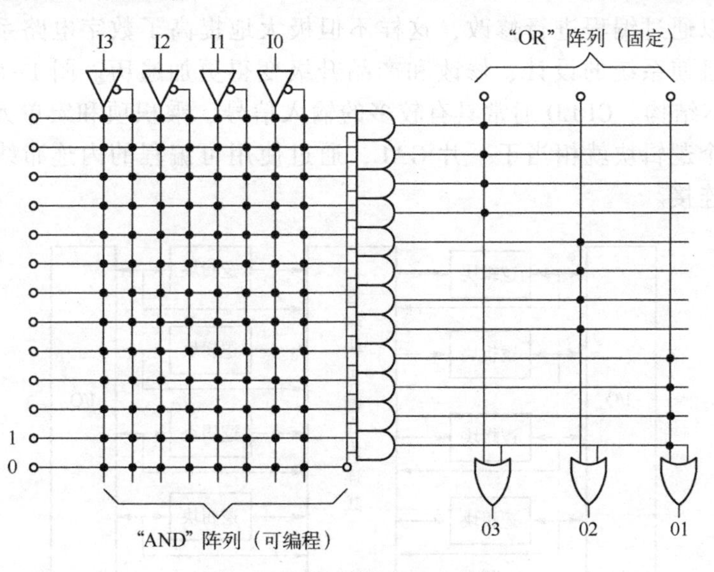

图 1-4　PAL 器件的基本结构

在 PAL 器件的两个逻辑阵列中，“与”阵列可编程用来产生函数最简与或式中所必需的乘积项，由于它不是全译码结构，所以允许器件有多个输入端。PAL 器件的“或”阵列不可编程，它完成对指定乘积项的“或”运算，产生函数的输出。如图 1-4 所示的“与”阵列有 4 个输入端，通过编程允许产生 12 个乘积项。“或”阵列由 3 个四输入“或”门组成，每个“或”门允许输入 4 个乘积项，因此“或”阵列的每个输出端可以输出任意 4 个或少于 4 个乘积项的四变量组合逻辑函数。

（5）通用阵列逻辑（GAL）

GAL 是一种电可擦除可重复编程的逻辑器件，它具有灵活的可编程输出结构，使得为数不多的几种 GAL 器件几乎能够代替所有 PAL 器件和数百种中小规模标准器件。而且，GAL 器件采用先进的 EECMOS 工艺，可以在几秒钟内完成对器件的擦除和写入，并允许反复改写。普通型 GAL 器件与 PAL 器件有相同的阵列结构，均采用“与”阵列可编程、“或”阵列固定的结构。具体 GAL 器件的基本组成原理感兴趣的读者可查阅相关资料进行补充。

（6）复杂可编程逻辑器件（CPLD）

CPLD 是在 PAL、GAL 等器件的基础上发展起来的大规模集成可编程逻辑器件，与 PAL、GAL 等器件相比，CPLD 的规模比较大，一个 CPLD 芯片可以替代几十甚至数百个通用 IC 芯片。虽然不同 IC 公司生产的 CPLD 结构差异很大，但一般都包含可编程的逻辑宏单元（Logic Macro Cell，LMC）、可编程的 I/O 单元和可编程的内部连线（Programmable Interconnect，PI）这三大部分。LMC 逻辑结构比较复杂，而且具有复杂的 I/O 单元互连结构，用户可以根据不同需要生成特定的电路结构，实现一定的功能。数目众多的逻辑宏单元 LMC 在 CPLD 中被排列成若干个阵列块，丰富的内部互连线则为 LMC 之间提供了快速、具有固定延时的信号通道。由于 CPLD 内部采用固定长度的金属线进行各逻辑块的互连，因此设计的逻辑电路具有实践可预测性，避免了分段式互连结构时序不能完全预测的缺点。CPLD 器件一般也具有静态可重复编程或在线动态重构特性，使硬件的功能像软件一样可以通过编程进行修改，这样不但极大地提高了数字电路系统的灵活性和通用能力，而且使系统的设计、修改和产品升级变得更加遍历。图 1-5 为 Altera 公司的 CPLD 的基本结构。CPLD 通常具有较多的输入信号、乘积项和宏单元，内含多个逻辑块，而每一个逻辑块就相当于一片 GAL，通过使用可编程的内连布线实现这些逻辑块互连之间的连接。

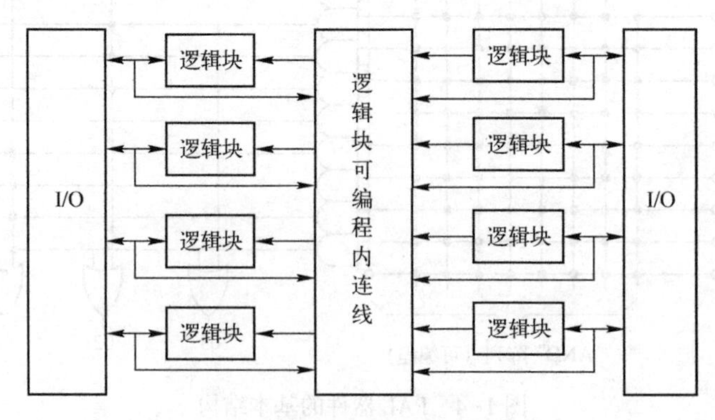

图 1-5　CPLD 的基本结构

（7）可擦除的可编程逻辑器件（EPLD）

EPLD结合了大规模集成电路体积小、价格低、可靠性高等优点，用户可根据需要设计专用电路，以避免价格高、周期长等问题。EPLD器件的延迟时间是可预测的，也是固定的。因此在EPLD器件中的功能模块上实现任何功能都具有同样的速度。功能模块通过无限制的内部互连阵列连在一起，提供了多个可编程逻辑结构。而每个功能模块包含9个由可编程“与”“或”阵列驱动的宏单元，任意一个引脚的输入或宏单元的输出都可连到另一个宏单元的输入，这种无限制的可编程互连结构保证了EPLD具有100%的布线能力。

（8）现场可编程逻辑阵列（FPLA）

现场可编程逻辑阵列（FPLA）是可编程逻辑器件（PLD）的一种，它是一种半导体器件，含有可编程逻辑元件中所谓的“逻辑块”和可编程互连。逻辑块通过编程来执行基本逻辑门的功能，如“和”“异或”或更复杂的组合功能。在大多数的FPLA中，逻辑块还包括记忆体分子、等级可编程互连，满足逻辑块要相互关联的需要。另外，FPLA的结构和ROM相似，区别在于：首先，ROM的与阵列是固定的，而FPLA的与阵列是可以编程的；其次，ROM的与阵列输出是全部最小项，而FPLA的与阵列却可以输出简化后的表达式。该系统设计师根据客户或设计师需求来执行任何逻辑功能，因此命名为“现场可编程”。

（9）可编程门阵列（FPGA）

FPGA是在PAL、GAL、CPLD等可编程器件的基础上进一步发展起来的，它是基于单元型门阵列结构的器件。由于FPGA需要被反复烧写，所以它实现组合逻辑的基本结构不可能像ASIC那样通过固定的与非门来完成，而是只能采用一种易于反复配置的结构。目前主流FPGA都采用了基于SRAM工艺的查找表结构，也有一些军用品和宇航级FPGA采用Flash或者熔丝与反熔丝工艺的查找表结构，通过烧写文件改变查找表内容的方法来实现对FPGA的重复配置。

由布尔代数理论可知，对于一个n输入的逻辑运算，不管是与或非运算，最多只可能存在$2n$种结果，所以如果是先将相应的结果存放于一个存储单元，就相当于实现了与非门电路的功能。FPGA的原理也是如此，它通过烧写文件去配置查找表的内容，从而在相同的电路情况下实现了不同的逻辑功能。

2. 按编程工艺分类

（1）熔丝（Fuse）和反熔丝（Antifuse）编程器件　为一次性编程使用的非易失性元件，编程后即使系统断电，其存储的编程信息也不会丢失。

（2）SRAM型器件　大多数公司的FPGA器件都为SRAM型器件，它可反复编程，实现系统功能的动态重构。但每次上电需重新下载，实际应用时需外挂EEPROM用于保存程序。

（3）电信号可擦除的可编程只读存储器器件　为非易失性器件，大多数CPLD器件都为EEPROM器件，可反复编程，不用每次上电重新下载，但相对速度慢、功耗较大。

（4）可擦除的可编程只读存储器编程器件　为非易失性器件。

3. 按集成度分类

（1）低密度可编程逻辑器件　集成度为1000门以下，早期生产的可编程逻辑器件，如PROM、PLA、PAL和GAL等，只能完成较小规模的逻辑电路，因此都属于低密度器件。

（2）高密度可编程逻辑器件　集成度为1000门以上，目前流行的EPLD、CPLD和FPGA等属于高密度器件，可用于设计大规模数字系统，甚至可以做到片上系统（System on

Chip，SoC）设计。

4. 按颗粒度分类

逻辑模块规模与元器件的颗粒度相关，而元器件的颗粒度又与模块之间需要完成的布线工作量相关，PLD器件按照颗粒度可以分为三类。

（1）小颗粒度　比如：门海架构。

（2）中等颗粒度　比如：FPGA。

（3）大颗粒度　比如：CPLD。

1.2 设计开发流程

随着计算机与微电子技术的发展，可编程逻辑器件的发展非常迅速，熟练地进行可编程逻辑器件开发已成为电子工程师必须掌握的基本技能。开发可编程逻辑器件必须具备计算机、编程软件、通用或专用编程器（或编程电缆）三个条件，其设计开发过程如图1-6所示，包括设计准备、设计输入、功能仿真、设计处理、时序仿真和器件编程与测试6个步骤。

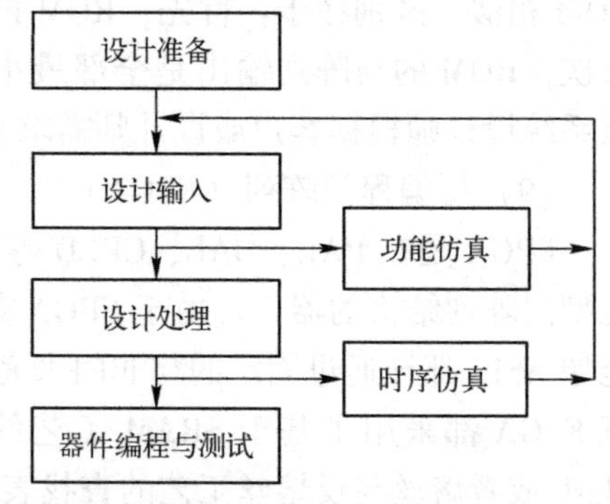

图1-6　可编程逻辑器件的一般设计流程

1. 设计准备

采用有效的设计方案是PLD设计成功的关键。设计人员需要根据任务要求（如系统的功能和复杂度），对工作速度和器件本身的资源、成本及连线的可布性等方面进行权衡，因此在设计输入之前首先要考虑两个问题：一是选择系统方案，进行抽象的逻辑设计；二是选择合适的器件，满足设计的要求。目前系统方案的设计工作和器件的选择都可以在计算机上完成，设计者可以采用国际标准的两种硬件描述语言VHDL或Verilog HDL对系统级进行功能描述，并选用各种不同的芯片进行平衡、比较，选择最佳结果。

2. 设计输入

设计输入是设计人员将所设计的系统或电路以开发软件要求的某种形式表示出来，并送入计算机的过程，设计输入通常有以下三种形式。大多数开发软件均接受原理图描述方式和HDL描述方式。

（1）原理图输入方式

原理图输入是一种最直接的设计描述方式，要设计什么，就从软件系统提供的元件库中调出来，画出原理图。这种方式要求设计人员有丰富的电路知识及对PLD的结构比较熟悉。其主要优点是容易实现仿真，便于信号的观察和电路的调整；缺点是相对输入效率低，特别是当产品有所改动时，就需要重新输入原理图，而采用硬件描述语言输入方式就不存在这个问题。

（2）硬件描述语言（HDL）输入方式

硬件描述语言是用文本方式描述设计的，它分为普通硬件描述语言和行为描述语言。普通硬件描述语言有ABEL、CUR和LFM等，它们支持逻辑方程、真值表和状态机等逻辑表达方式，主要用于简单PLD的设计输入。行为描述语言是目前常用的高层硬件描述语言，主要有VHDL和Verilog HDL两个IEEE标准。其突出优点有：

● 语言与工艺的无关性，可以使设计者在系统设计、逻辑验证阶段便确定方案的可行性。

● 语言的公开可利用性，便于实现大规模系统的设计。

● 具有很强的逻辑描述和仿真功能。

● 输入效率高，在不同的设计输入库之间的转换非常方便。

（3）波形输入方式

波形输入方式主要用来建立和编辑波形设计文件，以及输入仿真向量和功能测试向量。波形设计输入适用于时序逻辑和有重复性的逻辑函数。波形编辑功能还允许设计人员对波形进行复制、剪切、粘贴、重复与伸展，从而可以用内部节点、触发器和状态机建立设计文件，并将波形进行组合，显示各种进制的状态值，也可以将一组波形重叠到另一组波形上，对两组仿真结果进行比较。

3. 功能仿真

功能仿真在编译之前对用户所设计的电路进行逻辑功能验证，也称前仿真，此时的仿真没有延时信息，仅对初步的功能进行检测。仿真前，要先利用波形编辑器和硬件描述语言等建立波形文件和测试向量，仿真结果将会生成报告文件和输出信号波形，从中便可以观察到各个节点的信号变化。如果发现错误，则返回设计输入中修改逻辑设计。功能仿真的主要目的在于验证语言设计的电路结构和功能是否和设计意图相符。

4. 设计处理

从设计输入完成以后到编程文件产生的整个编译、适配过程，通常称为设计处理或设计实现。它是器件设计中的核心环节，是由计算机自动完成的，设计者只能通过设置参数来控制其处理过程。在编译过程中，编译软件对设计输入文件进行逻辑化简、综合和优化，并适当地选用一个或多个器件自动进行适配和布局、布线，最后产生编程用的编程文件。编程文件是可供器件编程使用的数据文件。对于阵列型 PLD 来说，是产生熔丝图文件，它是电子器件工程联合会制定的标准格式；对于 FPGA 来说，是生成位流数据文件。

（1）语法检查和设计规则检查

设计输入完成后，首先进行语法检查，如原理图中有无漏连信号线、信号有无双重来源、文本文件中的关键字有无输入、语法等各种错误，并及时列出错误信息报告供设计人员修改，然后进行设计规则检验，检查总的设计有无超出器件资源或规定的限制，并将编译报告列出，指明违反规则情况以供设计人员纠正。

（2）逻辑优化和综合

化简所有的逻辑方程或用户自建的宏，使设计所占用的资源最少。综合的目的是将多个模块化设计文件合并为一个网表文件，并使层次设计平面化。

（3）适配和分割

确立优化以后的逻辑能否与器件中的宏单元和 I/O 单元适配，然后将设计分割为多个便于识别的逻辑小块形式映射到器件相应的宏单元中。如果整个设计较大，不能装入同一片器件，可以将整个设计分割成多块，并装入同一系列的多片器件中去。分割可全自动、部分或全部用户控制，目的是使器件数目最少，器件之间通信的引出端数目最少。

（4）布局和布线

根据事先设定的约束条件（如器件型号、电路工作频率、指定的输入/输出引脚等），将逻辑综合器生成的网表文件输入到布局布线器，然后用目标芯片中某具体位置的逻辑资源去实现设计的逻辑，完成逻辑元件、引脚的布局以及连线工作。同时生成一系列中间文件（如供时序仿真用的电路网表文件、报告文件等）和编程数据文件。

5. 时序仿真

将布局布线的实验信息反标注到设计网表中，这样所进行的仿真为时序仿真，时序仿真又称后仿真或延时仿真。布局布线之后生成的仿真实验文件包含的实验信息最全，不仅包含门延时，还包含实际布线延时，所以布线后仿真最精确，能较好地反映芯片的实际工作情况。一般来说，布线后仿真步骤必须进行，通过布局布线后仿真能检查设计时序与 PLD 实际运行情况是否一致，确保设计的可靠性和稳定性。布局布线后仿真的主要目的在于发现时序违规，即不满足时序约束条件或者器件固有时序原则的情况。

由于不同器件的内部延时不一样，不同的布局布线方案也给延时造成不同的影响。因此在设计处理以后，对系统和各模块进行时序仿真，分析其时序关系。估计设计的性能，以及检查和清除竞争冒险等是非常有必要的。若仿真发现不能满足设计要求时，则需要更换器件或增加约束条件重新进行布局布线；若仍不能满足要求，则需要修改最初的设计。

6. 器件编程与测试

器件编程是指将编程数据放到具体的 PLD 中去。编程也称为下载或配置，编程数据有时也称为配置数据。对阵列型 PLD 来说，是将熔丝图文件“下载”到 PLD 中去；对 FPGA 来说，是将位流数据文件“配置”到器件中去。器件编程需要满足一定的条件，如编程电压、编程时序和编程算法等。普通的 PLD 和一次性编程的 FPGA 需要专用的编程器完成器件的编程工作；基于 SRAM 的 FPGA 可以由 EPROM 或微处理器进行配置；在线可编程的 PLD 器件则不需要专门的编程器，只要一根下载编程电缆就可以了。器件在编程完毕后，可以用编译时产生的文件对器件进行校验、加密等工作。对于支持边界扫描技术、具有边界扫描测试能力和在线编程能力的器件，测试起来就更加方便。

1.3 常用开发环境和 EDA 工具

常用的可编程逻辑器件的开发软件都是由芯片厂家提供的，基本可以完成所有的设计输入、仿真、综合、布线、下载等工作。在可编程逻辑设计的各个环节都有不同公司提供不同的 EDA 工具，而每种工具都有自己的特点。如何充分利用各种工具的优点以及如何进行多种 EDA 工具的协同设计，对可编程逻辑设计的开发非常重要。可编程逻辑器件的开发可能用到的软件如表 1-2 所示。

表 1-2 可编程逻辑器件的开发可能用到的主要软件

供应商	软件	简要说明
Xilinx	ISE	集成开发环境
	EDK	嵌入式系统开发环境
	System Generator	数字信号处理开发软件
	ChipScope	嵌入式逻辑分析仪

（续）

供应商	软　件	简要说明
Altera	Quartus Ⅱ	集成开发环境
	DSP Builder	数字信号处理开发软件
	SOPC Builder	嵌入式系统开发工具
	SignalTap Ⅱ	嵌入式逻辑分析仪
Actel	Libero IDE	集成开发环境
Lattice	ISP Lever	集成开发环境
Aldec	ActiveHDL	仿真工具
Mentor Graphics	ModelSim	仿真工具
Synopsys	FPGA Compiler Ⅱ，Synplify，Synplify Pro	综合工具

注：将在1.3.1节和1.3.2节进行开发软件的具体介绍。

为了提高设计效率，优化设计结果，很多厂家提供了各种专业软件，用以配合厂家提供的工具进行更高效的设计。比较常用的方式为：将厂商提供的集成开发环境、专业逻辑仿真软件、专业逻辑综合软件结合使用，进行多种EDA工具的协同设计。例如Quartus Ⅱ+ModelSim+FPGA Compiler Ⅱ、ISE+ModelSim+Synplify Pro。

下面从开发工具、仿真工具、综合工具等几个方面来分别介绍Xilinx和Altera的常用开发工具。

1.3.1　Xilinx系列开发环境和工具

1. Xilinx的开发工具

Xilinx公司的开发工具包含ISE（集成开发环境）、EDK（嵌入式系统开发工具）、System Generator（数字信号处理开发软件）、ChipScope Pro（在线逻辑分析工具）四类。

（1）ISE（集成开发环境）

ISE是Xilinx公司推出的FPGA/CPLD集成开发环境，是使用Xilinx的FPGA必备的设计工具。目前官方提供下载的最新版本是14.4。它可以完成FPGA开发的全部流程，包括设计输入、仿真、综合、布局布线、生成BIT文件、配置以及在线调试等，功能非常强大。ISE除了功能完整、使用方便外，它的设计性能也非常好，以ISE 9.x来说，其设计性能比其他解决方案平均快30%，它集成的时序收敛流程整合了增强性物理综合优化，提供最佳的时钟布局、更好的封装和时序收敛映射，从而获得更高的设计性能。它还具有简便易用的内置式工具和向导，使得I/O分配、功耗分析、时序驱动设计收敛等关键步骤变得容易、直观。

（2）EDK（嵌入式系统开发工具）

嵌入式开发工具是Xilinx公司推出的FPGA嵌入式开发工具，包括嵌入式硬件平台开发工具（Xilinx Platform Studio，XPS）、嵌入式软件开发工具（Software Developmentkit，SDK）。EDK可以在基于嵌入式IBM Power PC处理器硬核、Xilinx Micro Blaze处理器软核、ARM Cortex-A9双核处理器硬核的基础上，开发基于FPGA的片上嵌入式系统。

（3）System Generator（数字处理系统的集成开发工具）

System Generator 是 Xilinx 公司推出的简化 FPGA 数字处理系统的集成开发工具，可快速、简易地将 DSP 系统的抽象算法转化成可综合的、可靠的硬件系统，为 DSP 设计者扫清了编程的障碍。System Genetator 可和 Mathworks 公司的 Simulink 实现无缝连接，在 Simulink 中实现信号的建模、仿真和处理的所有过程。

（4）ChipScope Pro（嵌入式逻辑分析工具）

ChipScope Pro 是 Xilinx 公司推出的在线逻辑分析仪工具，通过软件方式为用户提供稳定和方便的解决方案。该在线逻辑分析仪工具不仅具有逻辑分析仪的功能，而且成本低廉、操作简单，具有极高的实用价值。ChipScope Pro 将逻辑分析器、总线分析器和虚拟 I/O 小型软件核直接插入到用户的设计中，设计者可以直接查看任何内部信号和节点，包括嵌入式硬核或软核处理器。

ChipScope Pro 既可以单独使用，也可以在 ISE 集成环境中使用，非常灵活，为用户提供方便和稳定的逻辑分析解决方案，支持 Spartan 和 Virtex 全系列 FPGA 芯片。ChipScope Pro 将逻辑分析器、总线分析器和虚拟 I/O 小型软件直接插入到用户的设计当中，可以直接查看任何内部信号和节点，包括嵌入式硬件处理器与软件处理器。

2. Xilinx 的仿真工具

我们通常使用 ModelSim 软件作为仿真工具，但不同阶段的仿真使用不同的库文件，在开始仿真前将库编译好，可以提高仿真效率，下面列出 Xilinx 器件需要的库。如何建立仿真库请查阅其他资料，本书不再赘述。

- unisim 库　库中包含了 xilinx 公司的全部标准元件，用来做功能仿真。
- unisim_ver 库　库中包含了 xilinx 公司的全部标准元件，用来做功能仿真。
- xilinxCoreLib 库　包含了 Xilinx Core Generator 工具产生的 IP 仿真模型。
- xilinxCoreLib_ver 库　包含了 Xilinx Core Generator 工具产生的 IP 仿真模型。
- simprim 库　用来做时序仿真或门级功能仿真。
- simprim_ver 库　用来做时序仿真或门级功能仿真。
- smartModel 库　用来做 PowerPC 或 RocketIO 等复杂 FPGA 设计，源代码加密，通过 SWIFT 接口与仿真器通信。

3. Xilinx 的综合工具

Xilinx 的综合工具主要有 Synplicity 公司的 Synplify/Synplify Pro、Synopsys 公司的 FPGA Compiler Ⅱ/ Express、Exemplar Logic 公司的 Leonardo Spectrum 和 Xilinx ISE 中的 XST 等。

（1）Synplify/Synplify Pro

Synplify/Synplify Pro 作为新兴的综合工具在综合策略和优化手段上有较大幅度的提高，特别是其先进的行为级综合提取技术和时序驱动，使其综合结果往往面积较小、速度较快。

（2）FPGA Compiler Ⅱ/ Express

Synopsys 公司的 FPGA Express 是较早的 FPGA 综合工具之一。FPGA Express 的综合结果比较忠实于原设计，其升级版本 FPGA Compiler Ⅱ是较好的 ASIC/FPGA 设计工具之一。

（3）LeonardoSpectrum

Exemplar Logic 公司出品的 LeonardoSpectrum 也是一个非常流行的综合工具。它的综合优化能力非常强，随着 Exemplar Logic 与 Altera 的合作日趋紧密，LeonardoSpectrum 对 Altera

器件的支持也越来越好。

(4) XST

XST是Xilinx ISE内嵌的综合工具。虽然XST与Synplify Pro等业界流行的综合工具相比特点并不突出，功能也不全面，但是Xilinx对自己的FPGA/CPLD内部的结构最为了解，所以XST对Xilinx器件的支持也最为直接，更重要的是XST内嵌在ISE中，安装ISE后可以直接使用，不需要另外付费。XST综合是自动完成的，但是用户可以对其相关的参数进行设置。参数设置的目的是使XST根据设计者的需要完成综合过程，以便达到设计要求。

Xilinx的综合工具的功能是指将HDL语言、原理图等设计输入翻译成由“与”“或”“非”门、RAM、寄存器等基本逻辑单元组成的逻辑网表，并根据目标与要求优化所形成的逻辑连接，输出edf和edn等文件，供CPLD/FPGA厂家的布局布线器加以实现。

Xilinx综合工具在对设计的综合过程中，主要执行以下三个步骤：

- 语法检查过程。检查设计文件语法是否有错误。
- 编译过程。翻译和优化HDL代码，将其转换为综合工具可以识别的元件序列。
- 映射过程。将这些可以识别的元件序列转换为可识别的目标技术的术语。

因此在RSE主界面处理子窗口内的Synthesis工具可以完成下面的任务：

- View RTL Schematic（查看RTL原理图）。
- View Technology Schematic（查看技术原理图）。
- Check Syntax（检查语法）。
- Generate Post-Synthesis Simulation Mode（产生综合后仿真模型）。

1.3.2 Altera系列开发环境和工具

1. Altera系列开发工具

Altera公司的开发工具包含Quartus Ⅱ（集成开发环境）、DSP Builder（数字信号处理开发软件）、SOPC Builder（嵌入式系统开发工具）、Max+plus Ⅱ（可编程逻辑开发软件）等。

(1) Quartus Ⅱ

虽然Altera设计综合软件的经验还不够丰富，但Altera自己对其芯片的内部结构最为了解，所以其内嵌综合工具的一些优化策略甚至优于其他专业总和工具。

注：Quartus Ⅱ的综合工具将在第3章进行详细阐述。

(2) DSP Builder

DSP Builder是Altera推出的一个数字信号处理（DSP）开发工具，它在Quartus Ⅱ FPGA设计环境中集成了MathWorks的MATLAB和Simulink DSP开发软件，实现了这些工具的集成。Altera的DSP系统体系解决方案是一项具有开创性的解决方案，它将FPGA的应用领域从多通道高性能信号处理扩展到很广泛的基于主流DSP的应用，是Altera第一款基于C代码的可编程逻辑设计流程。MATLAB和Simulink工具开发的专用DSP指令通过Altera的DSP Builder和SOPC Builder工具集成到可重配置的DSP设计中。

(3) SOPC Builder

SOPC Builder用来实现在Altera的FPGA器件上能够使用Nios Ⅱ处理器的系统。通过配合Quartus Ⅱ使用SOPC Builder实现一个简单的系统来一步一步地详细描述系统的开发流程。但是 SOPC Builder 不仅仅局限于基于 Nios Ⅱ处理器系统的开发，在 SOPC 系统中，甚至可以不包含任何处理器。

（4）Max+plusⅡ

Max+plusⅡ是 Altera 公司提供的 FPGA/CPLD 开发集成环境，Altera 是世界上较大的可编程逻辑器件的供应商之一。Max+plusⅡ界面友好、使用便捷，被誉为业界最易用易学的 EDA 软件。在 Max+plusⅡ上可以完成设计输入、元件适配、时序仿真和功能仿真、编程下载等整个流程，它提供了一种与结构无关的设计环境，使设计者能方便地进行设计输入、快速处理和器件编程。

Max+plusⅡ具有开放的界面，支持与 Cadence、Exemplarlogic、Mentor Graphics、Synplicty、Viewlogic 和其他公司所提供的 EDA 工具接口，而且它具有开放性的特点，允许设计人员添加自己认为有价值的宏函数。Max+plusⅡ可实现完全集成化，其设计输入、处理与校验功能全部集成在统一的开发环境下，这样可以加快动态调试、缩短开发周期。Max+plusⅡ具有丰富的设计库供设计者调用，其中包括 74 系列的全部器件和多种特殊的逻辑功能以及新型的参数化的宏功能。另外，Max+plusⅡ系统的核心 Complier 支持 Altera 公司的 FLEX10K、FLEX8000、FLEX6000、MAX9000、MAX7000、MAX5000 和 Classic 可编程逻辑器件，提供了世界上唯一真正与结构无关的可编程逻辑设计环境。Max+plusⅡ软件也支持各种 HDL 设计输入选项，包括 VHDL、Verilog HDL 和 Altera 自己的硬件描述语言 AHDL。

Max+plusⅡ功能简介如下。

1）原理图输入（Graphic Editor）。Max+plusⅡ软件具有图形输入能力，用户可以方便地使用图形编辑器输入电路图，图中的元器件可以调用元件库中的元器件，除调用库中的元器件以外，还可以调用该软件中的符号功能形成的功能块。

2）硬件描述语言输入（Text Editor）。Max+plusⅡ软件中有一个集成的文本编辑器，该编辑器支持 VHDL、AHDL 和 Verilog HDL 硬件描述语言的输入，同时还有一个语言模板使输入程序语言更加方便。该软件可以对这些程序语言进行编译并形成可以下载的配置数据。

3）波形编辑器（Waveform Editor）。在进行逻辑电路的行为仿真时，需要在所设计电路的输入端加入一定的波形，波形编辑器可以生成和编辑仿真用的波形（*.SCF 文件），使用该编辑器的工具条易于生成波形和编辑波形。使用时只要将预输入波形的时间段用鼠标涂黑，然后选择工具条中的按钮即可。例如，如果要某一时间段为高电平，只需选择按钮“1”。此外，还可以使用输入的波形（*.WDF 文件）经过编译生成逻辑功能块，相当于通过一个芯片的输入输出波形来判断是何种芯片的问题，同时也可以设计出一个输入和输出波形相同的 CPLD 电路。

4）引脚（底层）编辑窗口（Floorplan Editor）。该窗口用于将已设计好的逻辑电路的输入输出节点赋予实际芯片的引脚，通过鼠标的拖拉，方便地定义引脚的功能。

5）自动错误定位。在编译源文件的过程中，若源文件有错误，Max+plusⅡ软件可以自动指出错误类型和错误所在的位置。

6）逻辑综合与适配。该软件在编译过程中，通过逻辑综合和适配模块，可以把最简单的逻辑表达式自动地吻合在合适的器件中。

7）设计规则检查。选取 Compile\Processing\Design Doctor 菜单，将调出规则检查医生，该功能可以按照三种规则中的一个规则检查各个设计文件，以保证设计的可靠性。一旦选择该菜单，在编译窗口将显示出医生，用鼠标单击医生，可以显示程序文件的健康情况。

8）多器件划分（Partitioner）。如果设计不能完全装入一个器件，编译器中的多器件划分模块可自动地将一个设计分成几个部分并分别装入几个器件中，并保证器件之间的连线最少。

9）编程文件的产生。编译器中的装配程序将编译好的程序创建为一个或多个编程目标文件：

- EPROM 配置文件（*.POF）。例如，MAX7000S 系列。
- SRAM 文件（*.SCF）。例如，FLEX8000 系列的配置芯片 EPROM。
- JEDEC 文件（*.JED）。
- 十六进制文件（*.HEX）。
- 文本文件（*.TTF）。
- 串行 BIT 流文件（*.SBF）。

2. Altera 系列的仿真工具

业界最流行的仿真工具是 Mentor 公司的 ModelSim。另外，Aldec 公司的 Active-HDL 仿真工具也有相当广泛的用户群。其他如 Cadence 公司的 Verilog-XL 和 NC-Veilog/VHDL 仿真工具、Synopsys 公司的 VCS/VSS 仿真工具等也具备一定的影响力。还有一些小工具和仿真相关，比如测试激励生成器等。

（1）ModelSim

ModelSim 可以说是业界流行的仿真工具之一。其主要特点是仿真速度快、仿真精度高。ModelSim 支持 VHDL、Verilog HDL 以及 VHDL 和 Verilog HDL 混合编程的仿真。ModelSim 的 PC 版的仿真速度也很快，甚至和工作站版不相上下。

下面为 Altera 器件需要的库：

- lpm 库。调用 lpm 元件功能仿真时使用。
- megaFunction 库。采用 megaFunction 设计功能仿真时使用。
- primitive 库。调用 Altera 原语设计功能仿真时需要。
- 元件库。布局布线后仿真时使用，不同器件对应不同名称的 .v 名称。

（2）Active-HDL

Active-HDL 也是一款比较有特色的仿真工具，其状态机分析视图在调试状态机时非常方便。另外值得一提的是，Aldec 公司还开发了许多比较著名的软硬件联合仿真系统。

（3）测试激励生成器

测试激励生成器是一种根据电路设计输入，自动生成测试激励的工具，它可以在一定程度上分担工程师书写测试激励文件的繁重工作。比较常用的测试激励生成器是 HDL Bencher。

3. Altera 系列的综合工具

Altera 系列主流的综合工具主要有 Synplicity 公司的 Synplify/Synplify Pro、Synopsys 公司

的 FPGA Compiler Ⅱ/Express 和 Exemplar Logic 公司的 Leonardo Spectrum，这些综合工具与 Xilinx 系列相同。另外，Quartus Ⅱ还内嵌了自己的综合工具。虽然 Altera 设计综合软件的经验还不够丰富，但只有 Altera 自己对其芯片的内部结构最为了解，所以内嵌综合工具的一些优化策略甚至优于其他专业综合工具。

美国 Altera 公司以雄厚的技术实力、独特的设计构思和功能齐全的芯片开发系统在激烈的市场竞争中脱颖而出，成为佼佼者。美国 Altera 公司先后推出了以 Classic 系列（第一代）、MAX500 系列（第二代）和 MAX7000（第三代）为代表的 EPLD 产品。通过该公司先进的芯片开发软件 Max+plus Ⅱ，用户可以任意对芯片进行编程、加密或用软件代替硬件，以满足自己的设计需要。当用户需要更改设计时，又可以方便地将以前的配置擦除，重新进行配置，这样就大大提高了设计速度。

第2章　CPLD/FPGA结构原理

目前，CPLD/FPGA在复杂数字系统的设计与实现中得到普遍应用。本章将分别介绍CPLD与FPGA的原理与基本结构、CPLD与FPGA的比较以及Altera FPGA器件系列，其中后者包含Altera性能器件的介绍和Altera低成本器件的介绍，这是学习本书的重点知识。

2.1　CPLD的原理与基本结构

随着微电子技术的发展，设计与制造集成电路的任务已不完全由半导体厂商来独立承担。系统设计师们更愿意自己设计专用集成电路（ASIC）芯片，而且希望ASIC的设计周期尽可能短，最好是在实验室里就能设计出合适的ASIC芯片，并且立即投入实际应用之中。因此，20世纪80年代中期，复杂可编程逻辑器件——CPLD出现了。CPLD产品采用的是连续式的布线结构。可以通过设计模型精确地计算信号在器件内部的时延。Altera公司的CPLD芯片内部是一个包含有大量逻辑单元的阵列。与Xilinx公司的XC 4000产品不同的是，Altera公司的CPLD芯片内部的逻辑结构分为两种：细粒度和粗粒度。细粒度就是一个逻辑单元，它包含一个4输入查找表和一个可编程的寄存器；粗粒度就是逻辑阵列块，它一般由8个逻辑单元组成。每一个逻辑阵列块是一个独立的结构，它们拥有相同的输入结构、内部连线并能实现逻辑试配，而较粗的逻辑单元有利于提高器件的布通率。

CPLD是一种用户根据各自需要而自行构造逻辑功能的数字集成电路。其基本设计方法是借助集成开发软件平台，用原理图、硬件描述语言等方法，生成相应的目标文件，通过下载电缆将代码传送到目标芯片中，从而完成数字系统的设计。CPLD相对PAL和GAL器件而言，具有结构复杂、编程灵活、集成度高、设计开发周期短、适用范围广、开发工具先进、设计制造成本低等特点，可实现较大规模的电路设计，因此被广泛应用于产品的原型设计和产品生产（一般在10000件以下）之中。CPLD器件可应用于几乎所有使用中小规模通用数字集成电路的场合，例如网络、仪器仪表、汽车电子、数控机床、航天测控设备等方面，成为电子产品不可缺少的组成部分，它的设计和应用已成为电子工程师必备的一项技能。

基于乘积项的CPLD由逻辑块、可编程的内部互连线资源和输入/输出单元三部分组成，其结构如图2-1所示。CPLD实现逻辑函数的基本原理与PAL基本相同，不同的是它拥有更多的逻辑块，因而解决了单个PAL器件内部资源较少的问题。就编程工艺而言，早期的CPLD

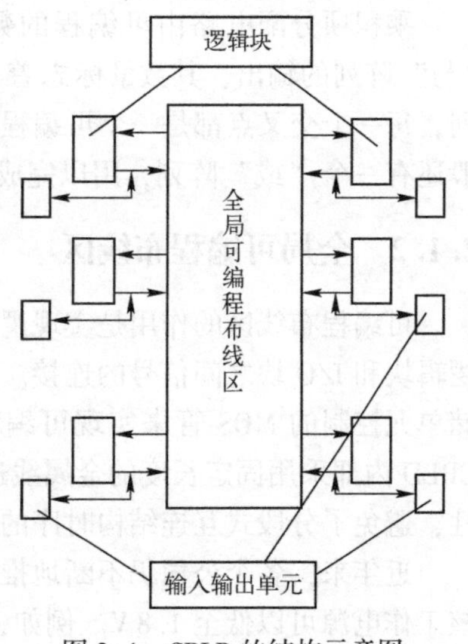

图2-1　CPLD的结构示意图

器件采用紫外线擦除的 EPROM 技术生产，现在多数的 CPLD 采用 EEPROM 编程工艺。下面将简要介绍其内部结构，具体细节建议读者参阅有关器件的数据手册。

2.1.1 逻辑块

逻辑块是 CPLD 的主要组成部分，它主要由可编程乘积项阵列、乘积项分配、宏单元三部分组成，其结构示意图如图 2-2 所示。对于不同公司、不同型号的 CPLD，逻辑块中乘积项的输入变量个数 n 和宏单元个数 m 不完全相同。

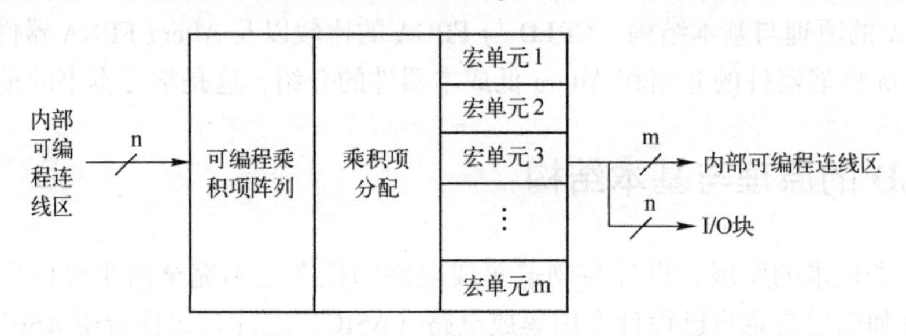

图 2-2 逻辑块的结构

（1）可编程乘积项阵列

可编程乘积项阵列决定了每个宏单元乘积项的平均数量和每个逻辑块乘积项的最大数量。如乘积项阵列有 n 个输入，就可以产生 n 个变量的乘积项。一般一个宏单元包含有 5 个乘积项，这样，在逻辑块中共有 5n 个乘积项。

（2）宏单元

CPLD 中通用逻辑单元是宏单元。所谓宏单元就是由一些“与”“或”阵列加上触发器构成的，其中“与或”阵列完成组合逻辑功能，触发器用以完成时序逻辑。通过对宏单元编程可将其配置为组合逻辑输出、寄存器输出、清零、置位等。宏单元的输出不仅送至 I/O 单元，还送到内部可编程连线区，以便被其他逻辑块使用。

（3）乘积项

乘积项分配电路由可编程的数据选择器和数据分配器构成。而乘积项就是宏单元中“与”阵列的输出，其数量标志着 CPLD 的容量。乘积项阵列实际上就是一个“与或”阵列，每一个交叉点都是一个可编程熔丝，如果导通就实现“与”逻辑，在“与”阵列后一般还有一个“或”阵列，用以完成最小逻辑表达式中的“或”关系。

2.1.2 全局可编程布线区

可编程布线区的作用是实现逻辑块与逻辑块之间、逻辑块与 I/O 块之间以及全局信号到逻辑块和 I/O 块之间信号的连接。在 CPLD 内部实现可编程布线的方法有两种：一是基于存储单元控制的 MOS 管来实现可编程连接，另一种是基于多路数据选择器实现互连。由于 CPLD 内部采用固定长度的金属线进行各逻辑块互连，所以设计的逻辑电路具有时间可预测性，避免了分段式互连结构时序的缺点。

近年来，各个公司仍不断地推出集成度更高、速度更快、功耗更低的 CPLD 新产品，芯核工作电源可以低至 1.8 V。例如，Altera 公司的 MAX II 系列 CPLD 中的逻辑块已不再是基于与或阵列架构，而是基于与 FPGA 类似的查找表架构。

2.1.3 I/O 块

I/O 块是 CPLD 外部封装引脚和内部逻辑间的接口。每个 I/O 块对应一个封装引脚，通过对 I/O 块中可编程单元的编程，可将引脚定义为输入、输出和双向功能。CPLD 的 I/O 单元简化原理结构如图 2-3 所示。

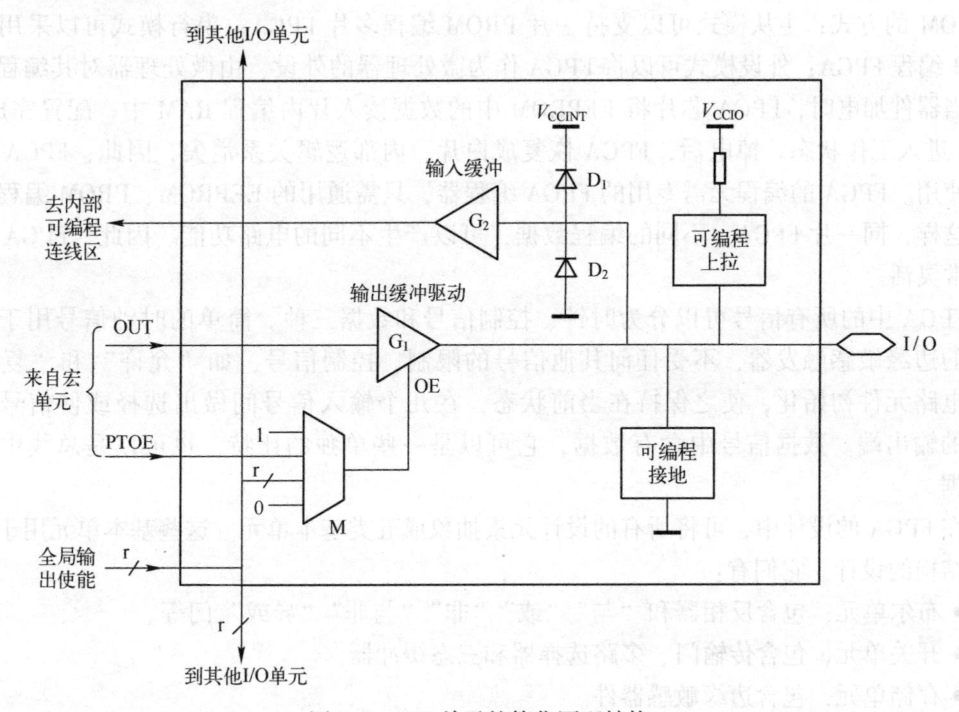

图 2-3 I/O 单元的简化原理结构

I/O 块中有输入和输出两条信号通路。当 I/O 引脚作输出时，三态输出缓冲器 G_1 的输入信号来自宏单元，其使能控制信号 OE 由可编程数据选择器 M 选择。其中，全局输出使能控制信号有多个，不同型号的器件，其数量也不同。当 OE 为低电平时，I/O 引脚可用作输入，引脚上的输入信号经过输入缓冲器 G_2 送至内部可编程布线区。

图 2-3 中的 D_1 和 D_2 是钳位二极管，用于 I/O 引脚的保护。另外，通过编程可以使 I/O 引脚接上拉电阻或接地，V_{CCINT}是器件内部逻辑电路的工作电压，V_{CCIO}是器件 I/O 单元的工作电压，V_{CCIO}的引入可以使 I/O 引脚兼容多种电源系统。

2.2 FPGA 的原理与基本结构

FPGA 是在可编程阵列逻辑（PAL）、通用阵列逻辑（GAL）、可擦除可编程逻辑器件（EPLD）等器件的基础上进一步发展的产物。它是一种可完成通用功能的可编程逻辑芯片，即可以对其进行编程实现某种逻辑处理功能。通俗来说，FPGA 就像一块面包板，它是作为专用集成电路领域中的一种半定制电路而出现的，既解决了定制电路的不足，又克服了原有可编程器件门电路数有限的缺点。与 CPLD 相比，FPGA 具有更高的集成度、更强的逻辑功能和更大的灵活性，目前已成为设计数字电路或系统的首选器件之一。FPGA 采用一种基于门阵列的结构，每一个芯片由二维的逻辑块构成，每一个逻辑块有水平和垂直的布线通道连接。Altera 公司中 FPGA 产品的逻辑阵列块中包含有提高速度的结构，即进位链和级联链。进位链能够提供在一个逻辑阵列块中逻辑单元之间的快速进位，使芯片能够实现快速的加法器和计数器的设计；级联链能够以很小的延时将多个逻辑单元并联起来，有利于实现高“扇入”的逻辑功能。此外，FPGA 有多种配置模式：并行主模式为一片 FPGA 加一片 EEPROM 的方式；主从模式可以支持一片 PROM 编程多片 FPGA；串行模式可以采用串行 PROM 编程 FPGA；外设模式可以将 FPGA 作为微处理器的外设，由微处理器对其编程。所以，当器件加电时，FPGA 芯片将 EEPROM 中的数据读入片内编程 RAM 中，配置完成后，FPGA 进入工作状态。掉电后，FPGA 恢复成白片，内部逻辑关系消失，因此，FPGA 能够反复使用。FPGA 的编程无需专用的 FPGA 编程器，只需通用的 EEPROM、PROM 编程器即可。这样，同一片 FPGA，不同的编程数据，可以产生不同的电路功能。因此，FPGA 的使用非常灵活。

FPGA 中的所有信号可以分为时钟、控制信号和数据三种。简单的时钟信号用于控制所有的边缘敏感触发器，不受任何其他信号的限制。控制信号，如“允许”和“复位”，用于电路元件初始化，使之保持在当前状态，在几个输入信号间做出选择或使信号通到另外的输出端。数据信号中含有数据，它可以是一些单独的比特，也可以是总线中的并行数据。

在 FPGA 的设计中，可将所有的设计元素抽象成五类基本单元。这些基本单元用于组成分层结构的设计。它们有：

- 布尔单元，包含反相器和“与”“或”“非”“与非”“异或”门等。
- 开关单元，包含传输门、多路选择器和三态缓冲器。
- 存储单元，包含边缘敏感器件。
- 控制单元，包含译码器、比较器。
- 数据调整单元，包含加法器、乘法器、桶形移位器、编码器。

在设计中只要明确定义所用基本单元类别就可以避免所谓的“无结构的逻辑设计”，并花费较短的设计时间得到清晰的、结构完善的 FPGA 设计。

2.2.1 FPGA 的特点与分类

FPGA 的基本特点主要有以下几个方面：

- 采用 FPGA 设计 ASIC 电路，用户不需要投片生产，就能得到合用的芯片。
- FPGA 可做其他全定制或半定制 ASIC 电路的中试样片。
- FPGA 内部有丰富的触发器和 I/O 引脚。
- FPGA 是 ASIC 电路中设计周期最短、开发费用最低、风险最小的器件之一。
- FPGA 采用高速 CHMOS 工艺，功耗低，可以与 CMOS、TTL 电平兼容。

根据 FPGA 的不同结构和集成度以及编程工艺，可从以下三个方面对 FPGA 进行分类。

1. 按逻辑功能块的大小分类

目前 FPGA 的逻辑功能块在规模和实现逻辑功能的能力上存在很大差别。有的逻辑功能块规模十分小，仅含有只能实现倒相器的两个晶体管；而有的逻辑功能块则规模比较大，可以实现任何五输入逻辑函数的查找表结构。据此可把 FPGA 分为两大类，即细粒度和粗粒度。细粒度逻辑块与半定制门阵列的基本单元相同，它由可以用可编程互连来连接的少数晶体管组成，规模都较小，主要优点是可用的功能块可以完全被利用；缺点是采用它，通常需要大量的连线和可编程开关，相对速度较慢。由于近年来工艺不断改进，芯片集成度不断提高，硬件描述语言（HDL）的设计方法得到了广泛应用，不少厂家开发出了具有更高集成度的细粒度结构的 FPGA。例如，Xilinx 公司采用 Micro Via 技术的一次编程反熔丝结构的 XC8100 系列，它的逻辑功能块规模较小。

2. 按互连结构分类

根据 FPGA 内部的连线结构不同，可将其分为分段互连型和连续互连型两类。分段互连型 FPGA 中有多种不同长度的金属线，各金属线段之间通过开关矩阵或反熔丝编程连接。这种连线结构走线灵活，但会出现走线延时的问题。连续互连型 FPGA 是利用相同长度的金属线（通常是贯穿于整个芯片的长线）来实现逻辑功能块之间的互连，连接与距离远近无关。在这种连线结构中，不同位置逻辑单元的连接线是确定的，因而布线延时是固定和可预测的。

3. 按编程特性分类

根据采用的开关元件的不同，FPGA 可分为一次编程型和可重复编程型两类。一次编程型 FPGA 采用反熔丝开关元件，其工艺技术决定了这种器件具有体积小、集成度高、寄生电容小及可获得较高的速度等优点。此外，它还有加密位、抗辐射抗干扰、不需外接 PROM 或 EPROM 等优点。但它只能进行一次编程，一旦将设计数据写入芯片后，就不能再修改设计，因此比较适合于定型产品及大批量应用。可重复编程型 FPGA 采用 SRAM 开关元件或快闪 EPROM 控制的开关元件。在 FPGA 芯片中，每个逻辑块的功能以及它们之间的互连模式由存储在芯片中的 SRAM 或快闪 EPROM 中的数据决定。SRAM 型开关的 FPGA 是易失性的，每次重新加电，FPGA 都要重新装入配置数据。SRAM 型 FPGA 的突出优点是可反复编程，系统上电时，给 FPGA 加载不同的配置数据，即可令其完成不同的硬件功能。这种配置的改变甚至可以在系统的运行中进行，实现系统功能的动态重构。采用快闪 EPROM 控制开关的 FPGA 具有非易失性和可重复编程的双重优点，但在再编程的灵活性上较 SRAM 型 FPGA 差一些，不能实现动态重构。此外，其静态功耗较反熔丝型及 SRAM 型的 FPGA 高。

2.2.2 基于查找表的 FPGA 的基本原理

FPGA 是由掩膜可编程门阵列和可编程逻辑器件演变而来的，将它们的特性结合在一起。使得 FPGA 既有门阵列的高逻辑密度和通用性，又有可编程逻辑器件的用户可编程特性。在 FPGA 中，查找表（Look Up Table，LUT）是实现逻辑函数的基本逻辑单元，它由若干存储单元和数据选择器构成。每个存储单元能够存储二值逻辑的一个值（0 或 1），作为存储单元的输出。图 2-4 是一个两输入 LUT 的电路结构示意图，其中 $M_0 \sim M_3$ 为 4 个 SRAM 存储单元，它们存储的数据作为数据选择器的输入数据。该 LUT 有两个输入端（A、B）和一个输出端（L），可以实现任意 2 个变量的组合逻辑函数。LUT 的 2 个输入端（A、B）作为三个选择器的控制端，根据 A、B 的取值，选择一个存储单元的内容作为 LUT 的输出。

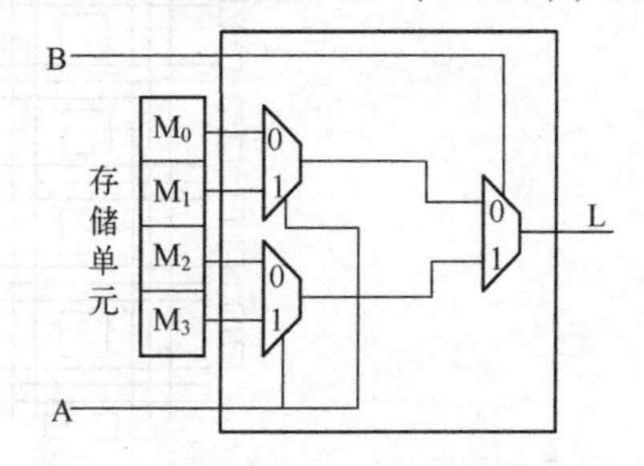

图 2-4　两输入 LUT 的电路结构示意图

例如，要用一个 FPGA 实现逻辑函数 $F=\overline{A}B+A\overline{B}$，该逻辑函数的真值表如表 2-1 所示。由于 2 个变量的真值表有 4 行，所以 LUT 中的每一个存储单元对应着真值表中一行的输出值，将逻辑函数 F 的 0、1 值按向上到下的顺序分别存入 4 个 SRAM 单元中，得到如图 2-5 所示的查找表。当 A=B=0 时，LUT 的输出值就是最上边那个存储单元的内容；当 A=B=1 时，LUT 的输出值就是最下边的那个存储单元的内容。同理，可以得到 A、B 为其他两种取值情况的输出。

表 2-1　逻辑函数真值表

A	B	F
0	0	0
1	0	1
0	1	1
1	1	0

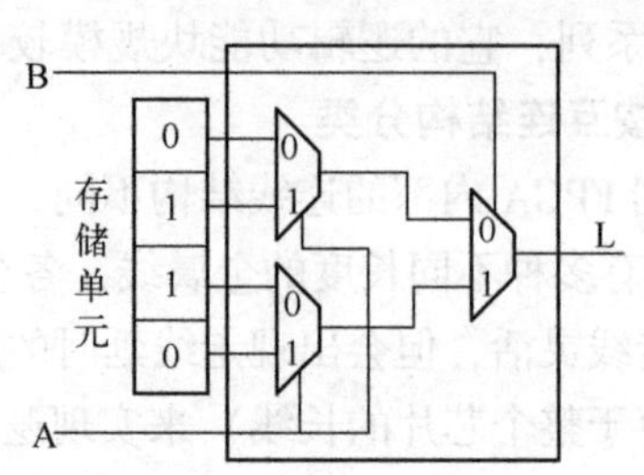

图 2-5　两输入查找表

另外，在 LUT 和数据选择器的基础上再增加触发器，便可构成既可实现组合逻辑功能又可实现时序逻辑功能的基本逻辑电路块，如图 2-6 所示，FPGA 中就是有很多类似的基本逻辑结构。用户对 FPGA 的编程数据放在 Flash 芯片中，通过上电加载到 FPGA 中，对其进行初始化。也可在线对其编程，实现系统在线重构，这一特性可以构建一个根据计算任务不同而实时定制的 CPU，这是当今研究的热门领域。

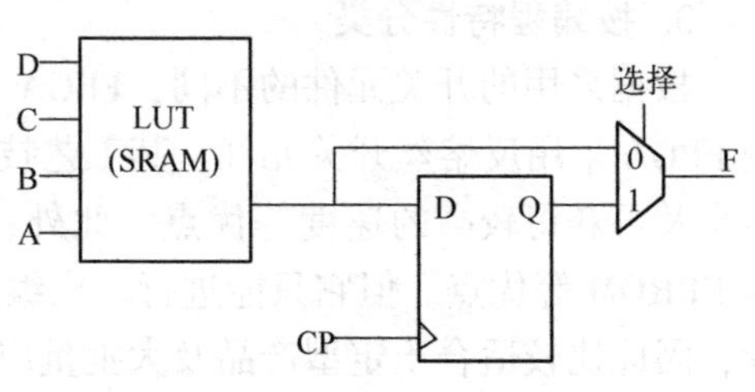

图 2-6　FPGA 中的基本逻辑块

2.2.3　FPGA 的基本结构

FPGA 利用小型查找表（16×1RAM）来实现组合逻辑，每个查找表连接到一个 D 触发器的输入端，触发器再来驱动其他逻辑电路或驱动 I/O 口，由此构成了既可实现组合逻辑功能又可实现时序逻辑功能的基本逻辑单元模块，这些模块间利用金属连线互相连接或连接到 I/O 模块。FPGA 的逻辑是通过向内部静态存储单元加载编程数据来实现的，存储在存储器单元中的值决定了逻辑单元的逻辑功能以及各模块之间或模块与 I/O 间的连接方式，并最终决定 FPGA 所能实现的功能，图 2-7 为 FPGA 的内部结构简图。它由逻辑块、可编程内部连线、可编程输入/输出单元等组成。

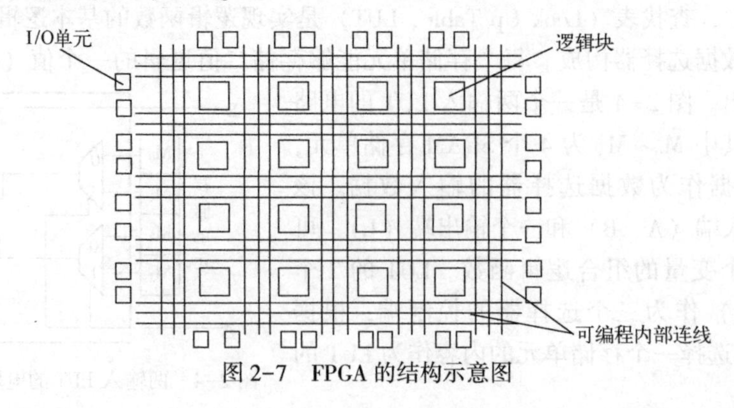

图 2-7　FPGA 的结构示意图

1. 逻辑块

从构成 FPGA 的可编程逻辑块和可编程互连资源来看，主要有三类逻辑块的构造。一是查找表型，二是多路开关型，三是多级“与”“或” FPGA 结构型。

（1）查找表型

查找表（Look-Up-Table，LUT）本质上就是一个 RAM。目前 FPGA 中多使用 4 输入的 LUT，所以每一个 LUT 可以看成一个有 4 位地址线的 RAM。当用户通过原理或 HDL 语言描述了一个逻辑电路以后，FPGA 开发软件会自动计算逻辑电路的所有可能结果，并把真值表事先写入 RAM 中。每输入一个信号进行逻辑运算就等于输入一个地址进行查表，找出地址对应的内容，然后输出即可。

不同公司产品的查找表型 FPGA 的结构各有特点，但基本上都是查找表的静态存储器构成函数发生器，并由它去控制执行 FPGA 应用函数的逻辑。如果有 N 个输入，那么将有 N 个输入的逻辑函数真值表存储在一个 2N×1 的 SRAM 中。SRAM 的地址线起输入作用。SRAM 的输出为逻辑函数的值，由输出状态去控制传输门或多路开关信号的通断，实现与其他功能块的可编程连接。

查找表结构的优点是功能很多，N 输入的查找表可以实现 N 个任意函数，这样的函数个数为 4^N 个。但是，这也将带来一些问题，如若有多于 5 个输入，则由于 5 个输入查找表的存储单元数是 25，它可以实现的函数数目增加得太多，而这些附加的函数在逻辑设计中又经常用不到，并且也很难让逻辑综合工具去开发利用。所以在实际产品中，一般查找表型 FPGA 的查找表输入 N 小于等于 5。例如 Xilinx 公司的 XC2000 系列的逻辑块是由 4 输入和 1 输出的查找表组成的。它可以转换成任何四输入变量的逻辑函数，可配置逻辑块 CLB 的框图如图 2-8 所示。

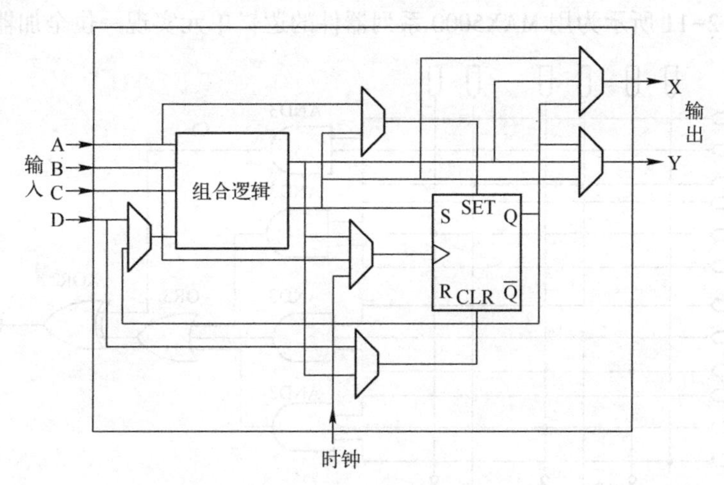

图 2-8　XC2000 系列 CLB 框图

（2）多路开关型

多路开关型 FPGA 的基本结构是一个多路开关的配置。在多路开关的每一个输入端接上固定电平或输入信号时，可以实现不同的逻辑功能，如图 2-9 所示。

它为基本多路开关型逻辑块中的二到一开关，包含一个具有选择输入 S、两个输入 a 和 b，其输出表达式为

$$f=Sa+\overline{S}\cdot b$$

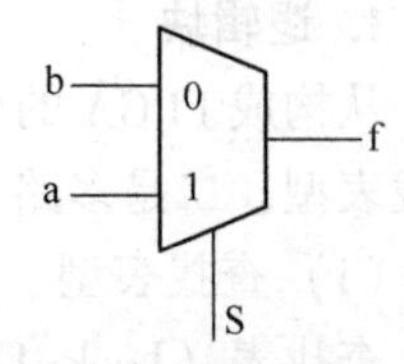

图 2-9　多路开关逻辑块

当b输入置逻辑0时，有 $f=Sa$，多路开关实现S“与”a的功能。当a输入置逻辑1时，有 $f=S+b$，多路开关实现S“或”b的功能。

(3) 多级“与”“或”型

多级“与”“或”门FPGA是基于可以实现“与”-“或”逻辑的“与”-“或”电路，其输出被送到一个“异或”门，如图2-10所示。这里的“异或”门可以用来获得可编程的“非”逻辑。如果一个“异或”门的输入端是分离的，那么作用同“或”一样。可允许“或”门和“异或”门形成更大的“或”函数，用来实现算术功能。

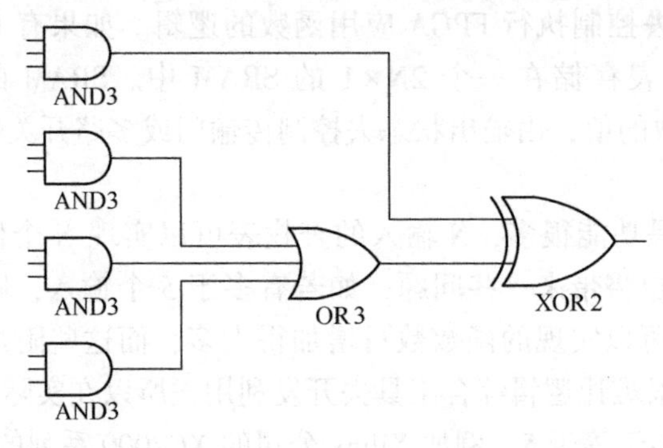

图 2-10　“与”-“或”-“异或”逻辑块

Altera公司的MAX5000、MAX7000和MAX9000系列产品就是属于多级“与或”门的FPGA结构。图2-11所示为用MAX5000系列器件的逻辑单元实现一位全加器的原理图。

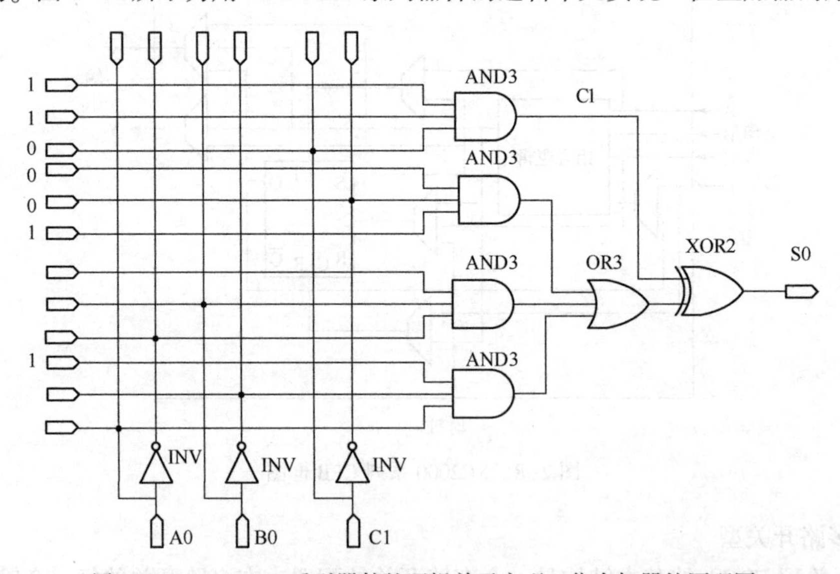

图 2-11　MAX5000系列器件的逻辑单元实现一位全加器的原理图

Xilinx公司和Actel公司的FPGA属于第一种FPGA结构。从逻辑块结构看，Xilinx公司的FPGA属于查找表类型，Actel公司的FPGA属于多路开关类型。而Altera公司的FPGA则是传统的 PLD 结构演变而来，因此应属于具有类似 PLD 的可编程逻辑块阵列和连续布线这一类，即第二种 FPGA 结构，其逻辑块是基于“与”“或”门电路构成的。目前，主流的 FPGA 仍是基于查找表结构的。下面以查找表结构为基础来介绍逻辑块的性能。

逻辑块采用查找表 LUT 结构和触发器完成组合逻辑功能和时序功能。FPGA 逻辑单元中的一个查找表 LUT 单元只能处理 4 个输入的组合逻辑。通常来说，FPGA 包含的 LUT 和触发器的数量非常多。所以，如果设计中使用到大量的寄存器和触发器，那 FPGA 将是一个不错的选择。FPGA 的配置数据存放在静态随机存储器 SRAM 中，即 FPGA 的所有逻辑功能块、接口功能块和可编程内部连线 PI 的功能都由存储在芯片上的 SRAM 中的编程数据来定义。断电之后，SRAM 中的数据会丢失，所以每次接通电源时，由微处理器来进行初始化和加载编程数据，或将实现电路的结构信息保存在外部存储器 EPROM 中，FPGA 通过 EPROM 读入编程信息，由 SRAM 中的各位存储信息控制可编程逻辑单元阵列中各个可编程点的通/断，从而达到现场可编程的目的。

FPGA 内部寄存器既可配置为带同步/异步复位和置位、时钟功能的触发器，也可以配置成为锁存器。FPGA 依赖寄存器完成同步时序逻辑设计。一般来说，比较经典的基本可编程单元的配置是一个寄存器加一个查找表，但不同厂商的寄存器和查找表的内部结构有一定的差异，而且寄存器和查找表的组合模式也不同。

2. 可编程内部连线

可编程内部连线资源连通 FPGA 内部所有单元，连线的长度和工艺决定着信号在连线上的驱动能力和传输速度，连线资源的划分如下。

1）全局性的专用连线资源：用于完成器件内部的全局时钟和全局复位/置位的布线。

2）长线资源：用于完成器件 bank 间的一些高速信号和第二全局时钟信号的布线。

3）短线资源：用于完成基本逻辑单元间的逻辑互连与布线。

4）其他：在逻辑单元内部还有着各种专用时钟、复位等控制信号线。

然而一般在设计过程中，往往由布局布线器根据输入的逻辑网表的拓扑结构和约束条件选择可用的布线资源，再连通所用的底层单元模块，所以常常忽略布线资源。

3. 内嵌专用硬核

内嵌专用硬核是指高端应用的可编程逻辑器件内部嵌入的专用硬核，它是相对底层嵌入的软核而言的，指的是 FPGA 处理能力强大的硬核，等效于 ASIC 电路。为了提高 FPGA 性能，芯片生产商在芯片内部集成了一些专用的硬核。例如，为了提高 FPGA 的乘法速度，主流的 FPGA 中集成了专用乘法器；为了使用通信总线与接口标准，很多高端的 FPGA 内部都集成了串并收发器，可以达到数十 Gbit/s 的收发速度。

4. 嵌入式块 RAM（BRAM）

大多数 FPGA 都具有内嵌的块 RAM，这大大拓展了 FPGA 的应用范围和灵活性。块 RAM 可被配置为单端口 RAM、双端口 RAM、内容可寻址存储器（CAM）以及 FIFO 等常用存储结构。内容可寻址存储器在其内部的每个存储单元都有一个比较逻辑，CAM 中的数据会和内部的每个数据进行比较，并返回与端口数据相同的所有数据的地址，因而在路由的地址交换器中有广泛的应用。除了块 RAM，还可以将 FPGA 中的 LUT 灵活地配置成 RAM\ROM 和 FIFO 等结构。在实际应用中，芯片内部块 RAM 的数量也是选择芯片的一个重要因素。单片块 RAM 的容量为 18 kbit，即位宽为 18 bit、深度为 1024，也可以根据需要改变其位宽和深度，将多片块 RAM 级联起来形成更大的 RAM。

5. 可编程输入输出单元（I/O 单元）

I/O 单元是芯片与外界电路的接口部分，可完成不同电气特性下对输入/输出信号的驱动与匹配要求。通过改变上拉、下拉电阻，可以调整驱动电流的大小。目前，I/O 口的速率已提升得较高，一些高端的 FPGA 通过 DDR 寄存器技术可以支持高达 2 Gbit/s 的数据速率。为了便于管理和适应多种电气标准，FPGA 的 I/O 被划分为若干个组，每个组的接口标准由其接口电压 VCCO 决定，一个组只能有一种 VCCO，但不同组的 VCCO 可以不同。另外，每组都能够独立地支持不同的 I/O 标准。通过软件的灵活配置，可以适配不同的电气标准与 I/O 物理特性。

6. 数字时钟管理模块（DCM）

Xilinx 推出的 FPGA 可提供数字时钟管理与相位环路锁定。相位环路锁定能提供精确的时钟综合，且能降低抖动，并实现过滤功能。DCM 的主要特点如下：

1）可实现零时钟偏移，消除时钟分配延迟，并实现时钟闭环控制。

2）时钟可以映射到 PCB 上用于同步外部芯片，这样减少了对外部芯片的要求，而将芯片内外的时钟控制一体化，以便于系统设计。

对于 DCM 模块来说，其关键参数为输入时钟频率范围、输出时钟频率范围和输入/输出允许抖动范围。

2.3 CPLD 与 FPGA 的比较

CPLD 是复杂可编程逻辑器件的缩写，它属于大规模集成电路（LSIC）里的专用集成电路（ASIC），适合控制密集型数字系统设计。其主体结构仍然是与或阵列，自从 20 世纪 90 年代初 Lattice 公司推出高性能的具有在系统可编程功能的 CPLD 以来，CPLD 发展迅速。具有在系统可编程功能的 CPLD 器件由于具有同 FPGA 器件相似的集成度和易用性，在速度上还有一定的优势。

FPGA 是现场可编程门阵列的缩写，是作为专用集成电路 ASIC 领域中的一种半定制电路而出现的。自 Xilinx 公司 1985 年推出第一片 FPGA 以来，FPGA 的集成密度和性能提高很快，其集成密度最高达 500 万/片以上，系统性能可达 200 MHz。由于 FPGA 器件集成度高、方便使用，在数字设计和电子生产上逐渐得到普及和应用。

同以往的 PAL、GAL 等相比较，FPGA/CPLD 的规模比较大，适合于时序、组合等逻辑电路应用场合，它可以替代几十甚至上百块通用 IC 芯片。由于芯片内部硬件连接关系的描述可以存放在磁盘、ROM、PROM 或 EPROM 中，因而在可编程门阵列芯片及外围电路保持不动的情况下，换一块 EPROM 芯片，就能实现一种新的功能。FPGA/CPLD 芯片及其开发系统问世不久，就受到世界范围内电子工程设计人员的广泛关注和普遍欢迎。CPLD 和 FPGA 既解决了定制电路的不足，又克服了原有可编程器件门电路数量有限的缺点。FPGA 和 CPLD 都是可编程逻辑器件，有很多共同特点，但由于 CPLD 和 FPGA 存在结构上的差异，FPGA 和 CPLD 的结构和性能比较如表 2-2 所示。

表 2-2 CPLD 和 FPGA 的结构和性能比较

比 较 项 目	CPLD	FPGA
集成规模	小	大
编程工艺	EPROM、EEPROM、FLASH	SRAM
单元粒度	大	小
互连方式	纵横	分段总线、长线、专用互连
触发器数	少	多
单元功能	强	弱
速度	高	低
引脚-引脚延迟	确定，可预测	不确定，不可预测
功耗/每个逻辑门	高	低

CPLD 和 FPGA 具有各自的特点。

1）适合结构：CPLD 更适合完成各种算法和组合逻辑，FPGA 更适合完成时序逻辑。换句话说，FPGA 更适合于触发器丰富的结构，而 CPLD 更适合于触发器有限而乘积项丰富的结构。

2）延迟：CPLD 的连续式布线结构决定了它的时序延迟是均匀和可预测的，而 FPGA 的分段式布线结构决定了其延迟的不可预测性。

3）功率消耗：一般情况下，CPLD 的功耗要比 FPGA 大，且集成度越高越明显。CPLD 最基本的单元是宏单元，宏单元以逻辑模块的形式排列，而每个逻辑模块由 16 个宏单元组成，每个宏单元包含一个寄存器及其他有用特性。因此宏单元执行一个 AND 和一个 OR 操作后即可实现组合逻辑。

4）速度：CPLD 的速度比 FPGA 快，并且具有较大的时间可预测性。这是由于 CPLD 是逻辑块级编程，并且其逻辑块之间的互联是集总式的。而 FPGA 是门级编程。并且 CLB 之间采用分布式互联。

5）编程方式：在编程方式上，CPLD 主要是基于 EEPROM 或 FLASH 存储器编程的，编程次数可达 1 万次，所以系统断电时编程信息也不会丢失。而 FPGA 大部分是基于 SRAM 编程的，编程信息在系统断电时会丢失。所以每次上电后，需要从外部进行编程，数据才会重新写入到 SRAM 中。其优点是可以编程任意次，也可在工作中快速编程，从而实现板级和系统级的动态配置。

6）编程：在编程上 FPGA 比 CPLD 具有更大的灵活性。CPLD 通过修改具有固定内连电路的逻辑功能来编程，即 CPLD 是在逻辑块下编程的。而 FPGA 主要通过改变内部连线的布线来编程，即 FPGA 可在逻辑门下编程。

7）集成度：FRGA 的集成度比 CPLD 高，具有更复杂的布线结构和逻辑实现。

8）保密性：CPLD 保密性好，FPGA 保密性差。

2.4 Altera FPGA 器件系列

Altera 公司是世界上较大的专业 CPLD/FPGA 公司之一。Altera 的 FPGA 器件具有良好的性能、极高的密度和非常大的灵活性，它通过高集成度、多I/O引脚及最大的速度为用户的各种需求提供有效的解决方案，极大地满足了用户对“可编程芯片系统”日益增长的需求。图2-12为Altera的FPGA产品。

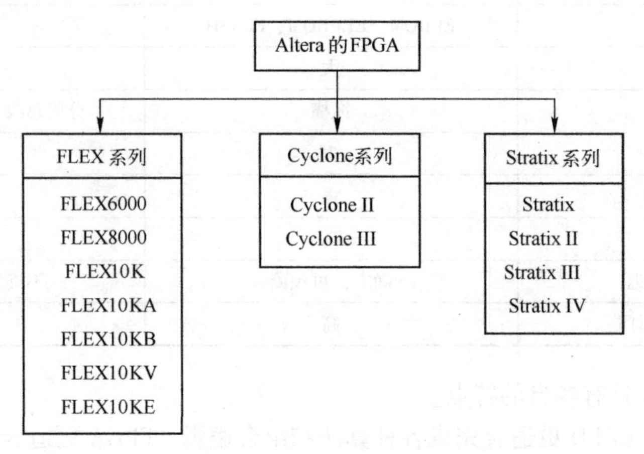

图2-12 Altera FPGA的产品

2.4.1 Altera性能器件

Altera的主流FPGA分为两大类，一种侧重低成本应用，其容量中等，性能中等，但可以满足一般的逻辑设计要求，如Cyclone、Cyclone Ⅱ等；另一种侧重于高性能应用，容量大，性能可以满足各类高端应用，如Startix、Startix Ⅱ等。用户可以根据自己的实际应用要求进行选择。Altera的FPGA器件采用钢铝布线的先进CMOS技术，具有非常低的功耗和相当高的速率，而且采用连续式互连结构，提供快速的、连续的信号延时。Altera器件密度从300门到400万门不等，能很容易地集成现有的各种逻辑器件，高密度的FPGA提供更高的系统性能、更好的可靠性和更高的性能价格比。

为满足更广泛的设计要求，Altera公司又对FPGA器件进行了改进，推出了功能超过普通FPGA的FLEX8000系列。FLEX8000吸取了FPGA容量大、修改快的优点，又通过专用快速通道的设计，弥补了FPGA延时不可预测的缺陷，使得FLEX8000成为一种优秀的可编程逻辑器件。此后，Altera推出了FLEX 10K系列产品，采用0.5 CMOS SRAM工艺规程，使器件内门数最高达10万个。Altera FPGA的结构与特点如表2-3所示。下面将详细地介绍各系列产品。

表2-3 Altera FPGA的结构与特点

器件系列	逻辑单元结构	连线结构	工艺	用户I/O脚数量/个	可用门数量/个
FLEX 10K	查找表和EAB	连续	SRAM	59~470	1~50000
FLEX 8000	查找表	连续	SRAM	68~208	255~16000
FLEX 6000	查找表	连续	SRAM	71~218	16000~24000
Cyclone	查找表	连续	SRAM	104~301	2910~20060（LE）
Stratix	查找表	连续	SRAM	422~1234	10570~79040（LE）

注：Cyclone产品的详细介绍将在2.4.2节进行论述。

（1）FLEX 10K 系列

FLEX 10K 器件系列首次采用嵌入式阵列，是业界中最大的 PLD。该系列包含 FLEX 10A、FLEX 10B 和 FLEX 10E 器件。由于它的高密度和易于在设计中实现复杂宏函数和存储功能，因此，可以把一个子系统集成在单一芯片上，而每个 FLEX 10K 器件都包含一个嵌入式阵列，它为设计者提供了有效的嵌入式门阵列和灵活的可编程逻辑。嵌入式阵列是由一系列嵌入式阵列块（EAB）组成的，它能够用来实现各种存储和复杂逻辑功能；另外，FLEX 10K 器件能够通过存储在芯片外部的串行 EPROM 或由系统控制器提供的数据对 FLEX 10K 器件进行配置；该器件也提供多电压 I/O 接口操作，它允许器件桥架在以不同电压工作的系统中；其他的结构特点（例如，多个低失真时钟、时钟锁定和时钟自举锁相环（PLL）电路、内部三态总线等）提供了为系统级集成所需要的性能和效率。这些特点使得 FLEX 10K 器件成为替代传统门阵列专用的理想选择。FLEX 10K 系列器件容量可达 25 万门，能够高密度、高速度、高性能地将整个数字系统（包含 32 位多总线系统）集成于单个器件中。FLEX 10K 器件系列特点如下。

- 低功耗。多数器件在静态模式下电流小于 0.5 mA，有工作电压为 2.5 V/3.3 V/5.0 V 的器件类别供用户选择。
- 灵活的互连方式。内部快速布线通道能实现连续式布线结构，实现快速加法、计数、比较等算术逻辑功能进位链和实现高速、多输入逻辑功能的专用级联链，多达 6 个全局时钟信号和 4 个全局消除信号。
- 多种配置方式。内置边界扫描测试电路，可通过外部 EPROM、智能控制器或边界扫描接口实现电路重构。FLEX 10K 器件的配置通常是在系统上电时通过存储于一个 Altera 串行 PROM 中的配置数据，或者由系统控制器提供的配置数据来完成。
- 高速度。内部门延时时间极小，计数工作频率高（可达数百 MHz）。

（2）FLEX 8000 系列

FLEX 8000 系列适合于需要大量寄存器和 I/O 引脚的应用系统。该系列器件的集成范围为 2500～16000 个可用门，具有 282～1500 个寄存器以及 78～208 个用户 I/O 引脚。FLEX 8000 能够通过存储在芯片外部的串行 EPROM 或集成控制器进行在线配置，并提供了多电压 I/O 接口操作，允许器件桥架在以不同电压工作的系统中。这些特点及其高性能、可预测速度的互连方式，使它们像基于乘积项的器件那样容易使用。此外，FLEX 8000 以 SRAM 为基础，使其维持状态的功耗很低，并且可进行在线重新配置。上述特点使 FLEX 8000 非常适合于 PC 上的插卡、由电池供电的仪器以及多功能的电信卡之类的应用。

（3）FLEX 6000 系列

FLEX 6000 系列为大容量设计提供了一种低成本可编程的交织式门阵列。该器件采用 OptiFLEX 结构，由逻辑单元组成。每个逻辑单元有一个 4 输入查找表、一个寄存器以及作为进位链和级联链功能的专用通道。还包括多个 LE 组成的逻辑阵列块（LAB）（每个 LAB 包含 10 个 LE）。FLEX 6000 器件也有可重构的 SRAM 单元，它能使设计者在设计初期直到设计测试过程中对其设计过程做灵活、迅速的变化。FLEX 6000 能够实现在线重配置并提供多电压 I/O 接口操作。

（4）Stratix 系列

Altera 在 2004 年初推出了高端 FPGA——Stratix 系列器件，该系列器件采用 1.5V，0.13 μm 工艺，可同时提供最多 114140 个 LE 和 10 Mbit RAM 空间。Stratix 系列器件可提供包含多达 224 个 9 bit×9 bit 内置乘法器的 28 个 DSP 功能块，其经过优化的结构可以有效实现高性能滤波器和乘法器。Stratix 系列器件不仅支持多种 I/O 标准，而且提供基于其内部最多 12 个可达 420 MHz 锁相环的层次化时钟系统。它采用了全新的逻辑结构——自适应逻辑模块，不仅显著地提高了性能和逻辑利用率，同时也降低了成本。Stratix 系列器件的关键特性如下。

- 一种创新的逻辑结构。
- 丰富的特性包含高性能 DSP 模块和片内存储器。
- 设计安全特性保护。
- HardCopy Ⅱ结构化 ASIC 的低成本高密度逻辑移植途径。

最重要的是 Altera 公司发布业界带宽最大的 FPGA——下一代 28 nm Stratix V FPGA 系列产品，它采用 TSMC 28 nm 高性能工艺进行制造，提供 110 万逻辑单元、53 Mbit 嵌入式存储器、3680 个 18×18 乘法器，以及工作在业界最高速率 28 Gbit/s 的集成收发器。该系列包括 4 种型号产品，满足无线/固网通信、广播、计算机等多种应用需求。这些型号产品包括：

- Stratix V GT FPGA——业界唯一面向传输速率 100 Gbit/s 以上系统，集成 28 Gbit/s 收发器的 FPGA。
- Stratix V GX FPGA——支持多种应用的 600M～12.5G 至 12.5 Gbit/s 收发器。
- Stratix V GS FPGA——600 Mbit/s 至 12.5 Gbit/s 收发器，适用于高性能数字信号处理（DSP）应用。
- Stratix V E FPGA——适用于 ASIC 原型开发和仿真以及高性能计算应用的高密度 FPGA。

Stratix 系列器件的具体介绍及使用本书不再过多阐述，请感兴趣的同学查阅相关书籍进行补充。

2.4.2 Altera 低成本器件

低成本 FPGA-Cyclone（飓风）系列是 Altera 推出的低成本 FPGA，到目前为止，其成员主要包括 Cyclone、Cyclone Ⅱ、Cyclone Ⅲ、Cyclone Ⅳ 和 Cyclone Ⅴ。Cyclone 系列器件的应用主要定位在终端市场，如电子、计算机、工业和汽车等领域。

1. Cyclone 器件

Altera 公司于 2003 年推出了一种低成本、中等规模的 FPGA——Cyclone 器件，它采用 0.13 μm 工艺、1.5 V 内核供电，其结构与 Stratix 类似。该系列产品是 Altera 最成功的器件之一，性价比较高，应用于通信、计算机外设、汽车等行业的中低端产品。Cyclone 器件的平面布局如图 2-13 所示。

Cyclone 内部的 RAM 块只有 M4K 一种，与 Stratix 器件中的 M4K 特性一样，可以实现真正双端口、简单双端口和单端口的 RAM，可以支持移位寄存器和 ROM 方式。Cyclone 器件

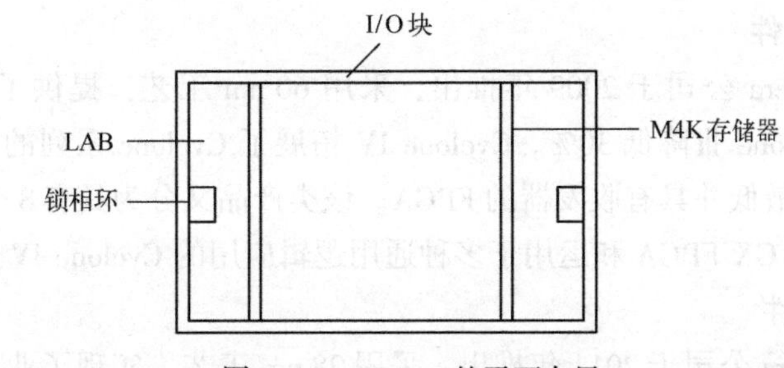

图 2-13　Cyclone 的平面布局

中的 M4K 块可用来实现软乘法器，以满足图像处理、音频处理等的需要。软乘法器可以根据所需数据位宽、系数位宽来定制，并且根据需要选择精度。利用 M4K 块，可用来并行乘法方式或分布式计算方式来实现不同数据宽度的软乘法器。这两种不同的实现方法提供了等待时间、存储器利用率的灵活性。

Cyclone 器件可以支持常用的单端的 I/O 标准，如 LVTTL、LVCMOS、SSTL 和 PCI，用于与板上其他器件的接口，另外 Cyclone 也支持差分的 I/O 标准，如 LVDS 和去抖动差分信号（RSDS）。但是单端 I/O 可以提供比差分 I/O 标准更强的电流驱动能力，主要应用在与高性能存储器的接口上，如双数据速率的 SDRAM 和 FCRAM 器件。

Cyclone 器件内置最多两个增强型的锁相环，其锁相环的功能特性如下。

- 可以给用户提供高性能的时钟管理能力。如可编程占空比、频率合成、片外时钟输出等。
- 具有时钟合成功能。每个锁相环可以提供三个不同频率的输出。
- 具有时分复用的功能。通过时分复用，可以用较少的逻辑资源来实现所需要的功能，因此可以利用这种共享资源的方法来增加芯片内的可用资源。
- Cyclone 中的每个锁相环还可以有一个差分的或单端的片外时钟输出，每个锁相环有一对片外时钟输出引脚。
- 具有可编程占空比的能力。可编程占空比使得锁相环可以产生不同占空比的输出时钟。
- 具有可编程移相的能力。用户可以在一个时间单元内对时钟进行移相，这个特性一般用于匹配那些关键时序路径上时钟沿的约束，如建立时间与保持时间的约束。

2. Cyclone Ⅱ器件

Altera 公司于 2005 年开始推出的新一代低成本 FPGA——Cyclone Ⅱ器件，它采用 90 nm 工艺、1.2 V 内核供电。最大的 Cyclone Ⅱ器件的规模是 Cyclone 的 3 倍，其增加了硬的 DSP 块，在芯片总体性能上要优于 Cyclone 系列器件。Cyclone Ⅱ提供了硬件乘法器单元，支持低成本应用中的多种公共外部存储器接口和 I/O 协议。而且它延续了 Cyclone 的低成本定位，在逻辑容量、PLL、乘法器和 I/O 数量上都较 Cyclone 有很大的提高。

3. Cyclone Ⅲ器件

Altera 公司于 2007 年推出，采用台积电（TSMC）65 nm 的低功耗（LP）工艺技术创造，可应用于通信设备、手持式消费类产品。Cyclone Ⅲ具有 20 万个逻辑单元（LE）、8 Mbit 存储器，而静态功耗低于 0.25 W。

4. Cyclone Ⅳ 器件

Cyclone Ⅳ 由 Altera 公司于 2009 年推出，采用 60 nm 工艺，提供了 15 万个逻辑单元（LE），总功耗较 Cyclone Ⅲ降低 30%。Cyclone Ⅳ 拓展了 Cyclone 系列的领先优势，为市场提供成本最低、功耗最低并具有收发器的 FPGA。该类产品又分为具有 8 个集成 3.125 Gbit/s 收/发器的 Cyclone Ⅳ GX FPGA 和运用于多种通用逻辑应用的 Cyclone Ⅳ E FPGA。

5. Cyclone Ⅴ 器件

Cyclone Ⅴ 由 Altera 公司于 2011 年推出，采用 28 nm 工艺，实现了业界最低的系统成本和功耗，与前 4 代产品相比，它具有高效的逻辑集成功能，提供集成收发器型号。相对 Cyclone Ⅳ 而言，Cyclone Ⅴ 的总功耗降低了 40%，静态功耗降低了 30%。

第3章　Quartus Ⅱ 开发环境

本章主要介绍 Quartus Ⅱ的开发环境，包含软件的安装步骤、基本设计流程和可支持扩展的 EDA 工具。Altera 公司的 Quartus Ⅱ开发软件为设计者提供了一个完整的多平台开发环境。它包括了可编程逻辑器件设计阶段的所有解决方案，提供了图形用户界面，可以完成可编程片上系统（SOPC）整个开发流程的各个阶段，包括输入、综合、仿真等。希望通过学习本章，读者能够掌握 Quartus Ⅱ软件的用户界面、常用工具和设计流程，方便地完成数字系统设计的全过程。

3.1　软件介绍

Quartus Ⅱ是 Altera 公司的综合性开发软件，它集成了设计输入、逻辑综合、布局布线、仿真验证、时序分析、器件编程等开发 FPGA 和 CPLD 器件所需要的多个软件工具。支持原理图、VHDL 以及 AHDL 等多种设计输入形式，内嵌自有的综合器以及仿真器，可以完成从设计输入到硬件配置的完整 PLD 设计流程。Quartus Ⅱ可以在 XP、Linux 以及 UNIX 上使用，除了可以使用 Tcl 脚本完成设计流程外，还提供了完善的用户图形界面设计方式，具有运行速度快、界面统一、功能集中和易学易用等特点。Quartus Ⅱ 支持 Altera 的 IP 核，包含了 LPM/MegaFunction 宏功能模块库，使用户可以充分利用成熟的模块，简化了设计的复杂性、加快了设计速度。

Quartus Ⅱ软件界面友好、使用便捷、功能强大，是一个完全集成化的可编程逻辑设计环境，是先进的 EDA 工具软件。该软件具有开放性、与结构无关、多平台、完全集成化、设计库丰富、工具模块化等特点。Quartus Ⅱ支持 Altera 公司的 MAX 3000 系列、MAX 7000 系列、MAX 9000 系列、ACEX 1K 系列、APEX 20K 系列、FLEX 5000 系列等乘积项器件，也支持 FLEX 6000、FLEX 8000、FLEX 10K、Stratix 系列等查找表器件。对第三方 EDA 工具的良好支持也使用户可以在设计流程的各个阶段使用熟悉的第三方 EDA 工具。此外，Quartus Ⅱ还可以与 MATLAB 和 DSP Builder 综合进行基于 FPGA 的 DSP 的系统开发。它也支持 Altera 的片上可编程系统（SOPC）开发，集系统级设计、嵌入式软件开发、可编程逻辑设计于一体，是一种综合性的开发平台。

随着 Altera 公司器件集成度的提高、器件结构和性能的改进，Quartus Ⅱ软件也在不断地改进和更新，每年都有新版本推出，并将当年的年号的后两位数字作为软件的主版本号（例如，2014 年推出的软件为 Quartus Ⅱ 14.0），软件的次版本号从 0 开始顺序编号，本书使用 2009 年推出的软件为 Quartus Ⅱ 9.1 版本，并将其安装在运行微软公司的 Windows 7 操作系统的计算机上。

3.1.1 软件安装

本节以 Quartus Ⅱ 9.1 为例，讲述 Quartus Ⅱ软件的安装方法。在满足系统配置的计算机上，可以按照下面的步骤安装 Quartus Ⅱ软件。

1）双击 Quartus Ⅱ 9.1 安装包的 setup. exe 文件，弹出如图 3-1 所示的欢迎信息窗口。

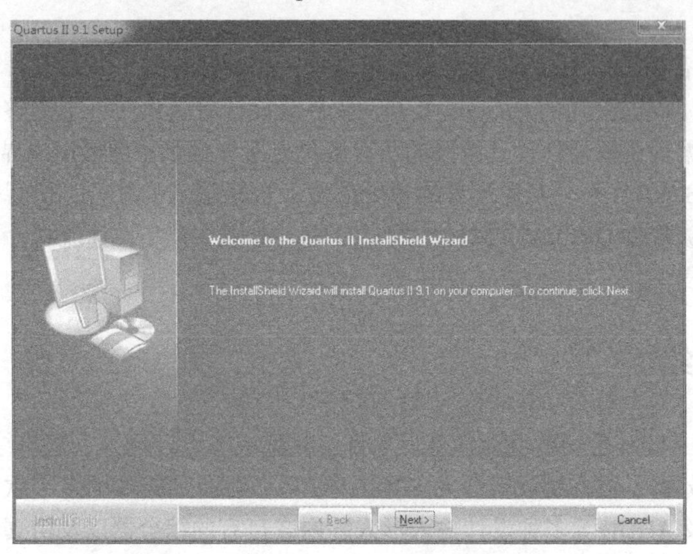

图 3-1　Quartus Ⅱ 9.1 的欢迎信息窗口

2）单击【Next】按钮，弹出软件安装许可协议对话框，在此选中“I accept the terms of the license agreement”选项，如图 3-2 所示。此后根据提示进行操作，完成 Quartus Ⅱ 9.1 软件的安装。

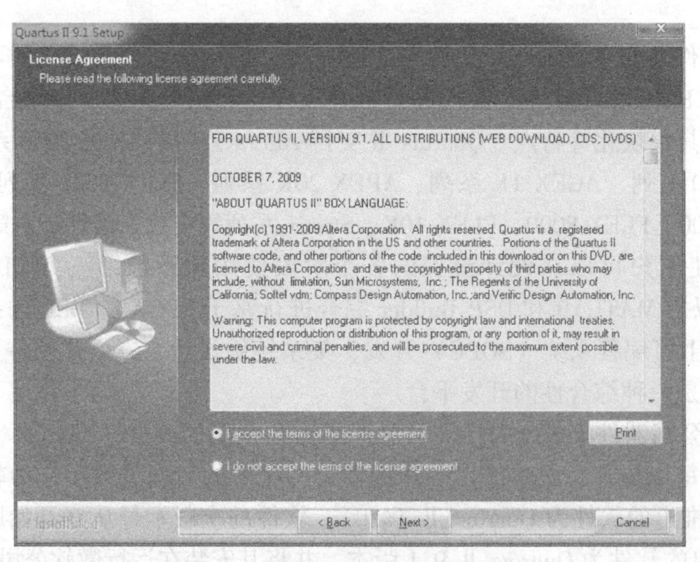

图 3-2　软件安装许可协议对话框

3）单击【Next】按钮，会出现填写用户信息的对话框，如图 3-3 所示。在此对话框中填写用户名字及公司名字。

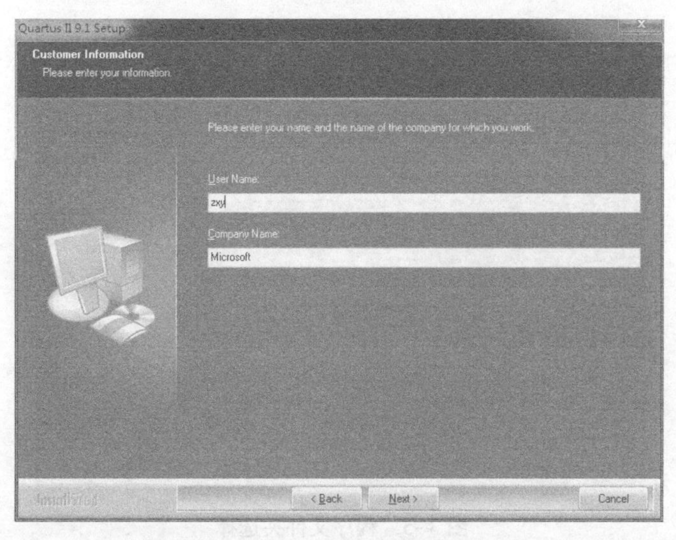

图 3-3　用户信息对话框

4）填写完用户信息后，会出现如图 3-4 所示的安装路径选择的对话框。需要注意的是：如果 C 盘足够大的话，可以使用默认路径。但如果 C 盘空间较小，需要改变路径时，要注意两点。

- 不能出现在中文路径下面。
- 地址不能出现空格。

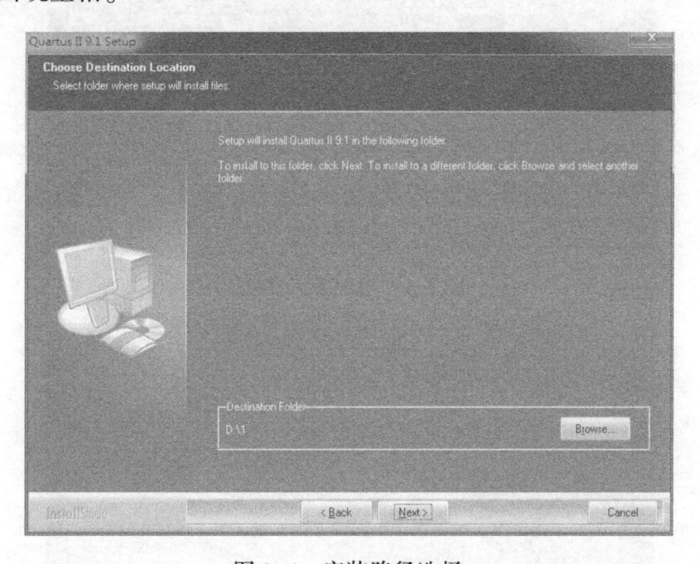

图 3-4　安装路径选择

5）安装路径选择完毕后，单击【Next】按钮，会出现如图 3-5 所示的程序文件夹选择的对话框，一般选择 360 安全安装。

6）单击【Next】按钮后，会出现如图 3-6 所示的安装类型的对话框。安装类型分为两种：完全安装（Complete）和用户自定义安装（Custom），通常选择完全安装，对于 Quartus Ⅱ软件比较熟悉的用户可以选择自定义安装。但对于初学者来说最好进行完全安装。然后会弹出如图 3-7 所示的对话框，此对话框对所选择的安装信息进行确认。

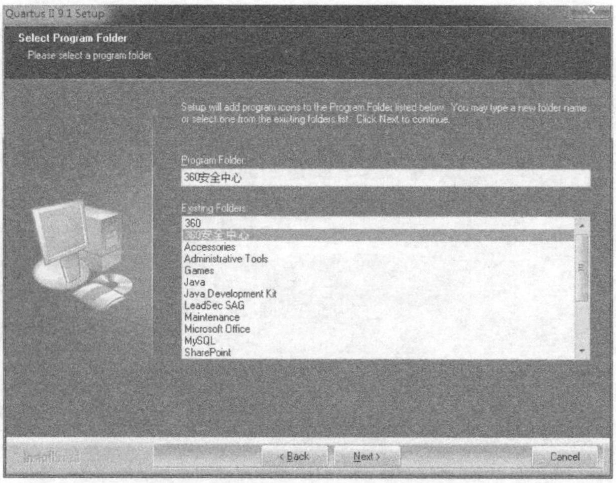

图 3-5　程序文件夹选择

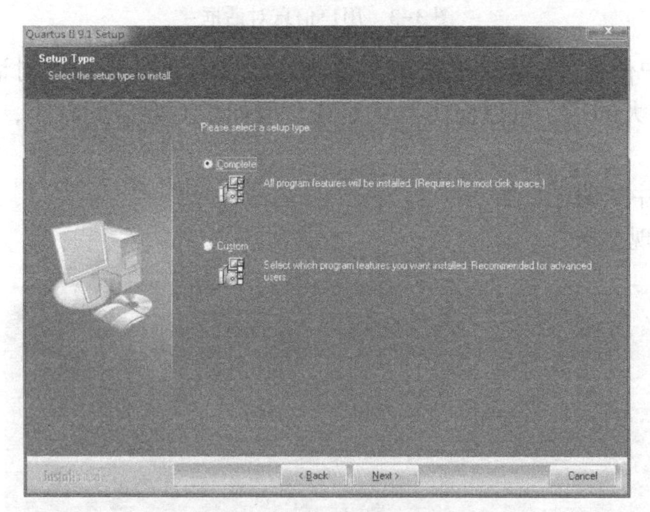

图 3-6　软件安装类型

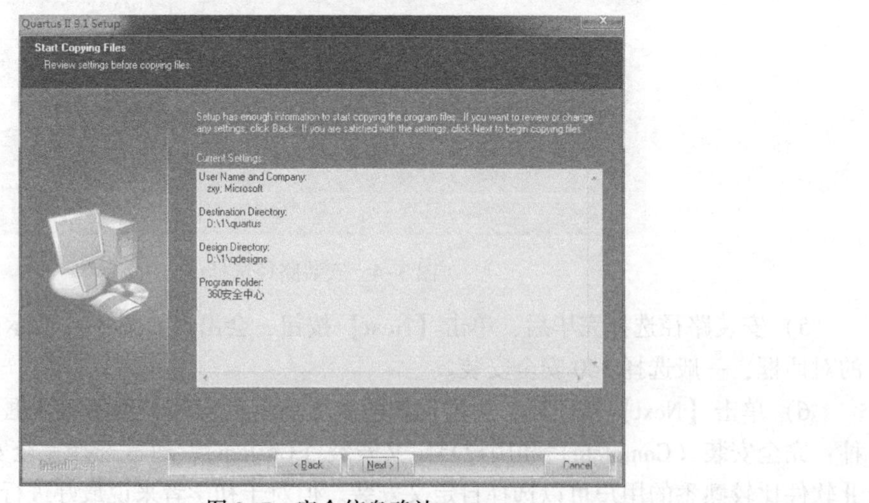

图 3-7　安全信息确认

7）单击【Next】按钮，直到出现如图 3-8 所示的安装完成的窗口。

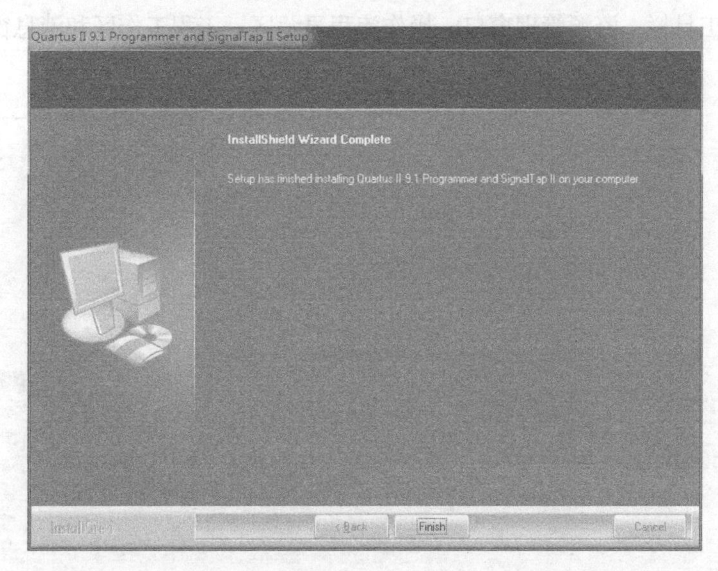

图 3-8　安装完成

8）单击【Finish】按钮，退出 Quartus Ⅱ软件的安装程序。

安装好 Quartus Ⅱ 9.1 后，进行如下操作。

1）运行 license.exe 来产生 license.dat，并将其复制到目录\Altera\91\中。

2）将文件夹 bin 和 bin 64 复制到目录\Altera\91\quartus\中，覆盖掉相应的文件。

3）运行 Quartus Ⅱ 9.1。

4）当询问到 license 时，选择"Specify valid license file"，指定到目录 Altera\91\license.dat。

第一次启动 Quartus Ⅱ 9.1 时，会出现如图 3-9 所示的软件请求授予权对话框。如果用户有许可文件，则在此对话框中选中"If you have a valid license file，specify the location of your license file"选项，否则选中"Start the 30-day evaluation period with no license file"选项。

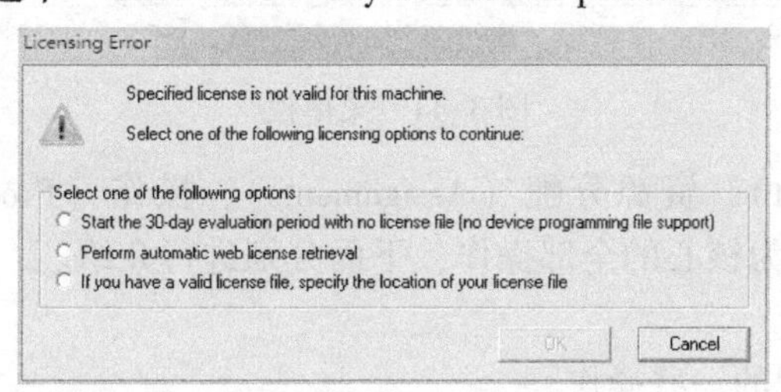

图 3-9　授权文件选择对话框

3.1.2　用户界面

Quartus Ⅱ 9.1 是 Altera 公司当前较流行的 EDA 软件工具，Quartus Ⅱ 9.1 软件为设计者提供了一个完善的多平台设计环境，与以往的 EDA 工具相比，它更适合基于模块的层次化设计方法。为了使 MAX+PLUS Ⅱ用户很快熟悉 Quartus Ⅱ软件的设计环境，在 Quartus Ⅱ软件中，设计者可以将 Quartus Ⅱ软件的图形用户界面（GUI）的菜单、工具条以及应用窗口转换为MAX+PLUSⅡ的用户界面。Quartus Ⅱ软件的主界面如图3-10所示。主界面主要包含标题栏、菜单栏、工具栏、资源管理窗口、操作流程显示区、工程工作区和消息窗口等部分。

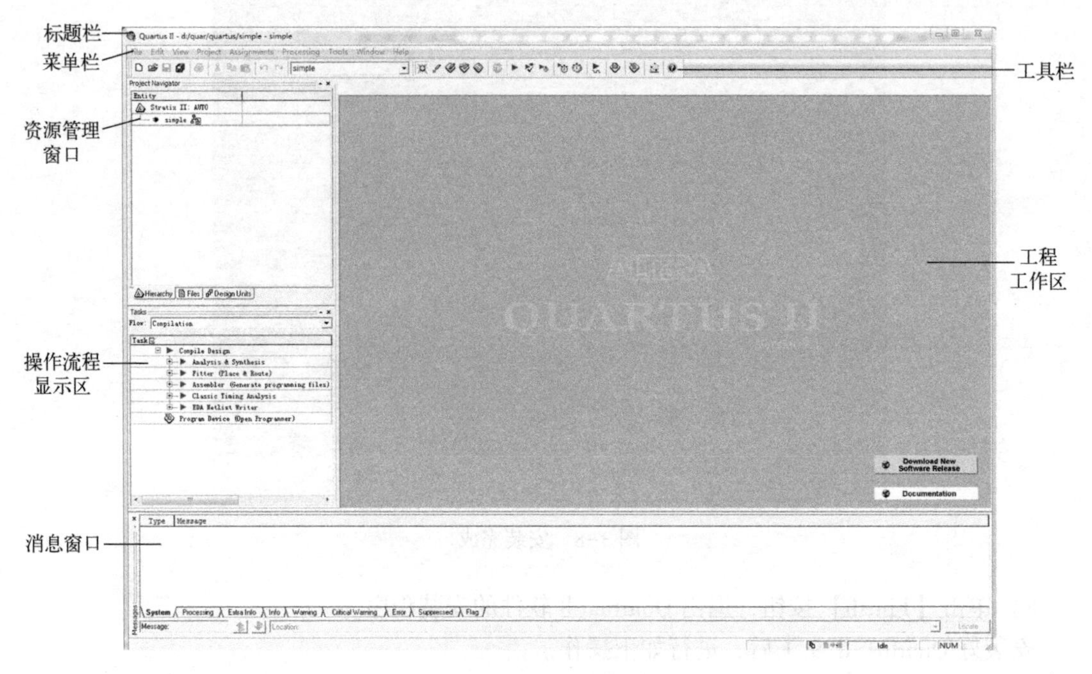

图3-10 Quartus Ⅱ软件的主界面

1. 标题栏

标题栏显示当前项目的路径和程序的名称。

2. 菜单栏

菜单栏如图3-11所示，它主要由文件（File）、编辑（Edit）、视图（View）、工程（Project）、资源分配（Assignments）、操作（Processing）、工具（Tools）、窗口（Window）和帮助（Help）9个菜单组成。

图3-11 菜单栏

其中，工程（Project）、资源分配（Assignments）、操作（Processing）、工具（Tools）集中了Quartus Ⅱ软件较为核心的全部操作，下面分别进行介绍。

（1）“Project”菜单

该菜单主要是对工程的一些操作。

- “Add/Remove Files in Project”：添加或新建某种资源文件。
- “Revisions”：创建或删除项目，在其弹出的窗口中单击【Create】按钮，创建一个新的项目，或者在创建好的多个项目中选中一个，单击【Set Current】按钮，即可把选中的项目设为当前项目。
- “Archive Project”：为项目归档或备份。
- “Generate Tcl File for Project”：产生项目中的Tcl脚本文件。选择好要生成的文件名及路径后，单击【OK】按钮即可。如果选中了“Open generated file”选项，则会在项目工作区打开该 Tcl 文件。

- “Generat Power Estimation File”：产生功率估计文件。
- “HardCopy Utilities”：与 Hardcopy 器件相关的功能。
- “Locate”：将 Assignment Editor 中的节点或源代码中的信号在 Timing Closure Floorplan、编译后布局布线图、Chip Editor 或源文件中定位其位置。
- “Set as Top-level Entity”：将项目工作区打开的文件设定为顶层文件。
- “Hierarchy”：打开项目工作区显示的源文件的上一层或下一层的源文件及顶层文件。

（2）“Assignment” 菜单

该菜单的主要功能是对项目的参数进行配置，如引脚分配、时序约束、参数设置等。

- “Device”：设置目标器件型号。
- “Assign Pins”：打开分配引脚对话框，给设计的信号分配 I/O 引脚。
- “Timing Settings”：打开时序结束对话框。
- “Settings”：打开参数设置页面，可以切换到使用 Quartus Ⅱ 软件开发流程的每个步骤所需的参数设置页面。
- “Wizard”：启动时序约束设置、编译参数设置、仿真参数设置、Software Builder 参数设置。
- “Assignment Editor”：分配编译器，用于分配引脚、设定引脚电平标准、设定时序约束等。
- “Remove Assignments”：删除设定类型的分配，如引脚分配、时序分配、SignalProbe 信号分配等。
- “Demote Assignments”：允许用户降级使用当前较不严格的约束，使编译器更高效地编译分配和约束等。
- “Back-Annotate Assignments”：允许用户在项目中反标注引脚、逻辑单元、LogicLock 区域、节点、布线分配等。
- “Import Assignments”：为当前项目导入分配文件。
- “Timing Closure Foorplan”：启动时序收敛平面布局规划器。
- “LogicLock Region”：允许用户查看、创建和编辑 LogicLock 区域约束以及导入/导出 LogicLock 区域约束文件。

（3）“Processing” 菜单

该菜单包含了当前项目执行各种设计流程，如开始综合、开始布局布线、开始时序分析等。

（4）“Tools” 菜单

该菜单调用 Quartus Ⅱ软件中集成的一些工具，如 Mega Wizard Plug-Inmanager（用于生成 IP 核和宏功能模块）、Chip Editor、RTL Viewer、Programmer 等工具。

3. 工具栏

工具栏中包含了常用命令的快捷图标。将光标移到相应图标时，光标下方会出现此图标对应的含义，而且每种图标在菜单栏中均能找到相应的命令菜单。用户可以根据需要将自己常用的功能定制为工具栏上的图标，方便在 Quartus Ⅱ软件中灵活、快速地进行各种操作。

4. 资源管理窗口

资源管理窗口用于显示当前项目中所有相关的资源文件，如图 3-12 所示。资源管理窗口左下角有 3 个选项卡，分别是结构层次（Hierarchy）、文件（Files）和设计单元（Design Units）。

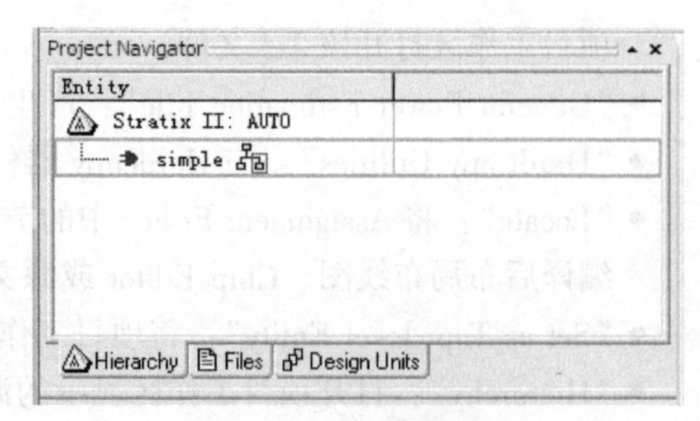

图 3-12 资源管理窗口

1）结构层次选项卡在项目编译前只显示顶层模块名，项目编译一次后，此选项卡按层次列出了项目中的所有模块，并列出了每个源文件所用资源的具体情况。顶层可以是用户产生的文本文件，也可以是图形编辑文件。

2）文件选项卡列出了项目编译后的所有文件，文件类型有设计器件文件（Design Device Files）、软件文件（Software Files）和其他文件（Others Files）。

3）设计单元选项卡列出了项目编译后的所有单元，如 AHDL 单元、Verilog HDL 单元、VHDL 单元等，一个设计器件文件对应生成一个设计单元，而参数定义文件没有对应的设计单元。

5. 工程工作区

器件设置、定时约束设置、底层编辑器和编译报告等均显示在工程工作区中，如图 3-13 所示。当 Quartus Ⅱ 实现不同功能时，此区域将打开相应的操作窗口，显示不同的内容，以便进行不同的操作。

图 3-13 工程工作区

6. 操作流程显示区

操作流程显示区主要是显示模块综合、布局布线过程及时间，其中模块（Module）部分列出了项目模块，过程（Process）部分显示综合、布局布线进度条，时间部分表示综合、布局布线所耗费时间。

7. 消息窗口

消息窗口显示 Quartus Ⅱ 软件综合、布局布线过程的消息，如开始综合时调用源文件、库文件、综合布局布线过程中的定时、报警、错误等。如果是报警和错误，则会给出引起报警和错误的原因，方便设计者查找及修改错误。

3.1.3 软件的工具与功能

Quartus Ⅱ 中集成的开发工具可以分为两类，一类是 Altera 公司自己提供的软件工具，另一类是其他 EDA 厂商提供的软件工具，后者统称为第三方工具。

常用的 Altera 自带的开发工具有 Text Editor（文本编辑器）、Memory Editor（内存编辑器）、Mega Wizard（IP 核生成器）、Schematic Editor（原理图编辑器）、Quartus Ⅱ（内嵌综合工具）、RTL Viewer（寄存器传输级视图观察器）、Assinment Editor（约束编辑器）、LogicLock（逻辑锁定工具）、PowerFit Fitter（布局布线器）、Timing Analyzer（时序分析器）、Floorplan Editor（布局规划器）、Chip Editor（底层编辑器）、Design Space Explorer（设计空间管理器）、Design Assistant（检查设计可靠性）、Assembler（编程文件生成工具）、Programmer（下载配置工具）、Power Analyzer（功耗仿真器）、Signal Tap Ⅱ（在线逻辑分析仪）、Signal Probe（信号探针）、SOPC Builder（可编程片上系统设计环境）、DSP Builder（内嵌 DSP 设计环境）、Software Builder（软件开发环境）。

第三方软件指的是生产商提供的设计工具，Quartus Ⅱ软件集成了与这些设计工具的友好接口，在 Quartus Ⅱ软件中可以直接调用这些工具。第三方工具一般需要 License 授权方可使用。Quartus Ⅱ中支持的第三方工具接口有 Synplify/Synplify Pro 综合工具、Amplify 综合工具、Precision RTL 综合工具、Leonardo Spectrum 综合工具、FPGA Compiler Ⅱ综合工具、ModelSim 仿真工具、Verilog-XL 仿真工具、NC-Verilog/VHDL 仿真工具、Active-HDL 仿真工具、VCS/VSS 仿真工具、Prime Time 静态时序分析工具以及板级仿真验证工具 Mentor Tau、Synopsys HSPICE 和 Innoveda BLAST 等。

Quartus Ⅱ是 Altera 公司的综合性 PLD/FPGA 开发软件，拥有原理图、VHDL、AHDL 等多种设计输入形式，内嵌自有的综合器以及仿真器，可以完成从设计输入到硬件配置的完整 PLD 设计流程。

Altera 的 Quartus Ⅱ软件提供完整的多平台设计环境，可以轻松满足特定的设计需求，是 SOPC 设计的综合性环境。此外，Quartus Ⅱ软件允许用户在设计流程的每个阶段使用 Quartus Ⅱ软件图形用户界面、EDA 工具界面或命令行方式。图 3-14 所示为 Quartus Ⅱ软件图形用户界面为设计流程的每个阶段所提供的功能。

其中，设计输入是使用 Quartus Ⅱ软件的块输入方式、文本输入方式、Core 输入方式和 EDA 设计输入工具等表达用户的电路构思，同时使用分配编辑器设定初始设计约束条件。

综合是将 HDL 语言、原理图等设计输入翻译成由与/或/非门、RAM、触发器等基本逻辑单元组成的逻辑连接（网络表），并根据目标与要求（约束条件）优化所生成的逻辑连接，输出 edf 或 vqm 等标准格式的网络表文件，供布局布线器进行实现。除了可以用 Quartus Ⅱ软件的“Analysis & Synthesis”命令综合外，也可以使用第三方综合工具生成与 Quartus Ⅱ软件配合使用的 edf 网络表文件或 vqm 文件。

布局布线的输入文件是综合后的网络表文件，Quartus Ⅱ软件中的布局布线包含布局布线结果、优化布局布线、增量布局布线和通过反标注保留分配等。

时序分析允许用户分析设计中所有逻辑的时序性能，并协助引导布局布线满足时序分析要求。默认情况下，时序分析作为全编译的一部分自动运行，它观察和报告时序信息，如建立时间、保持时间、时钟至输出延时、最大时钟频率及设计的其他时序特性，可以使用时序分析生成的信息分析、调试和验证设计的时序性能。

仿真分为功能仿真和时序仿真。其中，功能仿真主要是验证电路功能是否符合设计要求；而时序仿真包含了延时信息，它能较好地反映芯片的设计工作情况。可以使用 Quartus Ⅱ集成

设计输入 • 文本编辑器 • 块和符号编辑器 • 配置编辑器 • 平面布置图编辑器 • Mega Wizard 插件管理器	系统级设计 • SOPC Builder • DSP Builder
设计输入 • 文本编辑器 • 块和符号编辑器 • 配置编辑器 • 平面布置图编辑器 • Mega Wizard 插件管理器	基于模块的设计 • Logic Lock 窗口 • 时序逼近布局 • VQM 写入
约束输入 • 分配编辑器 • 引脚规划器 • 设置对话框 • 时序逼近布局 • 设计分区窗口	EDA 接口 • EDA网络表写入 功耗分析 • Power Play功耗分析器工具 • Power Play早期功耗估计器
综合 • 分析和综合 • VHDL、Verilog HDL 和 AHDL • 设计助手 • RTL 查看器 • 技术映射查看器 • 渐进式综合	时序逼近 • 时序逼近布局 • Logic Lock窗口 • 时序优化向导 • 设计空间管理器 • 渐进式编译
布局布线 • 适配器 • 时序逼近布局 • 资源优化向导 • 设计空间管理器 • 分配编辑器 • 渐进式编译 • 报告窗口 • 芯片编辑器	调试 • Signal Tap Ⅱ • Signal Probe • 在线存储器内容编辑工具 • RTL 查看器 • 技术映射查看器 • 芯片编辑器
时序分析 • TimeQust时序分析器 • 标准时序分析器 • 报告窗口 • 技术映射查看器	项目更改管理器 • 芯片编辑器 • 资源属性编辑器 • 更改管理器
仿真 • 仿真器 • 标准时序分析器	编程 • 汇编器 • 编程器 • 转换编程文件

图 3-14　Quartus Ⅱ软件图形用户界面的功能

的仿真工具仿真，也可以使用第三方工具对设计进行仿真。

在全编译成功后，要对 Altera 器件进行编程或配置，它包括 Assemble（生成编程文件）、Programmer（建立包含设计所用器件名称和选项的链式文件）、转换编程文件等。

系统级设计包括 SOPC Builder 和 DSP Builder，Quartus Ⅱ和 SOPC Builder 一起为建立

SOPC 设计提供标准化的图形环境。其中，SOPC 由 CPU、存储器接口、标准外部设备和用户自定义的外部设备等组件组成。SOPC Builder 允许选择和自定义系统模块的各个组件和接口，它将这些组件组合起来，生成对这些组件进行实例化的单个系统模块和必要的总线逻辑。DSP Builder 是帮助用户在易于算法应用的开发环境中建立 DSP 设计的硬件表示，从而缩短了 DSP 的设计周期。

Quartus Ⅱ软件中的 Software Builder 是集成编程工具，可以将软件资源文件转换为用于配置 Excalibur 器件的闪存格式编程文件或无源格式编程文件。Software Builder 在创建编程文件的同时，自动生成仿真初始化文件。仿真器初始化文件指定了存储单元的每个地址的初始值。

Logic Lock 模块化设计流程支持对复杂设计的某个模块独立地进行设计、实现与优化。并将该模块的实现结果约束在规划好的 FPGA 区域内。

EDA 界面中的 EDA Netlist Writer 是生成时序仿真所需要的包含延迟信息的文件，如 . vo、. sdo 文件等。

时序收敛通过控制综合和设计的布局布线来达到时序目标。使用时序收敛可以对复杂的设计进行更快的时序收敛，减少优化迭代次数并自动平衡多个设计约束。时序收敛工具主要包括 Timing Closure Floorplan 和 Logic Lock Editor。

Signal Tap Ⅱ逻辑分析器可以捕获和显示 FPGA 内部的实时信号行为。Signal Probe 可以在不影响设计中现有布局布线的情况下，将内部电路中特定的信号迅速布线到输出引脚，从而无需对整个设计另做一次全编译。

工程更改管理是在全编译后对设计做的少量修改或调整。这种修改是直接在设计数据库上进行的，而不是修改源代码或配置文件，这样就无需重新运行全编译而快速地实施这些更改。

除 Quartus Ⅱ软件集成的上述工具外，Quartus Ⅱ软件还提供第三方工具的链接，如综合工具 Synplify、SynplifyPro、Leonardo，仿真工具 ModelSim、Aldec HDL 等，它们都是业内公认专业的综合、仿真工具。

3.2 设计流程

在建立新设计时，必须考虑 Quartus Ⅱ软件提供的设计方法，如 LogicLock 功能提供自顶向下或自底向上的设计方法，以及基于块的设计流程。在自顶向下的设计流程中，整个设计只有一个输出网络表，用户可以对整个设计进行跨设计边界和结构层次的优化处理，且管理容易；在自底向上的设计方法中，每个设计模块有单独的网络表，它允许用户单独编译每个模块，且每个模块的修改不会影响其他模块的优化。基于块的设计流程使用 EDA 设计输入和综合工具分别设计和综合每个模块，然后将各个模块整合到 Quartus Ⅱ软件的最高层设计中。在设计时，用户可以根据实际情况灵活使用这些设计方法。

QuartusⅡ软件包是 Altera 公司专有知识产权的开发软件，适用于大规模逻辑电路设计。其界面友好、集成化程度高、易学易用，深受业界人士好评。Quartus Ⅱ软件的设计流程主要包括设计输入、综合、布局布线、仿真、时序分析、编程和配置等环节，如图 3-15 所示。

1. 创建工程

创建一个新工程，并为此工程指定一个工作目录，然后指定一个目标器件。在用 Quartus Ⅱ进行设计时，将每个逻辑电路或者子电路称为工程。当软件对工程进行编译处理时，将产生一系列文件（如电路网表文件、编程文件、报告文件等）。因此需要创建一个目录文件用于放置设计文件以及设计过程产生的一些中间文件。建议每个工程使用一个目录。

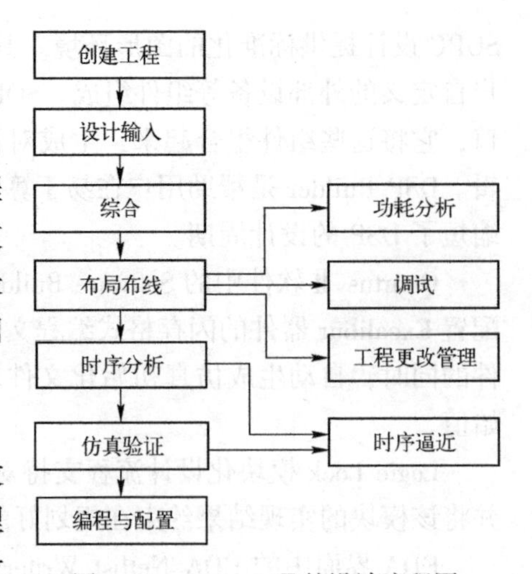

图 3-15 Quartus Ⅱ的设计流程图

2. 设计输入

QuartusⅡ软件中的工程由所有设计文件以及和设计文件有关的设置组成。用户可以使用 Quartus Ⅱ原理图输入方式、文本输入方式、模块输入方式和 EDA 设计输入工具等表达自己的电路构思。设计输入的流程如图 3-16 所示。

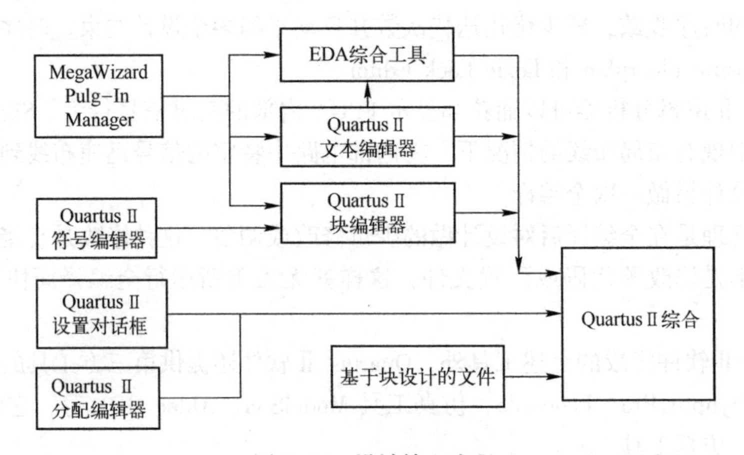

图 3-16 设计输入流程

工程被创建后，需要给工程添加设计输入文件。

1）设计输入方式。设计输入可以使用文本形式的文件（如 VHDL、Verilog HDL、AHDL 等）、存储器数据文件（如 HEX、MIF 等）、原理图设计输入及第三方 EDA 工具产生的文件（如 EDIF、HDL、VQM 等），也可以混合使用以上多种设计输入方法进行设计。

2）设计规划。

3）设计约束。在项目中添加文件后，需要给设计者分配引脚和时序约束。分配引脚是将设计文件的 I/O 信号指定到器件的某个引脚，设置此引脚的电平标准、电流强度等。

3. 综合

在项目中添加设计文件并设置引脚锁定后，下一步就是对工程进行综合。随着 FPGA/CPLD 越来越复杂，性能要求越来越高，高级综合在设计流程中也变得越来越重要，综合结果的优劣直接影响了布局布线的结果。综合的主要功能是将 HDL 语言翻译成最基本的与门、或门、非门、RAM、触发器等基本逻辑单元的连接关系，并根据要求优化所生成的门级逻辑连接，从而输出网络表文件，供下一步的布局布线使用。评定综合工具优劣的两个重要指标为：占用的芯片的物理面积和工作频率。

在 Quartus Ⅱ软件中，可以使用 Analysis & Synthesis 分析并综合 VHDL 和 Verilog HDL 设计。Analysis & Synthesis 完全支持 VHDL 和 Verilog HDL 语言，并提供控制综合过程的一些可选项。用户可以在"Settings"对话框中选择使用的语言标准，同时 Quartus Ⅱ软件可以将非 Quartus Ⅱ软件函数映射到 Quartus Ⅱ软件函数的库映射文件（.lmf）上。

Analysis & Synthesis 的分析阶段将检查项目的逻辑完整性和一致性，并检查边界连接和语法上的错误。它使用多种算法来减少门的数量，删除冗余逻辑，尽可能有效地利用器件体系结构。分析完成后，构建项目数据库，此数据库中包含完全优化且合适的项目，此项目将用于为时序仿真、时序分析、器件编程等建立一个或多个文件。Quartus Ⅱ的综合设计流程如图 3-17 所示。

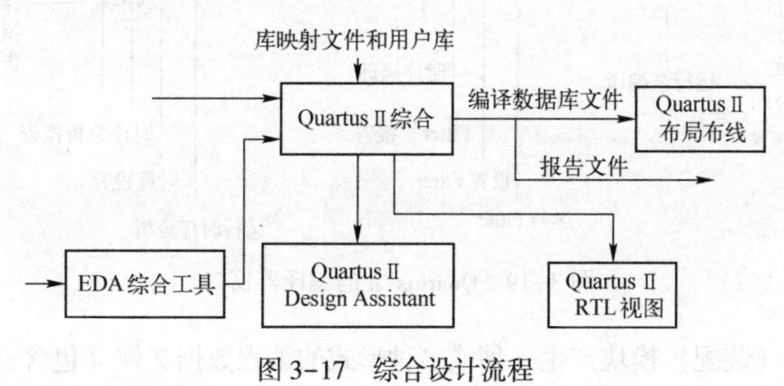

图 3-17　综合设计流程

4. 布局布线

Quartus Ⅱ软件中的布局布线，就是使用由综合生成的网络表文件，将项目的逻辑和时序要求与器件的可用资源相匹配。它将每个逻辑功能分配给最好的逻辑单元位置来进行布线和时序，并选择相应的互连路径和引脚分配。如果在设计中执行了资源分配，则布局布线器将试图使这些资源与器件上的资源相匹配，并努力满足用户设置的任何其他约束条件，然后优化设计中的其他逻辑。如果没有对设计设置任何约束条件，则布局布线器将自动优化设计。Quartus Ⅱ软件中的布局布线流程如图 3-18 所示。

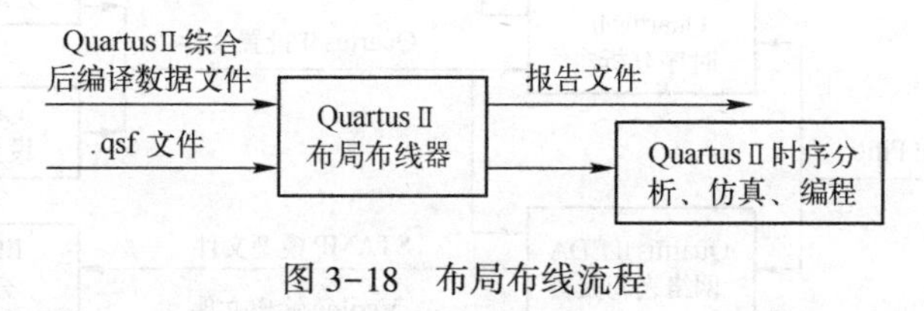

图 3-18　布局布线流程

在 Quartus Ⅱ软件中，将逻辑综合、布局布线等软件集合到一起，称为编译工具。在 Quartus Ⅱ主界面，使用菜单 Processing/Compiler Tool 命令，弹出图 3-19 所示的编译器窗口，该窗口包含了对设计文件进行处理的 4 个模块。

1）Analysis & Synthesis（分析与综合）模块对设计文件进行语法检查、设计规则检查和逻辑综合。综合过程分为两步：第一步是将 HDL 语言翻译成逻辑表达式；第二步是进行工艺技术映射，即用目标芯片中的逻辑元件来实现每个逻辑表达式。

2）Fitter（电路适配器）模块的功能是用目标芯片中某具体位置的逻辑资源（元件、连线）去实现设计的逻辑，完成布局布线的工作。

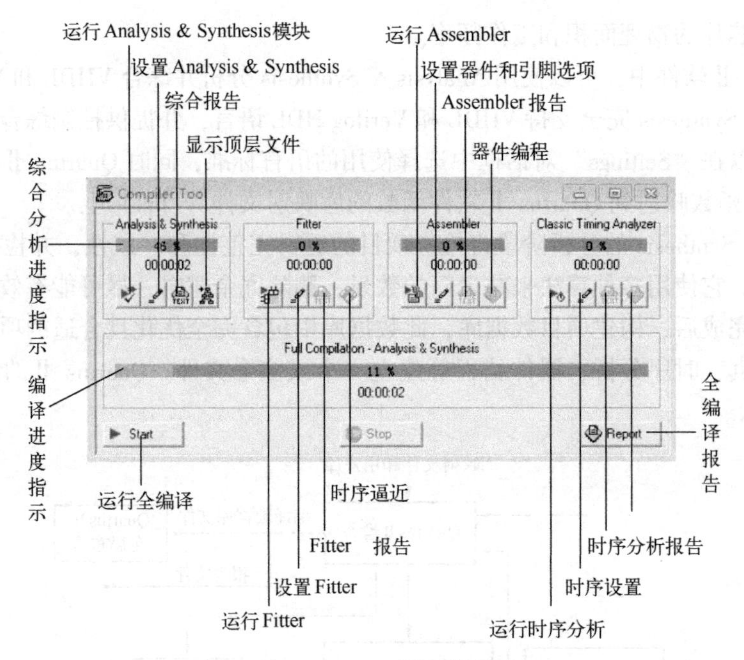

图 3-19　Quartus Ⅱ的编译器窗口

3）Assembler（装配）模块产生一种或多种形式的编程数据文件（包含 . sof、. sof 文件）。

4）Classic Timing Analyzer（经典时序分析）用于分析逻辑设计的性能，并指导电路适配器工作，以满足设计项目中定时要求。默认情况下，该模块作为全编译的一部分将会自动运行，并分析和报告器件内部逻辑电路各路径的定时信息。

5. 时序分析

用户可以通过时序分析器产生的信息来分析、调试并验证设计的时序性能，其时序分析流程如图 3-20 所示。

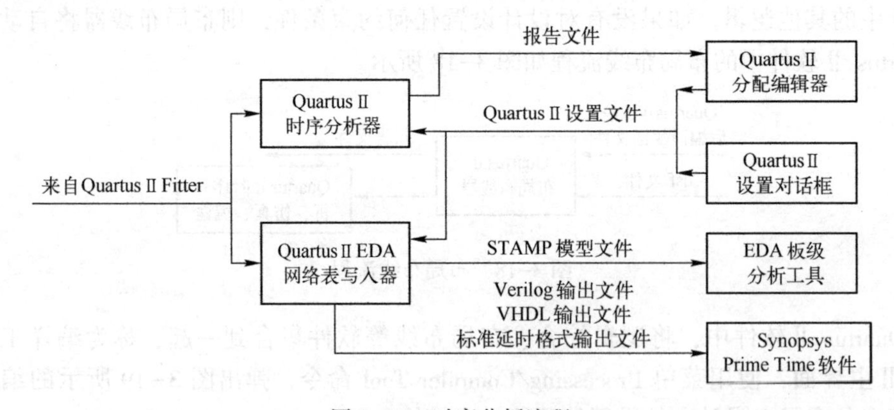

图 3-20　时序分析流程

Quartus Ⅱ软件中的 TimeQuest 时序分析器和标准时序分析器可以用于分析设计中的所有逻辑。TimeQuest 时序分析器与标准时序分析器相比有很多不同的特性，在分析方法上也不尽相同。TimeQuest 时序分析器使用标准的 Synopsis 设计约束（SDC）方法来约束设计、提交报告。当用户使用 TimeQuest 时序分析器进行时序分析时，可以很容易地精确约束很多专用应用。例如，采用多时钟的设计进行 DDR 存储器接口等源同步接口设计时，采用 TimeQuest 时序分析器更容易进行约束和分析。标准时序分析器在项目完成编译后自动进行时序分析，它完成的主要任务有：

1）在完整编译期间进行时序分析，或者在初始编译后单独进行时序分析。

2）在部分编译后，适配完成前，进行早期时序估算。

3）通过 Report 窗口和时序逼近布局图查看时序结果。

时序约束是为了使高速数字电路的设计满足运行速率方面的要求，在综合、布局布线阶段附加约束。要分析项目是否满足用户的速率要求，也需要对项目的设计输入文件添加时序约束。时序分析工具是以用户的时序约束来判断时序是否满足设计要求的，因此要求设计者正确输入约束，以便得到正确的时序分析报告。附加约束还可以提高设计的工作速率，它对分析设计的时序是否满足设计要求非常重要，而且时序约束越全面，对于分析设计的时序就越有帮助。如果设计中有多个时钟，其中有一个时钟没有约束，其余时钟都约束了，那么 Quartus Ⅱ 软件的时序分析工具将不对没有约束的时钟路径分析，从而使得设计者不知道这部分时序是否满足要求，因此设计者在约束时序时一定要全面。

6. 仿真

在整个设计流程中，完成了设计输入并成功进行综合和布局布线，只能说明该设计符合一定的语法规范，并不保证它能满足设计者的功能要求，这需要设计者通过仿真来对其进行验证。仿真的目的是验证设计的电路是否达到预期的要求。Quartus Ⅱ 软件支持功能仿真和时序仿真两种方式。功能仿真又称为行为仿真或前仿真，它是在设计输入完成后，尚未进行综合、布局布线时的仿真。功能仿真就是假设逻辑单元电路和互相连接的导线是理想的，电路中没有任何信号的传播延迟，从功能上验证设计的电路是否达到预期要求。仿真结果一般为输出波形和文本形式的报告文件，从波形中可以观察到各个节点信号的变化情况，但波形只能反映功能，不能反映定时关系。在进行功能仿真之前，需要完成三项准备工作：

- 对设计文件进行部分编译（分析和综合）。
- 产生功能仿真所需要的网表文件。
- 建立输入信号的激励波形文件。

功能仿真的目的是设计出能工作的电路，这不是一个孤立的过程，它与综合、时序分析等形成一个反馈工作过程，只有过程收敛之后的综合、布局布线等环节才有意义，如果在设计功能上都不能满足，不要说时序仿真，就是综合也谈不上。所以，首先要保证功能仿真的结果是正确的。如果在时序分析中发现时序尚未满足要求，需要更改代码，则功能仿真必须重新进行。

时序仿真又称为后仿真。时序仿真是在布局布线完成后，根据信号传输的实际延迟时间进行的逻辑功能测试，并分析逻辑设计在目标器件中最差情况下的时序关系，它和器件的实际工作情况基本一致，因此时序仿真对整个设计项目的时序关系以及性能评估是非常有必要的。

在 FPGA/CPLD 中，仿真一般是指是在完成综合、布局布线后，也就是电路已经映射到特定的工作环境后，在考虑器件延时的情况下对布局布线的网络表文件进行的一种仿真，其中器件延时信息是通过反标注时序延时信息来实现的。Quartus Ⅱ 软件中集成的仿真器可以对项目中的设计或设计中的一部分进行功能仿真或时序仿真，其仿真流程如图 3-21 所示。

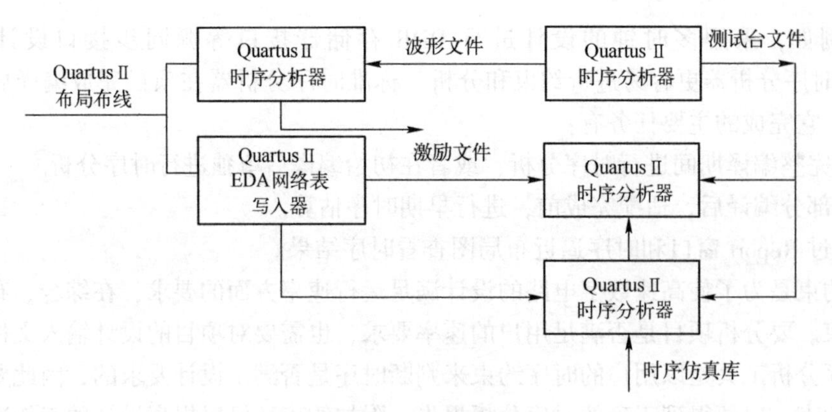

图 3-21　仿真流程

7. 编程和配置

将编译得到的编程数据文件下载到目标器件中，使该可编程器件能够完成预定的功能，成为一个专用的集成电路芯片。编程数据是在计算机上编程软件的控制下，由下载电缆传到 FPGA 器件的编程接口，然后再对器件内部的逻辑单元进行配置。常用的下载电缆有：USB-Blaster、ByteBlaster II 和 Ethernet Blaster 等，USB-Blaster 使用计算机的 USB 口，ByteBlaster II 使用计算机的并行口，Ethernet Blaster 使用计算机的以太网口。在使用之前，都需要安装驱动程序。

3.2.1　电路设计

下面以 3-8 译码器为例，详细讲述 Quartus Ⅱ进行电路设计的过程，具体步骤如下。

（1）为工程设计建立文件夹

一个设计对应一个工程项目，建议不在一个目录中放入多个工程项目。一个工程项目可以包含多个设计文件。

（2）建立设计工程

单击菜单“File”中的“New Project Wizard”建立设计工程。在此过程中要设定工程、建立路径、工程名、工程顶层设计文件名，弹出如图 3-22 所示的对话框。在第一栏中输入工作路径，如果输入的路径不存在，系统会提示是否建立，回答“Yes”即可。第二栏是当前工程的名字，第三栏是顶层设计文件名，该名称一般与工程的名字相同，此处也命名为“count”。

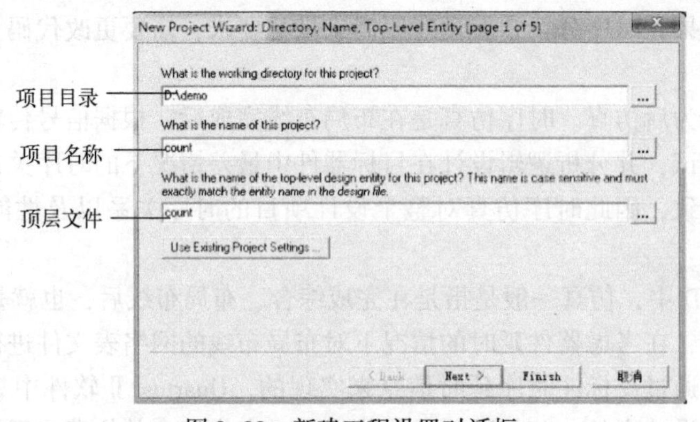

图 3-22　新建工程设置对话框

注意，Quartus Ⅱ建议将项目名 count 作为该项目顶层文件的名字。用户也可以另外再起一个不同的名字，只要忽略软件提出的建议即可。

（3）加入工程文件

单击图 3-22 中的【Next】按钮，弹出如图 3-23 所示的对话框。该对话框用于将已经存在的文件添加到当前工程项目中。由于本例所建立的工程不需要添加文件，所以只需单击【Next】按钮即可。

（4）选择目标器件参数

单击图 3-23 中的【Next】按钮，出现如图 3-24 所示目标器件选择窗口，此处选择"Cyclone Ⅱ"器件系列，然后可选择目标器件的参数，如器件封装型号、引脚数目和速度级别。此处按照图 3-24 所示窗口中的参数设置。

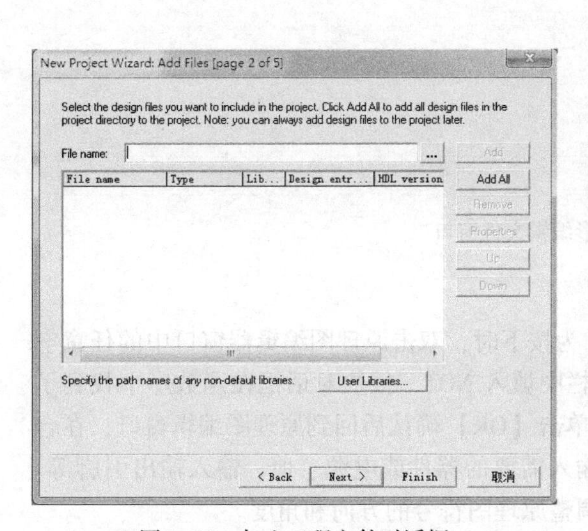

图 3-23　加入工程文件对话框

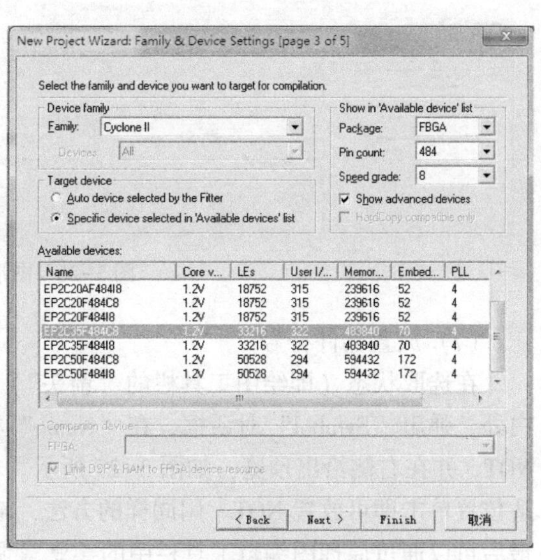

图 3-24　选择目标器件参数对话框

芯片命名规则：EP2C 是指 Cyclone Ⅱ系列，35 表明该芯片中逻辑单元的近似数目（单位：千个），该芯片内部实际上有 33216 个逻辑单元，编号 F484 表明该芯片采用 484 个引脚球格阵列进行封装，C8 是指芯片上的速度等级。

（5）工程报告

单击图 3-24 中的【Next】按钮，出现工程设置信息显示窗口，如图 3-25 所示，该信息显示窗口对前面所做的设置做了汇总。单击【Finish】按钮，即完成了当前工程的创建。工程管理窗口出现当前工程的层次结构显示。

（6）选择电路设计输入方式

单击工具栏最左边的【New File】按

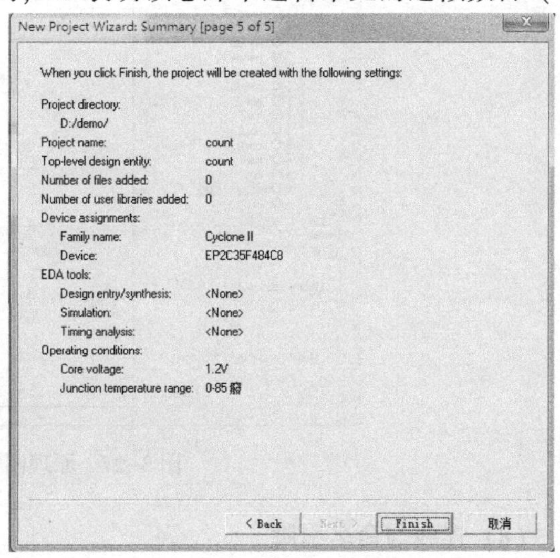

图 3-25　新建工程报告

钮，在弹出的对话框中的“Device Design File”页面中选择源文件类型，这里选择“Block Diagrame/Schmatic File”，然后单击【OK】。

工作区中弹出空白的图纸——Block1. bdf 文件，并在图纸左侧自动打开绘图工具栏，如图 3-26 所示。

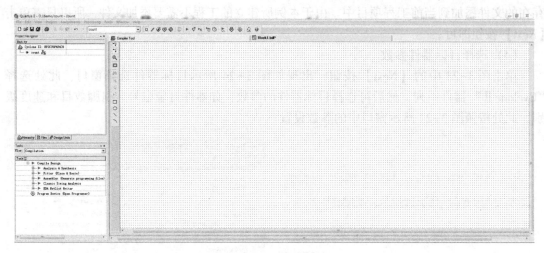

图 3-26　图形编辑文件窗口

（7）放置器件符号

在选取状态（即绘图工具栏的“箭头”）为按下时，双击原理图编辑器窗口中的任意空白处，弹出“Symbol”对话框，在“Name”栏中填入 NOT，很快对话框在函数库中找到了 NOT，并在右侧给出预览，如图 3-27 所示。单击【OK】确认后回到原理图编辑窗口，在合适位置单击即可放置 NOT。用同样的方法，输入需要的器件或电源、地、输入输出引脚等。最后可以通过原理图编辑工具栏中的调整原理图符号的方向和角度。

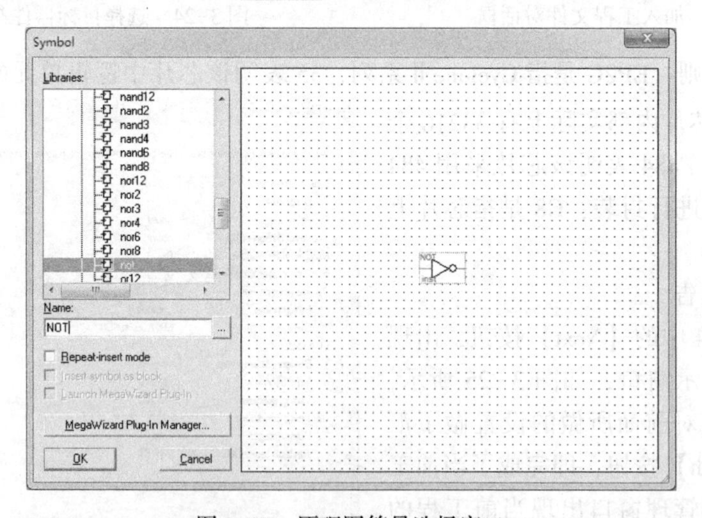

图 3-27　原理图符号选择窗口

（8）连线与命名引脚

在工具栏中单击（直线连接按钮），在元件块的输入输出端点之间绘制连接线。如果中途有某条线画错了，则按〈Esc〉键退出直线连接状态，再用鼠标指针选中绘错的线段，按〈Del〉键，即可删除该线。

双击原理图中 Input 端口的默认引脚名“pin_name”，然后输入 A，则该 Input 端口更名为 A。用同样的方法给其他端口的命名。

图 3-28 为完成的电路图。

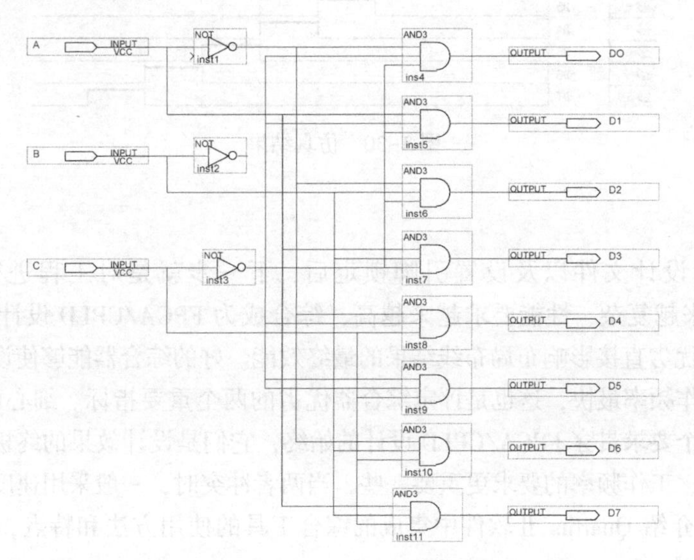

图 3-28　3-8 译码器电路图

(9) 编译

在“Processing”菜单中单击“Compiler Tool”命令启动编译窗口，再单击窗口左下角的【Start】按钮，工程开始编译它所包含的设计文件，如图 3-29 所示。

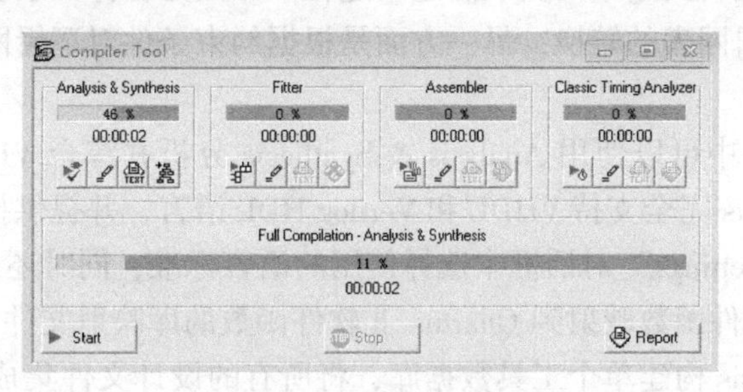

图 3-29　编译窗口

编译的完整过程分为 5 个步骤：综合、适配、编译、时序分析和网表提取。每一步骤的任务框中都有 4 个小按钮，用于在调试时单独设置、执行某一步骤并查看报告。

如果顺利通过编译，系统会提示“Full compilation was successful”。

单击图 3-29 窗口右下角的按钮【Report】，打开编译报告。在其中单击报告选项中的某一条可查看相关内容的报告。

编译过后就是功能仿真了，功能仿真会在后续章节介绍，本节不再过多描述。图 3-30 所示为功能仿真后的结果。

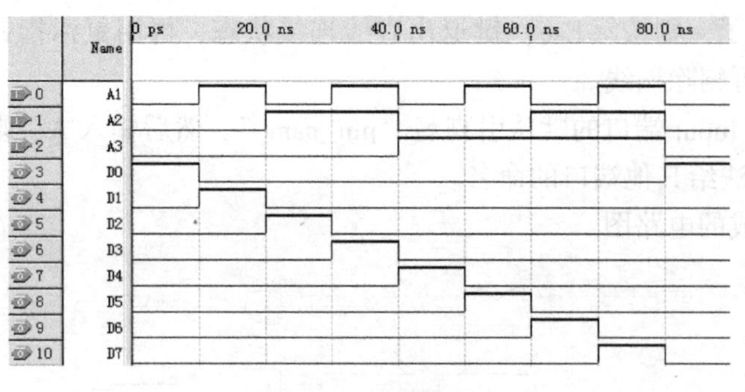

图 3-30　仿真结果

3.2.2　综合

工程中添加设计文件以及设置引脚锁定后，下一步就是对工程进行综合了。随着FPGA/CPLD越来越复杂、性能要求越来越高，综合成为FPGA/CPLD设计流程中的重要环节，综合结果的优劣直接影响布局布线结果的最终效能。好的综合器能够使设计占用芯片的物理面积最小、工作频率最快，这也是评定综合器优劣的两个重要指标。细心的读者会注意到，面积和速度这两个要求贯穿FPGA/CPLD设计的始终，它们是设计效果的终极评定标准。相比之下，满足时序、工作频率的要求更重要一些，当两者冲突时，一般采用速度优先的准则。

本小节主要介绍 Quartus Ⅱ软件中集成的综合工具的使用方法和特点，同时也介绍其他第三方的综合工具。

（1）使用 Quartus Ⅱ软件集成综合

在集成电路设计领域，综合是指设计人员使用高级设计语言对系统逻辑功能的描述，在一个包含众多结构、功能、性能均已知的逻辑单元库的支持下，综合可以转换成使用这些基本的逻辑单元组成的逻辑网络结构实现。这个过程一方面是在保证系统逻辑功能的情况下进行高级设计语言到逻辑网表的转换，另一方面是根据约束条件对逻辑网表进行时序和面积的优化。

在 Quartus Ⅱ软件中可以使用 Analysis & Synthesis 分析并综合 VHDL 和 Verilog HDL 设计，Analysis & Synthesis 完全支持 VHDL 和 Verilog HDL 语言，并提供控制综合过程的一些可选项。用户可以在"Settings"对话框中选择使用的语言标准，同时还可以指定 Quartus Ⅱ软件应用将 Quartus Ⅱ软件函数映射到 Quartus Ⅱ软件函数的库映射文件（.lmf）上。

Analysis & Synthesis 构建单个工具数据库，将所有的设计文件集成在设计实体或工程层次结构中。Quartus Ⅱ软件用此数据库进行工程处理。其他 Compiler 模块对该数据库进行更新，直到它包含完全优化的工程。Analysis & Synthesis 的分析阶段将检查工程的逻辑完整性和一致性，并检查边界连接和语法错误。它使用多种算法来减少门的数量，删除冗余逻辑以及尽可能有效地利用器件体系结构。分析完成后，构建工程数据库，此数据库中包含完全优化且合适的工程，用于为时序仿真、时序分析等建立一个或多个文件。Quartus Ⅱ的综合设计流程如图 3-31 所示。

（2）控制综合

使用编译器指令和属性、Quartus Ⅱ软件逻辑选项和综合网表优化选项来控制 Analysis & Synthesis。

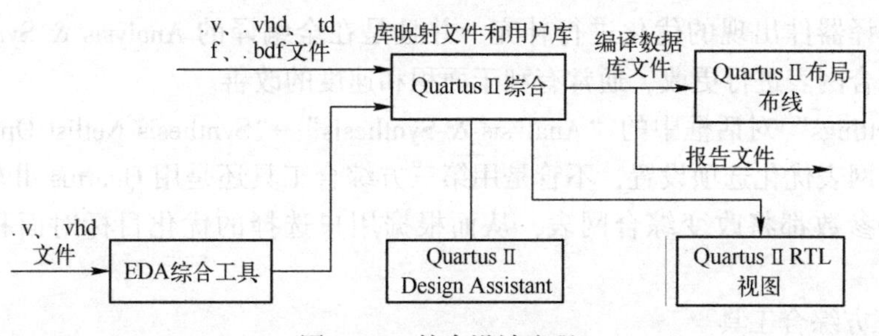

图 3-31　综合设计流程

1）使用编译器指令和属性

Quartus Ⅱ软件的 Analysis & Synthesis 支持编译器指令，这些指令也称为编译指令。例如在 Verilog HDL 或 VHDL 代码中（包括 translate_on 和 tanslate_off 等），编译器指令可以作为备注。这些指令不是 Verilog HDL 或 VHDL 的命令，但综合工具使用它们以特定方式推动综合过程。

2）使用 Quartus Ⅱ软件逻辑选项

Quartus Ⅱ软件除了支持一些编译器指令外，还允许用户在不编辑源代码的情况下设置属性，这些属性用于保留寄存器、指定上电时的逻辑电平、删除重复或冗余的逻辑、优化速度或区域、设置状态机的编码级别以及控制其他许多选项，如图 3-32 所示。

图 3-32 包含了设置综合的逻辑选项。各个选项的含义感兴趣的同学可以自行查阅。

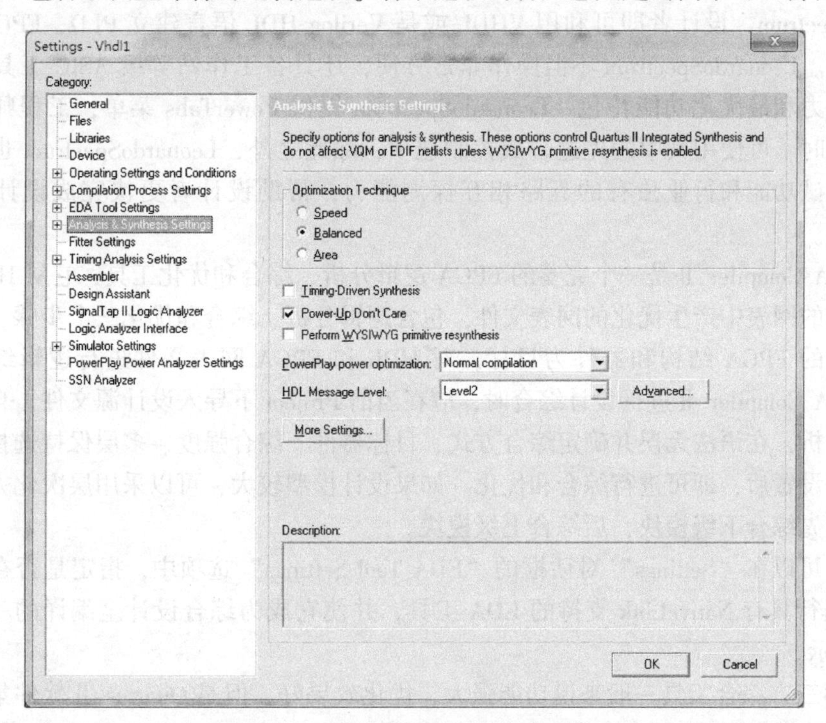

图 3-32　设置综合的逻辑选项对话框

3）使用综合网表优化选项

Quartus Ⅱ软件综合优化选项在许多 Altera 器件系列的综合器件中优化网表。这些优化选项对标准编译器件出现的优化进行补充，并且是在全编译的 Analysis & Synthesis 阶段出现，它们对综合网表进行更改，通常有利于面积和速度的改善。

选中“Settings”对话框中的“Analysis & Synthesis”→“Synthesis Netlist Optimization”选项，进入综合网表优化选项设置，不管是用第三方综合工具还是用 Quartus Ⅱ软件集成的综合工具，这些参数都将改变综合网表，从而根据用户选择的优化目标对面积或速度有所改善。

(3) 第三方综合工具

前面介绍了 Quartus Ⅱ 软件集成的综合工具逻辑选项参数设置及综合报告的查看，并介绍了综合的一般流程，至于如何使用综合来优化设计，请参看相关书籍中的内容。Quartus Ⅱ软件可以使用其他 EDA 综合工具综合 VHDL 或 Verilog HDL 设计，然后生成可以与 Quartus Ⅱ软件配合使用的 EDIF 网表文件或 VQM 文件。

Quartus Ⅱ软件除了集成的综合工具外，和目前流行的综合工具都有连接接口。这些第三方工具主要有 Synplicity 公司的 Synplify/Synplify Pro、Mentor Graphics 公司的 LeonardoSpectrum、Synopsys 公司的 FPGA Compiler Ⅱ等。

- Synplify/Synplify Pro 是 Synplicity 公司出品的综合工具，以综合速度快、优化效果好而成为目前业界最流行的高效综合工具之一。它采用了独特的整体性能优化策略，使得设计的综合在物理面积和工作频率方面达到了理想的效果。
- LeonardoSpectrum 是 Mentor Graphics 公司出品的非常好的综合工具，有了 LeonardoSpectrum，设计者即可利用 VHDL 或是 Verilog HDL 语言建立 PLD、FPGA 和 ASIC 元件。LeonardoSpectrum 不但操作非常方便，还具备工作站等级 ASIC 工具的强大控制能力和最优化功能特色。LeonardoSpectrum 提供 PowerTabs 菜单，工程师面对设计挑战时，可使用其中的先进合成控制选项；除此之外，LeonardoSpectrum 也包含强大的调试功能和行业独有的五路相互探测能力，帮助设计者更快完成设计的分析与合成。
- FPGA Compiler Ⅱ是一个完善的 FPGA 逻辑分析、综合和优化工具，它从 HDL 形式未优化的网表中产生优化的网表文件，包含逻辑分析、综合和优化三个步骤。综合是以选定的 FPGA 结构和器件为目标，对 HDL 和 FPGA 网表文件进行逻辑综合。利用 FPGA Compiler Ⅱ进行设计综合时，应在当前 Project 下导入设计源文件，自动进行语法分析，在语法无误并确定综合方式、目标器件、综合强度、多层保持选择、优化目标等设置后，即可进行综合和优化。如果设计模型较大，可以采用层次化方式进行综合，先综合下级模块，后综合上级模块。

另外，可以在“Settings”对话框的“EDA Tool Settings”选项中，指定是否在 Quartus Ⅱ软件自动运行具有 NativeLink 支持的 EDA 工具，并使它成为综合设计全编译的一部分，如图 3-33 所示。

虽然第三方综合工具一般来说功能强大，优化效果好，但是 Quartus Ⅱ软件集成的综合工具也有其自身的优点。因为只有 Altera 对其器件的底层设计与内部结构最为了解，所以使用 Quartus Ⅱ软件集成综合会有更好的效果。

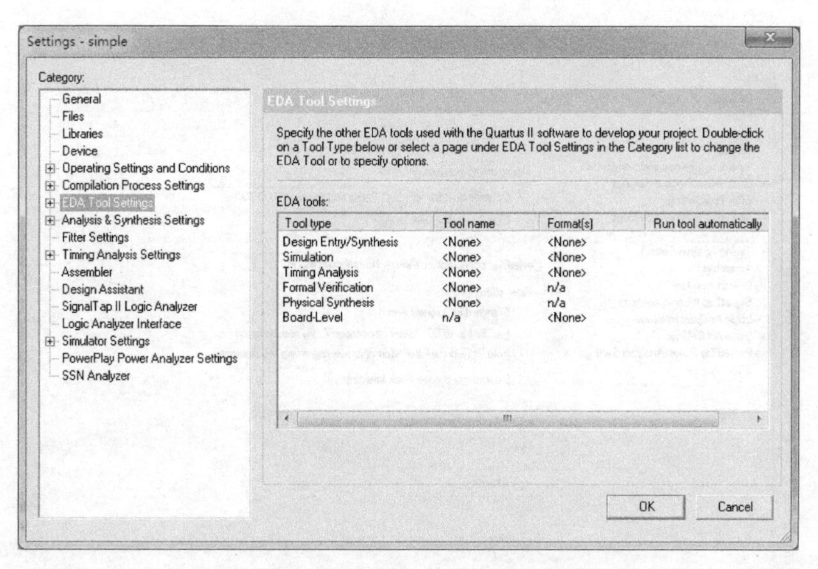

图 3-33　Settings 对话框的 EDA Tool Settings

3.2.3　布局布线

Quartus Ⅱ软件中的布局布线就是使用由综合 Analysis & Synthesis 生成的网表文件，将工程的逻辑和时序要求与器件的可用资源相匹配。它将每个逻辑功能分配给最好的逻辑单元位置，进行布线和时序，并选择相应的互连路径和引脚分配。如果在设计中执行了资源分配，则布局布线器将试图使这些资源与器件上的资源相匹配，并努力满足用户设置的任何其他约束条件，然后优化设计中的其余逻辑；如果没有对设计设置任何约束条件，则布局布线器将自动优化设计。Quartus Ⅱ软件中的布局布线流程如图 3-34 所示。

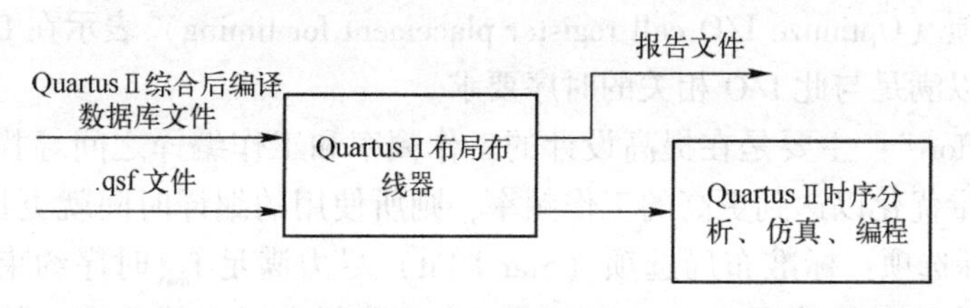

图 3-34　布局布线流程

进行布局布线之前，需要输入约束和设置布局布线器的参数，这样才能更好地使布局布线结果满足设计要求。

1. 布局布线器参数设置

（1）一般布局布线器参数设置

选择“Assignment”→“Setting”命令，在弹出的“Settings”对话框中选中“Fitter Settings”选项，如图 3-35 所示，此对话框主要是设置布局布线器的参数。图中主要有 3 个部分的参数设置，分别为时序驱动编译（Timing-driven compilation）、布局布线目标（Fitter effort）和更多参数设置（More settings）。

1）“Timing-driven compilation”：设置布局布线在走线时优化连线以满足时序要求，不过这需要花费布局布线更多的时间去优化以改善时序性能。优化保持时间（Optimize Hold

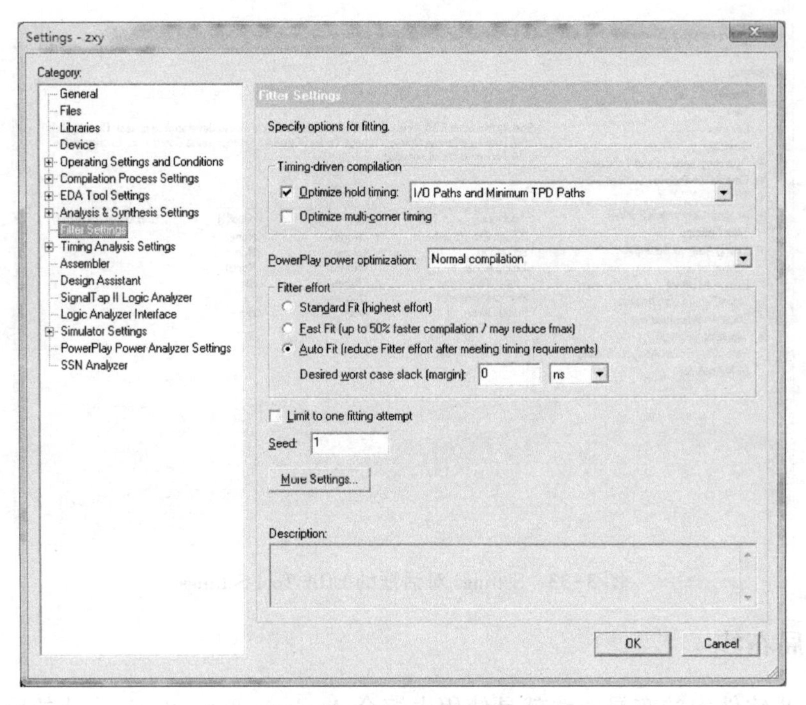

图 3-35　设置布局布线器的参数

Timing）表示使用时序驱动编译来优化保持时间。I/O 路径和最小 TPD 路径（I/O Paths and Minimum TPD Paths）表示以 I/O 到寄存器的保持时间约束、从寄存器到 I/O 的最小 t_{CO} 约束和从 I/O 或寄存器到 I/O 或寄存器的最小 t_{PD} 约束为优化目标，所有路径表示 I/O 路径和最小 t_{PD} 路径为优化目标外，增加了寄存器到寄存器的时序约束优化。优化 I/O 单元寄存器布局以利于时序选项（Optimize I/O cell register placement for timing）表示在 I/O 单元中尽量使用自身的寄存器以满足与此 I/O 相关的时序要求。

2）"Fitter effort"：主要是在提高设计的工作频率和工作编译之间寻找一个平衡点，如果布局布线器尽量优化以达到更高的工作频率，则所使用的编译时间就更长。Fitter effort 有 3 种布局布线目标选项：标准布局选项（Stand Fit）尽力满足 f_{max} 时序约束条件，但不降低布局布线程度；快速布局选项（Standard Fit）表示降低布局布线程度，其变异时间减少了 50%，但通常设计的最大工作频率也降低了 10%，且设计的 f_{max} 也会降低；自动布局选项（Auto Fit）表示指定布局布线器在设计时的时序已经满足要求后降低布局布线目标要求，这样可以减少编译时间。如果设计者希望在降低布局布线目标要求前布局布线的时序结果超过时序约束，可以在 slack 栏中设置最小 slack 值，指定布局布线器在降低布局布线目标要求前必须达到这个最小 slack 值。

3）"Limit to one fitting attempt"：表示布局布线在达到一个目标后，将停止布局布线，以减少编译时间。

4）"Seed"：表示初试布局布线设置，改变此值会改变布局布线结果，当初试条件改变时布局布线算法是随机变化的，因此有时可以利用这一点改变 Seed 值来优化最大时钟频率。

单击【More Settings】按钮，进入更多参数设置对话框，各项的含义感兴趣的同学可以查阅资料获得。

(2) 物理综合优化参数设置

QuartusⅡ软件除了支持上述一般布局布线参数外，还提供包含物理综合的高级网表优化功能以进一步优化设计。这里所说的高级网表优化指的是物理综合优化，同前面介绍的综合网表优化概念不同。综合网表优化是在Quartus Ⅱ软件编译流程的综合阶段发生的，其主要是根据设计者选择的优化目标而优化综合网表以达到提高速率或减少资源的目的。物理综合优化是在编译流程的布局布线阶段发生的，通过改变底层布局以优化网表，主要是改善设计的工作频率性能。

如图3-36所示，物理综合优化分为两部分，一是仅仅影响组合逻辑和非寄存器，另一个是能影响寄存器的物理综合优化。分为两个部分的原因是方便设计者由于验证或其他原因需要保留寄存器的完整性。

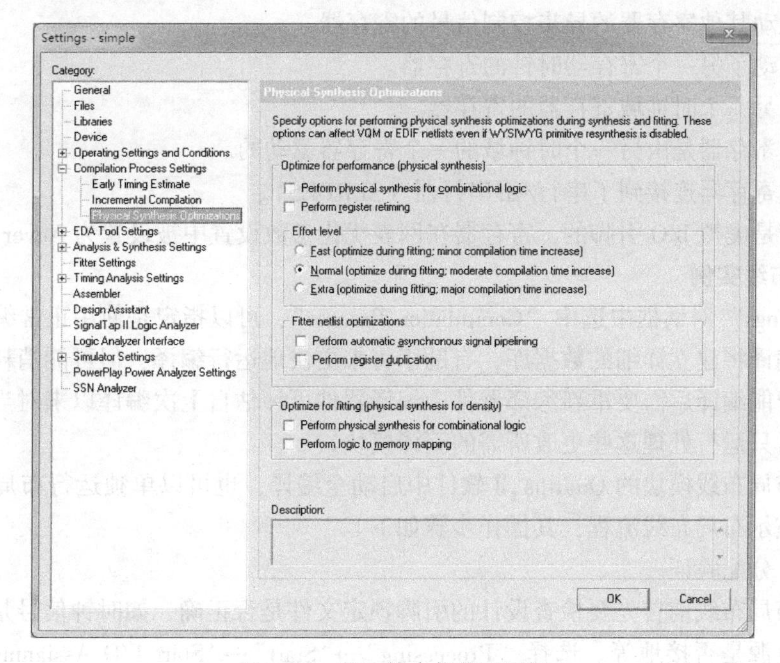

图3-36 物理综合优化对话框

1) “Perform physical synthesis for combinational logic”：执行综合逻辑的物理综合，允许Quartus Ⅱ软件的布局布线器重新综合设计以减少关键路径的延时。物理综合是通过在逻辑单元（LE）中交换查找表（LUT）的端口信号来达到减少关键路径延时的优化，还可以通过赋值LUT来达到进一步优化关键路径的目的。Quartus Ⅱ软件对于包含以下特性的逻辑单元不进行逻辑优化。

- 作为进位/级联链的一部分驱动全局信号。
- 有信号在综合属性中的网表优化选项中设置Never Allow的。
- 此逻辑单元被约束到一个LAB的。

2) “Perform register duplicate”：执行寄存器复制、允许布局布线器在布局消息的基础上复制寄存器。当此选项选中时，组合逻辑也可以被复制。Quartus Ⅱ软件对于逻辑单元包含以下特性时不执行寄存器复制操作。

- 作为进位/级联链的一部分。

• 包含驱动其他寄存器的一部控制信号的寄存器。
• 包含驱动其他寄存器时钟的寄存器。
• 包含驱动没有约束的输入关键的寄存器。
• 包含被另一个时钟驱动的寄存器。
• 被认为是虚拟 I/O 引脚的，在综合网表优化属性中被设置为 Never Allow 的。

3）"Perform register retiming"：执行寄存器定时，允许 Quartus Ⅱ软件的布局布线器在组织逻辑中增加或删除寄存器以平衡时序。其含义与综合优化设置中的执行门级寄存器定时选项相似，主要是在寄存器和组织逻辑已经被布局到逻辑单元以后应用。Quartus Ⅱ软件对于逻辑单元包含以下特性时不执行寄存器定时操作。

• 作为级联链的一部分。
• 包含驱动其他寄存器的异步控制信号的寄存器。
• 包含驱动了另一个寄存器时钟的寄存器。
• 包含了另一个时钟域寄存器的寄存器。
• 包含的寄存器是由另一个时钟域的一个寄存器驱动的。
• 包含的寄存器连接到了串行/解串行器（SERDES）。
• 被认为是虚拟 I/O 引脚的，寄存器在网表优化参数设置中被设置为 Never Allow。

2. 布局布线实例

在"Settings"对话框中选中"Compilation Process"，可以指定是使用正常编译还是智能编译。智能编译将建立详细的数据库，有助于将来更快地运行编译，但可能消耗额外的磁盘空间，且在智能编译后需要重新编译器件。编译器件可评估自上次编译以来对当前设计所做的更改，然后只运行处理这些更改所需的编译模块。

在包含布局布线模块的 Quartus Ⅱ软件中启动全编译，也可以单独运行布局布线器。以一个例子来演示布局布线流程，其操作步骤如下。

（1）I/O 分配验证

在开始布局布线前首先要检查设计的引脚锁定文件是否正确，如时钟信号是否放到专用时钟引脚、电源是否接地等。选择"Processing"→"Start"→"Start I/O Assignment Analysis"命令，对设计进行 I/O 引脚约束的检查分析。

（2）设置布局布线参数

按照前面介绍设置布局布线的参数，本工程选择物理综合优化参数中的"Perform register duplicate"执行寄存器重新定时和"Perform register retiming"执行寄存器复制两个选项，其余均使用默认设置。

（3）启动布局布线

选择"Processing"→"Start"→"Start Fitter"命令，开始布局布线。Quartus Ⅱ软件的布局布线器就根据设置开始布局布线，这时可以看到状态显示栏中显示的速度和时间。当布局布线完成后，状态显示栏的进度表上显示完成 100%，同时弹出一个小对话框提示已经成功完成布局布线。布局布线完成后，将产生一个 Report 报告窗口和报告文件。

（4）查看布局布线报告

布局布线报告在编译报告的"Fitter"栏，它列出了工程的工程文件及顶层文件名、工程的布局布线所设置的参数、底层布局布线视图、布局布线资源使用情况以及布局布线过程中产生的所有消息。用户可以通过右击信息栏“Fitter Messages”中的警告或错误信息，切换到源代码或 Assignment Editor，以便擦除或修改。

3. 布局与布线之间的关系

在 FPGA 应用中，设计者可以分别设置布局和布线的努力程度。然而，这容易给设计者造成假象，以为布局与布线两者是独立的。实际上，布局和布线两者关系非常亲密，通过提高布局和布线的努力程度可以达到更好的效果。

在布局布线的时候，如果电路的时序较为紧张，设计者可以按照下面的操作方法进行布局和布线。

- 将布局布线的努力程度设置为最小来运行布局布线。假如时序无法满足，分析并确定布局布线的努力程度是否影响了最终的时序结果，并确定设计代码中是否有延时过大的关键路径。
- 提高布局的努力程度，直至时序满足要求。
- 假如布局的最大努力程度无法满足时序要求，则提高布线的努力程度，直至时序满足要求。
- 假如布局布线的最大努力程度都无法满足时序要求，建议设计者寻找关键路径，并对 RTL 代码进行优化。

3.2.4 仿真

在整个设计流程中，完成了设计输入以及成功综合、布局布线，编译通过说明设计符合一定的语法规范，但其是否满足设计者的功能要求并不能保证，这需要设计者通过仿真对设计进行验证。仿真的目的就是在软件环境下验证电路的行为与设计要求是否一致。仿真主要分为功能仿真和时序仿真两种。功能仿真是在设计输入之后但还没有综合、布局布线之前的仿真，是在不考虑电路的逻辑和门的时间延迟，着重考虑电路在理想环境下的行为与设计构想是否具有一致性，功能仿真只检验所设计项目的逻辑功能；时序仿真是在综合、布局布线后，在考虑器件延迟的情况下对布局布线的网表文件进行的一种仿真，其中器件延时信息是通过反标时序延时信息来实现的。

QuartusⅡ软件允许对整个设计进行仿真测试，也可以只对该项目中的某个子模块进行仿真。仿真时的矢量激励源可以是矢量波形文件 . vwf（Vector Wave File）、文本矢量文件 . vec（Vector File）、压缩矢量波形文件 . cvwf（Compressed Vector Wave File）、文本设计文件 . tdf（Text Design File）和仿真信道输出文件 . scf（Simulated Channel File）等。其中，. vwf 文件是 Quartus Ⅱ最主要的波形文件，. vec 文件是 MAX+PLUSⅡ中的文件，主要是为了兼容而采用的文件格式，. tdf 文件则是用来将 MAX+PLUSⅡ中的 . scf 文件输入 Quartus Ⅱ中。

1. 建立矢量波形文件

在进行仿真前，必须为仿真器提供测试激励，该测试激励被保存在矢量波形文件中。下面讲解建立矢量波形文件的具体操作步骤。

（1）建立波形文件。执行菜单命令“File”→“New. …”，或者在工具栏中单击图标，弹出图 3-37 所示的“New”对话框。在此对话框的“Verification /Debugging Files”选项中选择“Vector Waveform File”，单击【OK】按钮，打开波形文件编辑窗口。

（2）输入信号节点。在波形文件编辑窗口中执行菜单命令“Edit”→“Insert”→

"Insert Node or Bus…"，或者右击鼠标，在弹出的菜单中选择"Insert Node or Bus"，即可弹出插入节点或总线对话框，如图 3-38 所示。

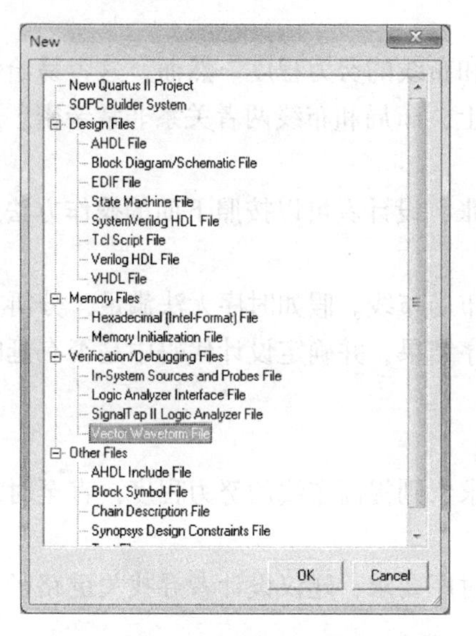

图 3-37　建立波形文件对话框

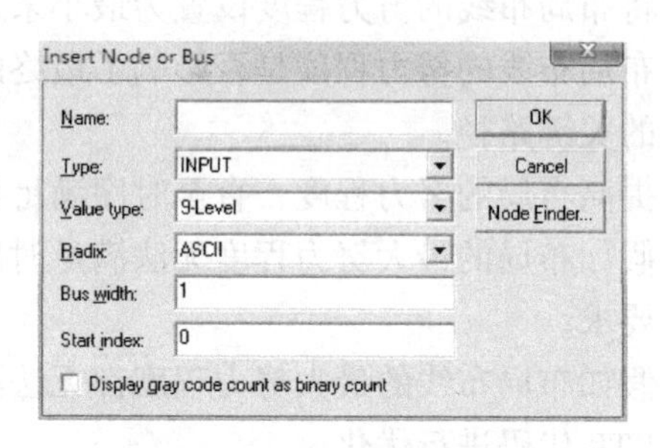

图 3-38　插入节点或总线对话框

在图 3-38 所示的对话框中首先单击【Node Finder…】按钮，弹出如图 3-39 所示的"Node Finder"对话框，在"Filter"栏中选择"Pins：all"，单击【List】按钮，这时在"Nodes Found:"（节点建立）列表框中将列出该设计项目的全部信号节点。若在仿真中需要观察全部信号的波形，则单击窗口中间的按钮>>；若在仿真中只需观察部分信号的波形，则选中信号名，然后单击窗口中间的按钮>，选中的信号就会被添加到"Selected Nodes:"列表框中。节点信号选择完毕后，单击【OK】按钮即可。

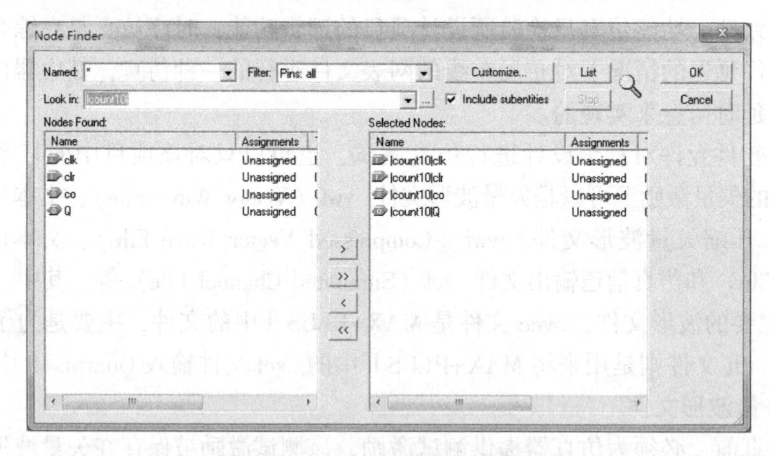

图 3-39　"Node Finder"对话框

（3）设置波形仿真时间。Quartus Ⅱ默认的仿真时域是 1，如果需要更长时间观察仿真结果，需设置仿真时间。执行菜单命令"Edit"→"End Time…"，如图 3-40 所示，在"Time:"栏中输入所需的仿真时间，单击【OK】按钮即可。

（4）设置激励信号。在波形文件编辑窗口中左侧的工具条是用于设置激励信号的，使用时，只要先用鼠标在输入波形上拖曳出需要改变的区域，然后单击相应的按钮即可。常用的信号包括时钟信号、清零信号、输入波形信号等。当然也可以单击时钟信号生成按钮，弹出如图 3-41 所示的“Clock”对话框，在此对话框中可以设置时钟信号的时间长度、周期、相位和占空比。

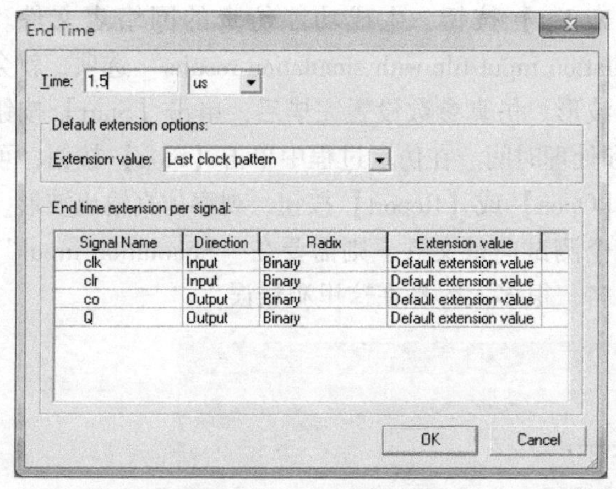

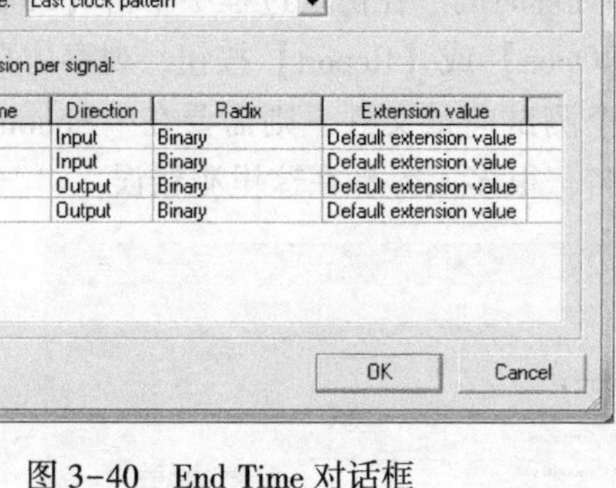

图 3-40　End Time 对话框　　　图 3-41　Clock 信号编辑对话框

如果设定清零信号 clr 为高电平有效，则在 clr 的波形图上先单击选中的一小段，再单击低电平按钮，然后选中 clr 波形的其他段，单击高电平按钮，或者单击波形反转按钮即可。

如图 3-42 所示，利用 3-42 所示的各种波形赋值的快捷键可以编辑输入信号的波形。若需要改变输入信号的数据显示格式时，在相应的输入信号上双击鼠标，将弹出如图 3-43 所示的“Node Properties”对话框，在此对话框中可以进行选择。其中“Radix”栏的各项含义如下：ASCII 表示为 ASCII 码；Binary 表示二进制数；Fractional 表示小数；Hexadecimal 表示十六进制数；Octal 表示八进制数；Signed Decimal 表示十进制数；Unsigned Decimal 表示无符号十进制。

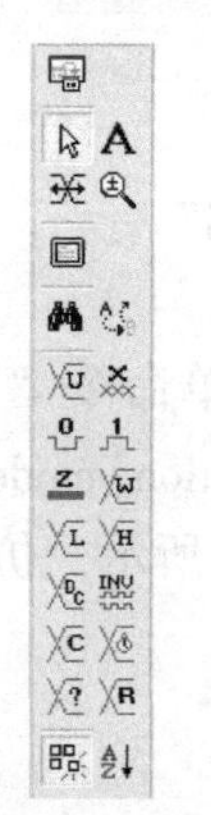

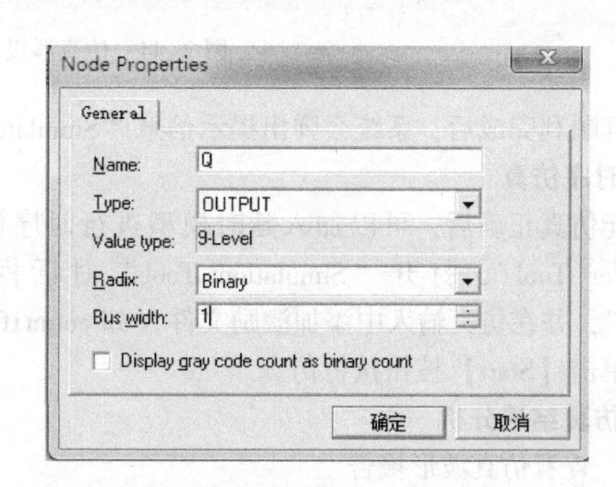

图 3-42　各种波形赋值的快捷键窗口　　　图 3-43　Node Properties 对话框

（5）波形文件存盘。执行菜单命令“File”→“Save…”，或者在工具栏中单击图标，弹出“Save As”对话框，在此对话框中输入文件名并按下【保存】按钮即可。

2. 功能仿真

在主窗口中执行菜单命令“Assignments”→“Settings”，弹出“Settings-decode”对话框，

在“Category”栏中选择“Simulator Settings”，如图 3-44 所示。在此对话框的“Simulation mode”栏中选择“Functional”，即选择“功能仿真”。或者执行菜单命令“Processing”→“Simulator Tools”，打开“Simulation Tool”对话框，在“Simulation mode”栏中同样选择“Functional”，在“Simulation input”栏中添加激励文件 count10. vwf。在图 3-44 中设置完成后，单击【Generate Functional Simulation Netlist】按钮，生成功能仿真的网络表文件。在图 3-45 所示界面中将选中“Overwrite simulation input file with simulation results”选项，就会在 count10. vwf 波形文件中写入仿真后的输出波形。仿真参数设置完毕后，单击【Start】按钮执行仿真，同时在仿真过程中显示仿真进度和处理时间。在仿真过程中单击【Stop】按钮，可以随时中止仿真过程。仿真结束后，可单击【Open】或【Report】按钮，观察仿真输出波形。

注意，如果对一个工程项目创建了多个测试向量文件，则需要在“Simulation input”栏目内，根据需要选择用于仿真的实际文件名，很多人容易在这里犯错误。

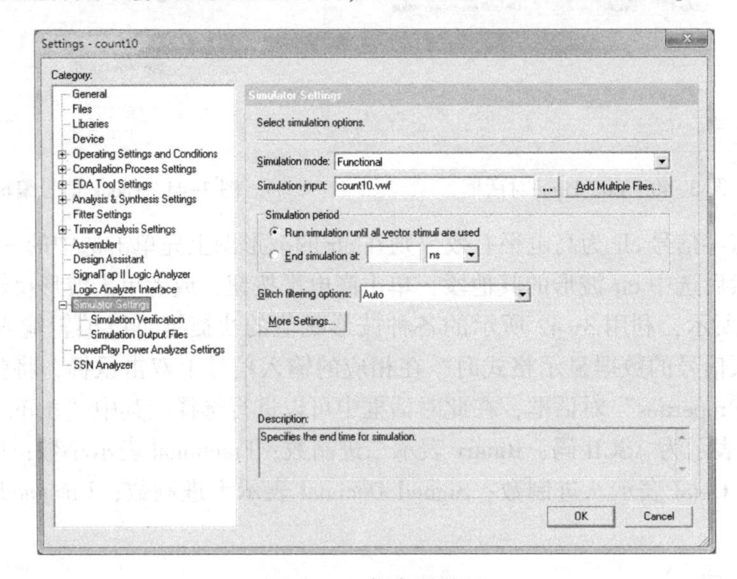

图 3-44　仿真器设置

仿真顺利完成后，系统会弹出提示信息“Simulator was successful”。

3. 时序仿真

功能仿真正确后，可以加入延时模型进行时序仿真。执行菜单命令“Processing”→“Simulator Tool”，打开“Simulation Tool”对话框，在“Simulation mode”栏中选择“Timing”，并在仿真输入中添加激励文件（如 count10），如图 3-46 所示，仿真参数设置完毕后，单击【Start】按钮执行仿真。

4. 仿真结果分析

（1）查看仿真波形报告

在仿真波形报告部分，仿真器根据波形文件中输入节点信号矢量仿真出输出节点信号。

1）打开仿真报告窗口

如果仿真报告窗口没有打开，可以选择“Processing”→“Simulation Report”命令。

2）查看仿真波形

在仿真报告窗口中，默认打开的就是仿真波形部分，否则单击仿真波形报告窗口左边

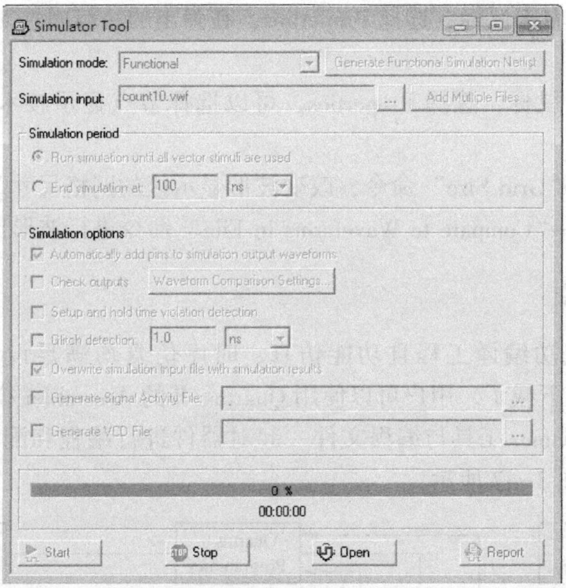

Simulator Tool
Simulation mode: Functional　Generate Functional Simulation Netlist
Simulation input: count10.vwf　...　Add Multiple Files...
Simulation period
Run simulation until all vector stimuli are used
End simulation at: 100 ns
Simulation options
Automatically add pins to simulation output waveforms
Check outputs　Waveform Comparison Settings...
Setup and hold time violation detection
Glitch detection: 1.0 ns
Overwrite simulation input file with simulation results
Generate Signal Activity File:
Generate VCD File:
0 %
00:00:00
Start　Stop　Open　Report

图 3-45　仿真窗口

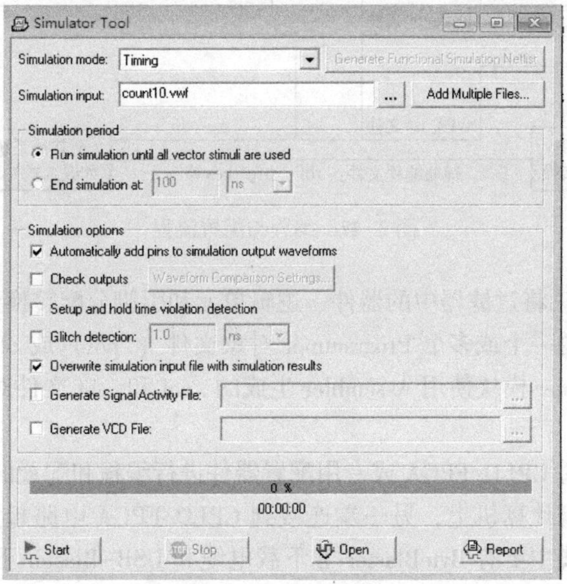

Simulator Tool
Simulation mode: Timing　Generate Functional Simulation Netlist
Simulation input: count10.vwf　...　Add Multiple Files...
Simulation period
Run simulation until all vector stimuli are used
End simulation at: 100 ns
Simulation options
Automatically add pins to simulation output waveforms
Check outputs　Waveform Comparison Settings...
Setup and hold time violation detection
Glitch detection: 1.0 ns
Overwrite simulation input file with simulation results
Generate Signal Activity File:
Generate VCD File:
0 %
00:00:00
Start　Stop　Open　Report

图 3-46　时序仿真窗口

Simulator 文件夹中的 Simulation Waveforms 部分。

（2）使用仿真波形

在仿真波形报告窗口中，可以使用工具条上的缩放工具对波形进行放大和压缩操作。波形报告窗口中的波形是只读的，可以进行下面的操作。

1）使用工具条中的排序按钮对节点进行排序。

2）使用工具条中的文本工具给波形添加注释。

3）在波形显示区右击鼠标，从右键菜单中选择“Insert Time Bar”命令，添加时间条。

4）在注释文本上右击鼠标，选择 Properties，在弹出的注释属性对话框中可以编辑注释文本及其属性。

5）在节点上右击鼠标，选择 Properties，可以选择节点显示技术，如二进制、十六进制、八进制等。

6）选择“Edit”→“Grid Size”命令，改变波形显示区的网格尺寸。

7）选择“View”→“Compare to Waveforms in File”命令进行波形比较。

3.2.5 配置与下载

使用 Quartus Ⅱ 成功编译工程且功能仿真、时序仿真均满足设计要求后，就可以对 Altera 器件进行配置和下载了。用户可以使用 Quartus Ⅱ 的 Assembler 模块生成编程文件，使用 Quartus Ⅱ 的 Programmer 工具与编程文件一起对器件进行编程和配置。Quartus Ⅱ 对器件的编程和配置流程如图 3-47 所示。

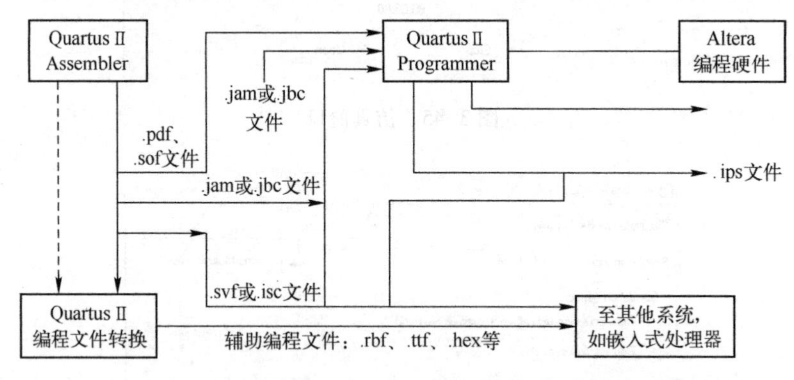

图 3-47 编程与配置流程

Assembler 模块自动将过滤器中的器件、逻辑单元和引脚分配转换为该器件的编程图像，这些图像以目标器件的一个或多个 Programmer 对象文件（.pof）或 SRAM 映像文件（.sof）的形式存在。Programmer 模块使用 Assembler 生成的 .pof 和 .sof 文件对软件支持的 Altera 器件进行配置和下载。

下载电缆是用来对 CPLD/FPGA 或专用配置器件进行编程和配置的。在进行下载时，将下载电缆的一端连接到计算机上，另一端连接到 CPLD/FPGA 电路板上的 JTAG 或 AS 下载口上。常用的下载电缆主要有 ByteBlaster Ⅱ 下载电缆和 USB-Blaster 下载电缆两种，前者连接到计算机的并口上，通过并口进行下载；后者连接到计算机的 USB 口上，通过 USB 口进行下载。用户可以根据实际情况，选择其中的一种。在此以 USB-Blaster 为例，讲述 FPGA 下载器驱动安装及基本下载调试步骤。

1）把下载电缆的一端连接到实验板上，另一端连接到计算机的 USB 口上。

2）在设备管理器找到其他设备里面 USB-Blaster 选项。初次使用 USB-Blaster 时，若将 USB-Blaster 插入计算机的 USB 接口，会弹出“找到新的硬件向导”对话框。选中“从列表或指定位置安装（高级）”选项，单击【下一步】按钮，再单击【浏览】按钮，指定USB-Blaster 下载驱动程序的安装路径，单击【下一步】按钮，继续安装，直至完成。安装完成后，可以在计算机的“设备管理器”窗口中查找到该设备的名称，如图 3-48 所示，至此，

USB-Blaster 下载电缆已经可以使用了。

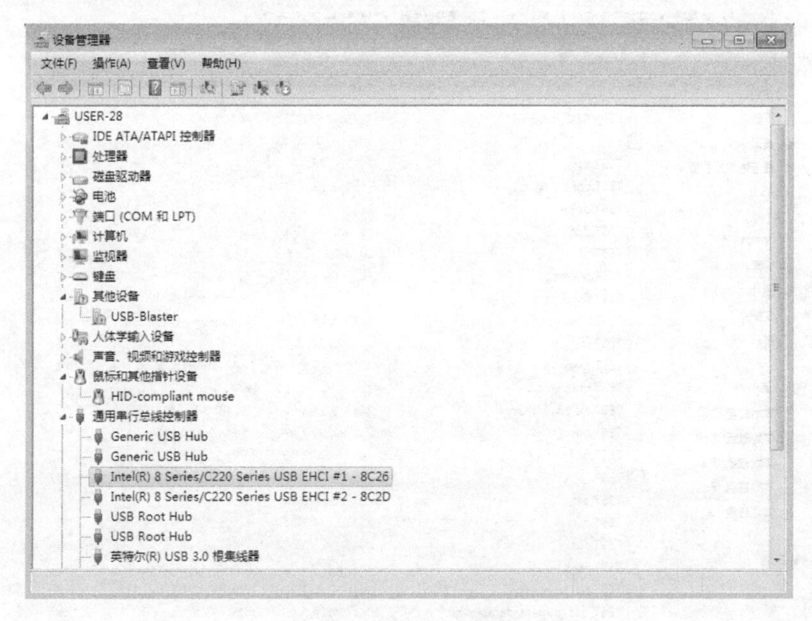

图 3-48　设备管理器窗口

3）查找它的驱动程序，目录在安装文件夹内（以 C 盘根目录为例，C:\Altera\80\quartus\drivers\usb-blaster），选择 usb-blaster，然后单击【确定】按钮，完成驱动安装。如图 3-49 所示。

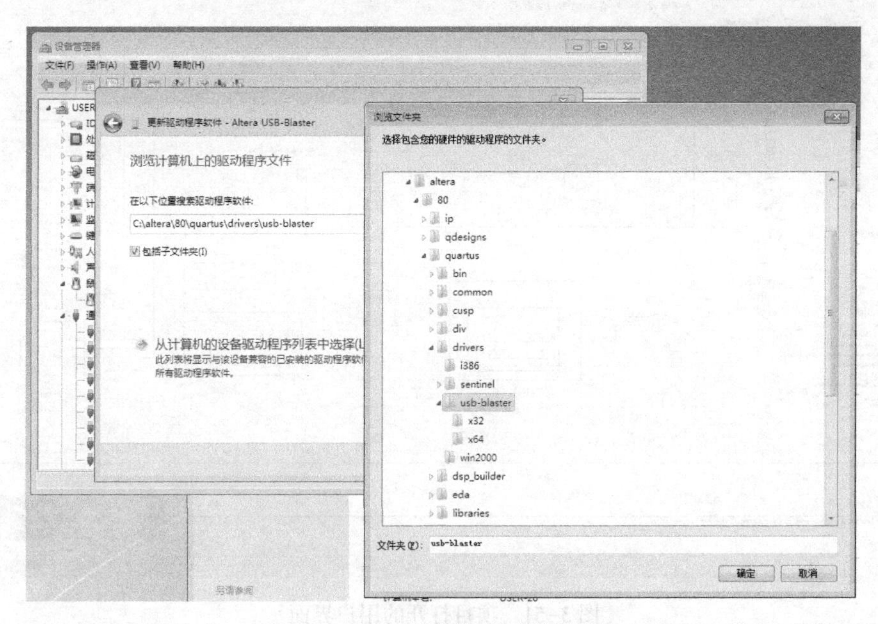

图 3-49　驱动程序查找界面

4）找到测试文件夹内 TEST 文件，如图 3-50 所示。双击即可打开该 Project，如图 3-51 所示。

图 3-50 测试文件查找界面

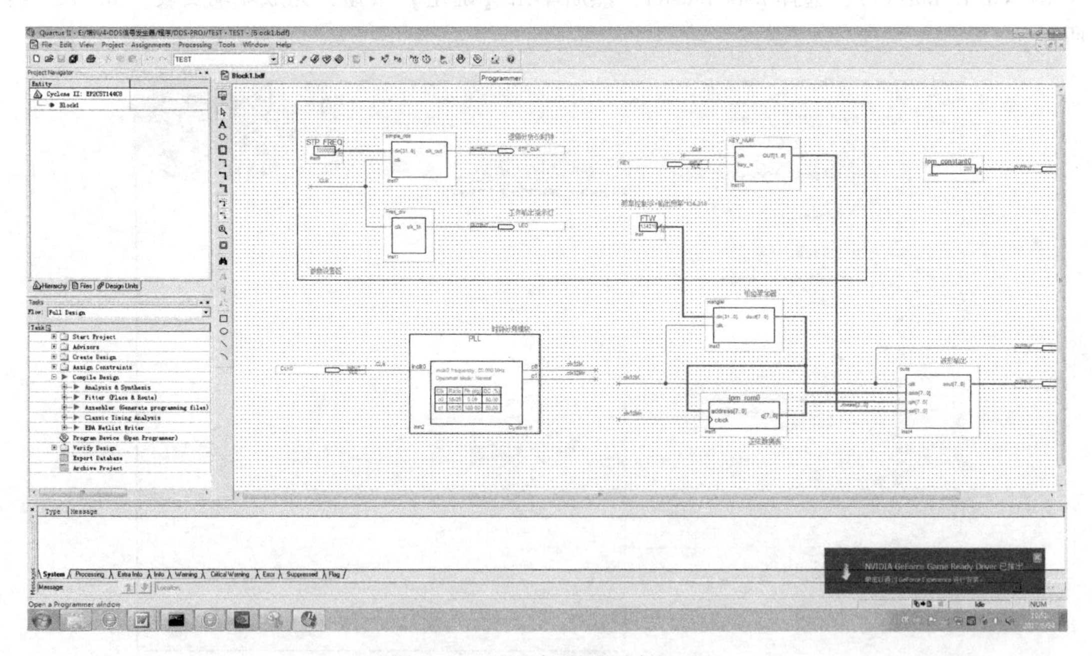

图 3-51 项目打开的用户界面

5）在 Quartus Ⅱ 中执行菜单命令“Tools”→“Programmer”，或者双击任务窗口 Compile Design 项中“Program Device（Open Programmer）”，弹出如图 3-52 所示的器件编程对话框。

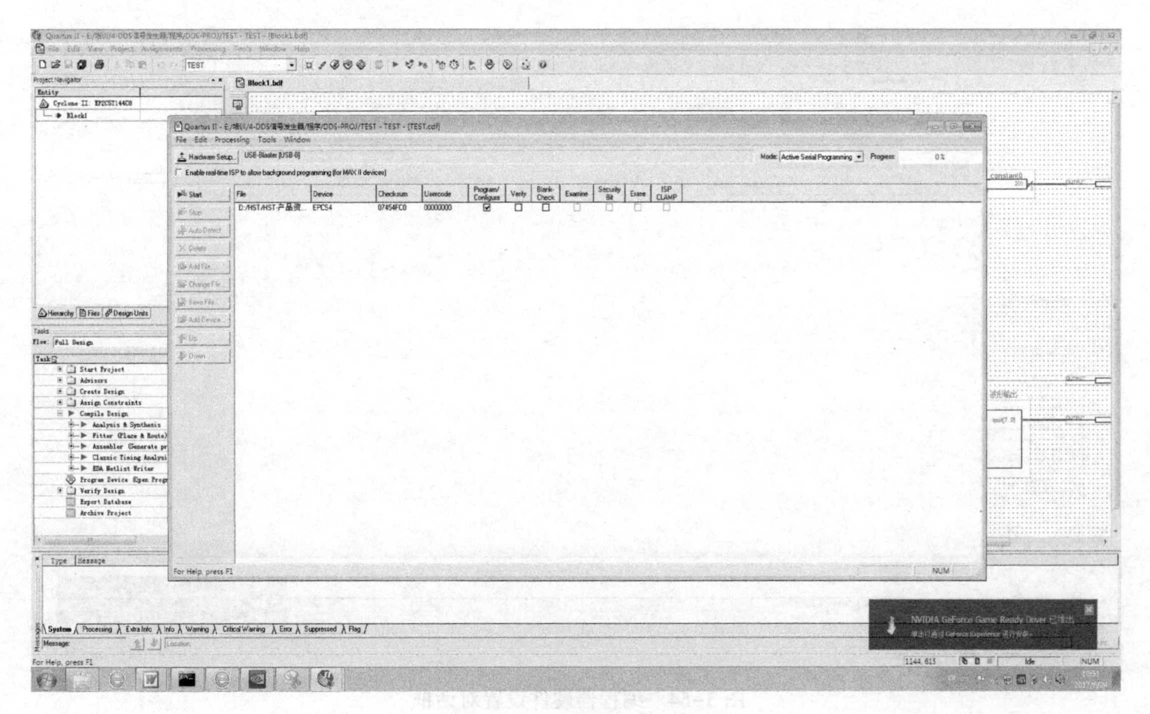

图 3-52　器件编程对话框

6）选中窗口内第一行，然后按〈Delete〉键删除，图 3-53 所示为删除后的窗口。

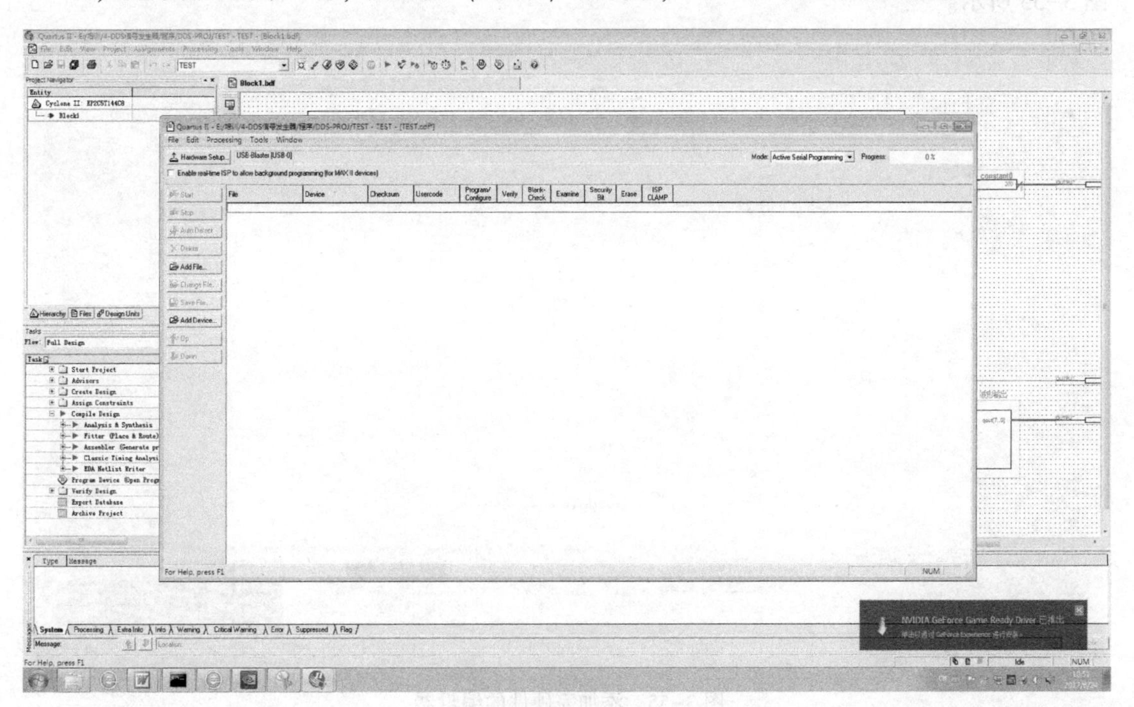

图 3-53　删除后的窗口

7）在右上角“Mode”选项内，选择“JTAG”模式，如图 3-54 所示。

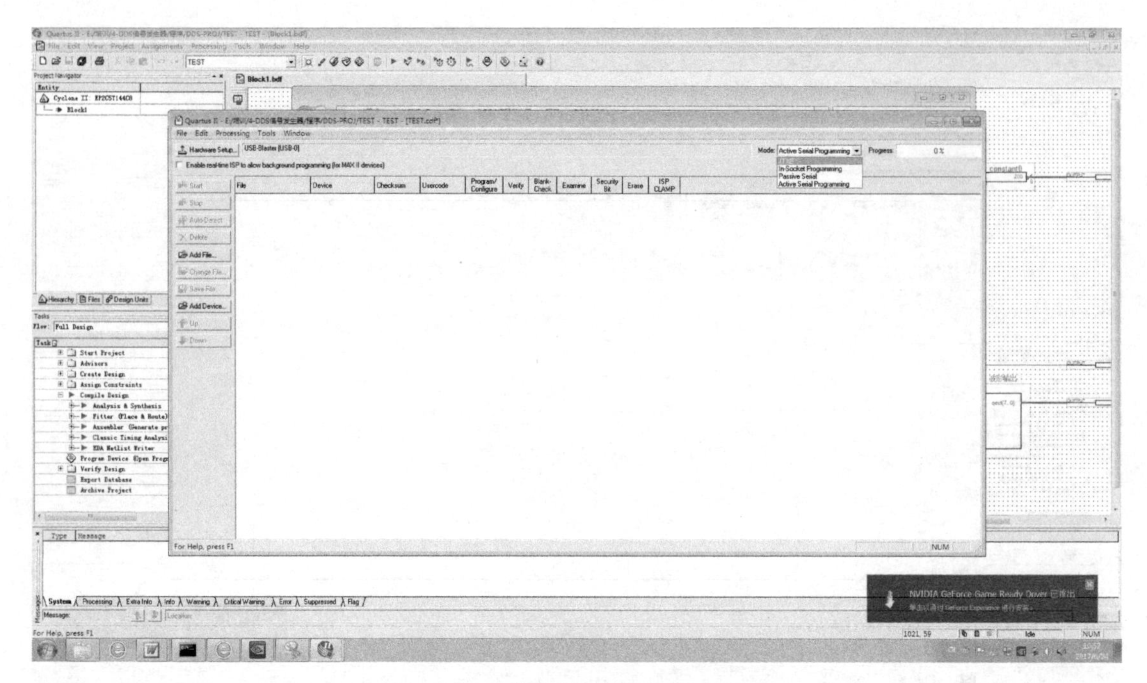

图 3-54　编程器硬件设置对话框

8）然后测试 FPGA 是否连接，单击【Auto Detect】，测试连接完成后可删除这一行。如图 3-55 所示。

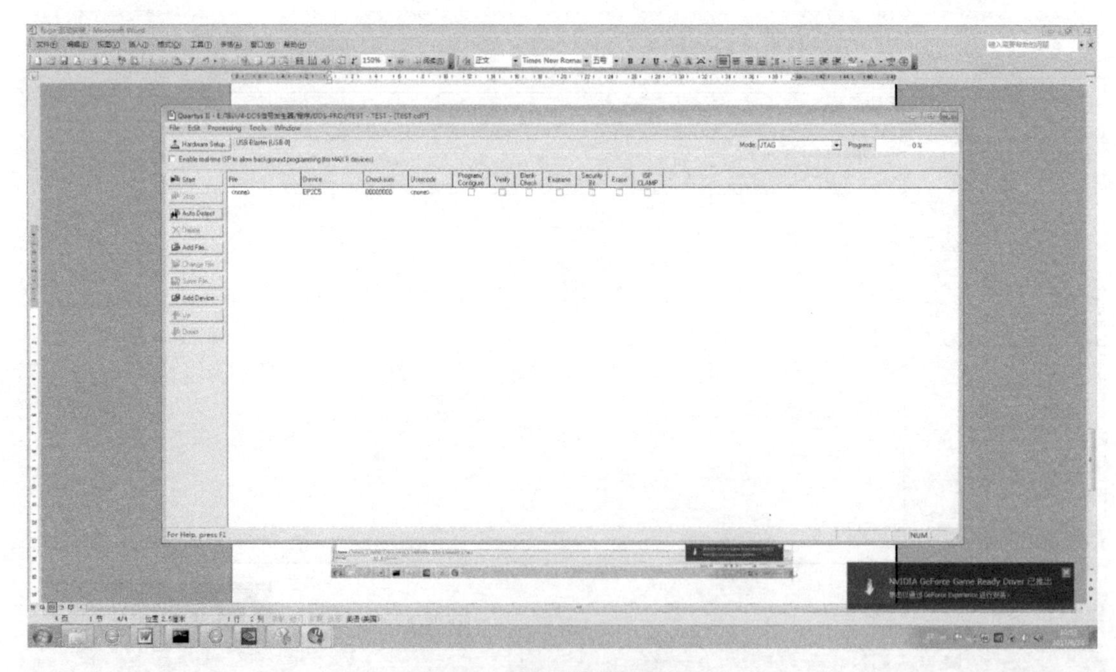

图 3-55　添加完硬件的编辑器

9）添加 SOF 文件，单击【ADD File】，然后会看到 TEST. sof 文件出现在文件框里，添加当前目录下的 SOF 文件 TEST. sof，单击【确定】按钮，如图 3-56 所示。

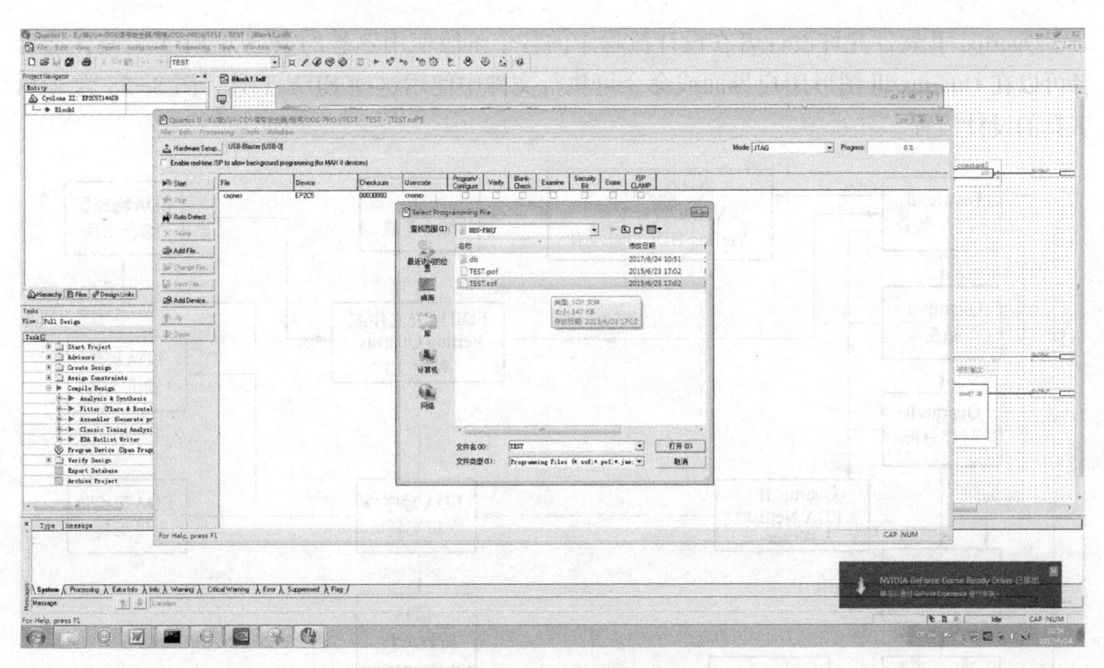

图 3-56　添加文件对话框

10）单击【Start】下载完成后，Progress 将显示 100%，LED 闪烁，如图 3-57 所示。

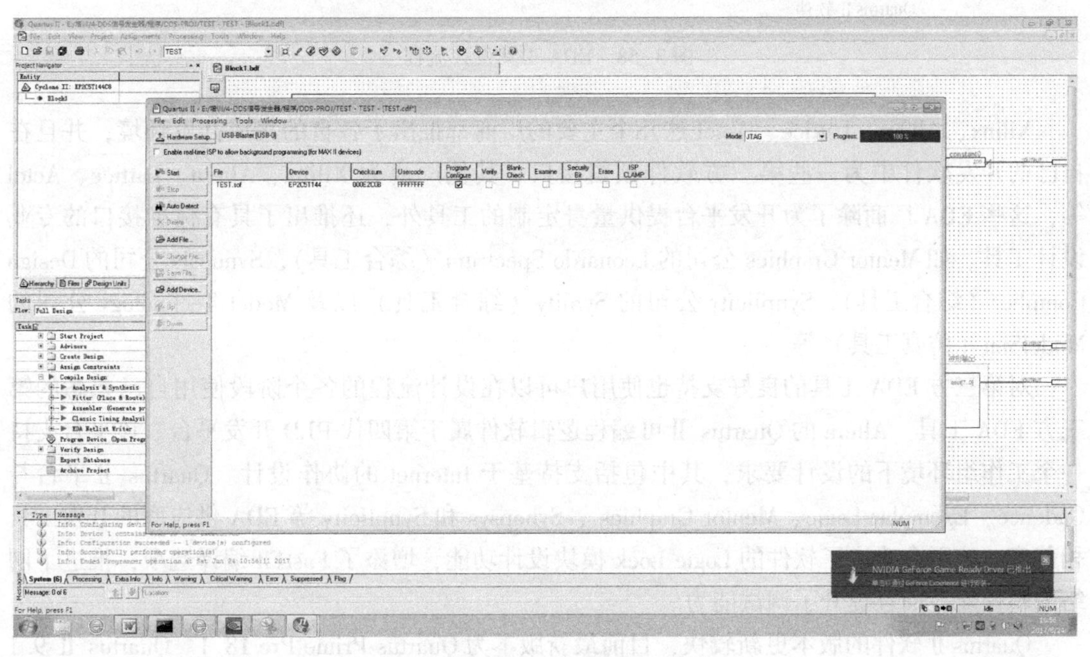

图 3-57　下载完成

3.3　可支持扩展的 EDA 工具

下面以 Quartus Ⅱ软件为例，讲述多种 EDA 工具的协同设计过程。

Quartus Ⅱ软件允许设计者在设计流程中的各个阶段使用熟悉的第三方EDA工具，设计者可以在Quartus Ⅱ图形用户界面或命令可执行文件中使用这些EDA工具。图3-58为EDA工具的设计流程。

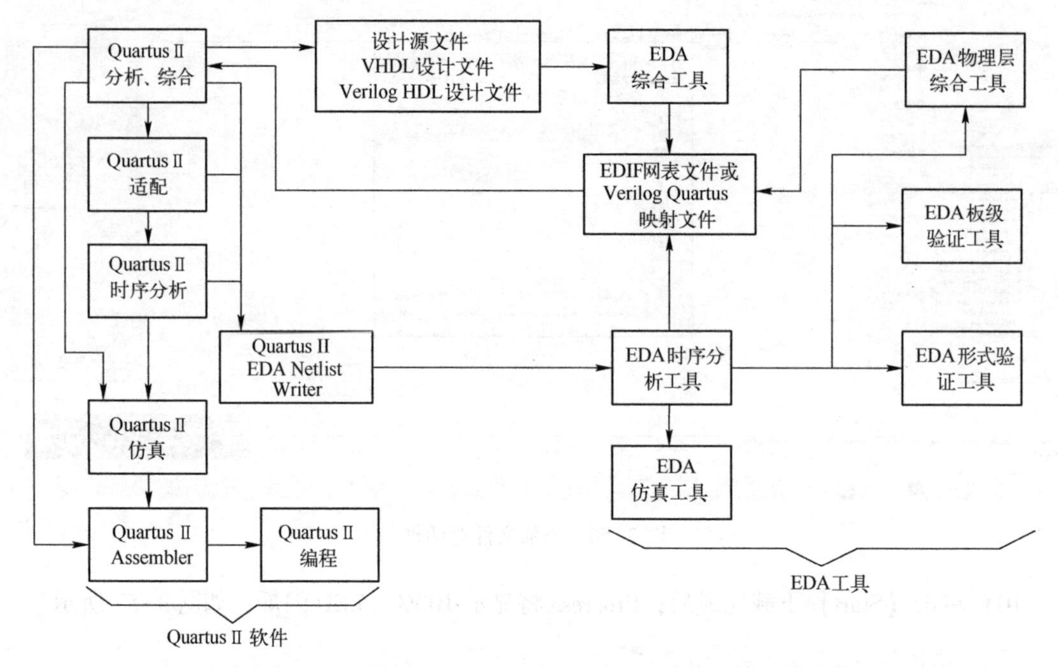

图3-58　EDA工具设计流程

Xilinx、Altera、Lattice、Actel这几个主要的厂商都推出了各自的集成开发环境，并且在自己的开发软件中为一些第三方软件预留接口。其他厂商为Xilinx、Altera、Lattice、Actel等，这些EDA厂商除了为开发平台提供量身定制的工具外，还推出了具有标准接口的专业设计工具。如Mentor Graphics公司的Leonardo Spectrum（综合工具），Synopsis公司的Design Complier（综合工具），Synplicity公司的Synlify（综合工具）以及Model Technology公司的ModelSim（仿真工具）等。

对第三方EDA工具的良好支持也使用户可以在设计流程的各个阶段使用自己熟悉的第三方EDA工具。Altera的Quartus Ⅱ可编程逻辑软件属于第四代PLD开发平台。该平台支持一个工作组环境下的设计要求，其中包括支持基于Internet的协作设计。Quartus Ⅱ平台与Cadence、Exemplar Logic、Mentor Graphics 、Synopsys和Synplicity等EDA供应商的开发工具相兼容。该平台改进了软件的Logic Lock模块设计功能，增添了FastFit编译选项，推进了网络编辑性能，而且提升了调试能力。

Quartus Ⅱ软件的版本更新较快，目前最新版本为Quartus Prime Pro 18.1。Quartus Ⅱ 9.1及以前的版本自带仿真组件，可以直接进行波形仿真，而之后的版本不再包含此组件，因此之后的版本进行仿真时，必须安装第三方仿真软件ModelSim，Quartus Ⅱ 9.1及以前的版本自带硬件库，不需要额外下载安装，而之后的版本需要额外下载硬件库，单独选择安装。Quartus Ⅱ 11.0之前的版本需要额外下载安装Nios Ⅱ组件，而从Quartus Ⅱ 11.0版本开始，软件自带Nios Ⅱ组件。Quartus Ⅱ 9.1之前的版本自带SOPC组件，而Quartus Ⅱ 10.0自带

SOPC 及 Qsys 两个组件，但之后的版本只包含 Qsys 组件。Quartus Ⅱ 10.1 之前的版本包括时钟综合器，即 Settings 中包含 TimeQuest Timing Analyzer 和 Classis Timing Analyze，但 Quartus Ⅱ 10.1 以后版本只包含 TimeQuest Timing Analyzer。

表 3-1 列出了 Quartus Ⅱ软件支持的 EDA 工具，并指出了哪个 EDA 工具可支持 Nativelink。Nativelink 技术在 Quartus Ⅱ软件和其他 EDA 工具之间无缝地传送信息，并允许 Quartus Ⅱ软件中自动运行 EDA 工具。

表 3-1 Quartus Ⅱ软件支持的 EDA 工具

功　能	支持的 EDA 工具	Nativelink
综合	Mentor Graphics Design Architect	
	Mentor Graphics Lenonardo Spectrum	√
	Mentor Graphics Precision RTL Synthesis	√
	Mentor Graphics View Draw	
	Synopsys Design Compiler	
	Synopsys FPGA Express	
	Synopsys FPGA Compiler Ⅱ	√
	Synplicity Synplify	√
	Synplicity Synplify Pro	
仿真	Cadence NC- Verilog	√
	Cadence NC- VHDL	√
	Cadence Verilog-XL	
	Model Technology ModelSim	√
	Model Technology ModelSim-Altera	√
	Synopsys Scirocoo	√
	Synopsys VSS	
	Synopsys VCS	
时序分析	Mentor Graphics Blast（通过选项卡）	
	Mentor Graphics Tau（通过选项卡）	
	Synopsys Prime Time	√
板级验证	Hyeperlynx	
	XTK	
	ICX	
	Spectra Quest	
	Mentor Graphics Symbol Generation	
再综合	Verplex Conformal LEC	
	Aplus Design Technologies PALACE	√
	Synplicity Amplify	

3.4 DDS信号发生器电路设计

1. DDS信号发生器原理

信号发生器在电子行业的各个领域都有着广泛的应用。信号发生器可产生多种不同频率、不同幅度的信号，作为激励信号可用来测试设计电路的性能指标。信号发生器被广泛应用于电路教学、电子器件的样品试验和其他测量领域。本例采用FPGA通过DDS算法，合成波形信号，并通过Quartus Ⅱ软件自带的逻辑分仪器，和双路D/A转换模块，将合成的信号显示出来。

DDS的基本原理主要由5部分组成，分别是：相位累加器、正弦波形存储器（ROM）、数模转换器（D/A转换）、低通滤波器和时钟。相位累加器本质上是一个计数器，在每一个时钟脉冲的作用下，将频率控制字（FTW）的相位增量M累加一次。累加器如果溢出，除溢出位外，累加器保留其他的数字位。将相位累加器输出的数据作为地址，用来查询正弦查询表的数据，将取出的正弦数据通过数模转换器输出模拟信号。模拟信号再通过一个低通滤波器输出纯净的正弦波信号。

实现DDS功能，在工程应用上也可采用专用的DDS芯片完成，如美国AD公司的AD9850、AD9851、AD9832等DDS系列产品。

DDS算法包括的时钟、相位累加器、正弦查询等模块均由FPAG内部通过Verilog硬件描述语言完成。下面重点讲述FPGA内部各模块的原理及实现方法。

如图3-59所示，该设计采用了32位的相位累加器，可输出数据范围为0~($2^{32}-1$)。取相位累加器的后8位作为正弦查询表的地址。正弦表是在FPGA中开辟了一个8位的256字节的ROM空间，用于存放一个周期的正弦波数据。本设计中，采用256个点来描述一个完整的正弦波数据。正弦表的输出数据为信号f_{out}，其输出频率由“频率控制字”进行调节。

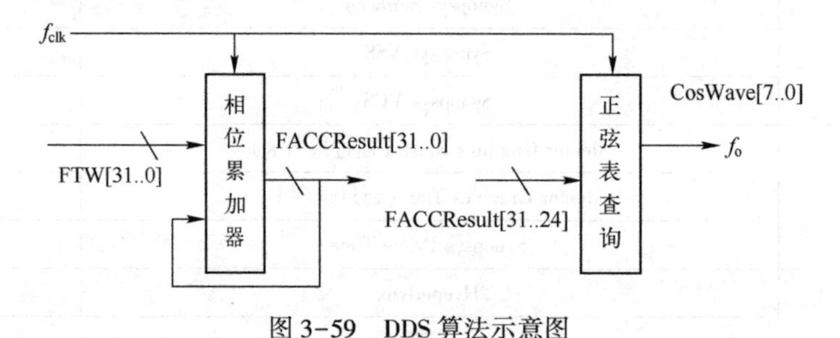

图3-59 DDS算法示意图

$$f_{out}=f_{clk}/2^M \text{FTW}$$

式中，f_{out}——输出频率

f_{clk}——时钟频率

M——相位累加器位数

FTW——频率控制字

最小频率分辨率：

$$f_{min}=f_{clk}/2^M$$

式中，f_{min}——输出频率；

f_{clk}——时钟频率；

M——相位累加器位数。

本设计中采用 32 位相位累加器。FTW 是频率步进控制字，FTW 的取值决定了输出信号的频率。f_{clk}是时钟频率，由 FPGA 的 PLL 产生时钟脉冲。

输出信号频率f_{out}主要取决于频率控制字 FTW。增加 FTW，可以使f_{out}不断增加，但综合考虑 Nyquist 采样定理，最高输出频率应小于f_{clk}的一半 。但在实际使用中，工作频率应小于f_{clk}的三分之一。

由于本设计要求设计输出信号的最高频率为 1 MHz，根据 DA 转换器和 FPGA 的运行速度，能够很容易地满足需要。为了方便计算，本设计将f_{clk}时钟频率定为 32 MHz，即通过 PLL 将 50 MHz 的时钟变换为 32 MHz，发送给 DDS 作为时钟端。这样，当 DDS 输出最高频率1 MHz时，整个正弦波在一个周期内仍有 32 个点。因此，能够完整描述出整个正弦波形，不至于失真。

本设计中最小频率分辨率为

$$f_{min}=f_{clk}/2^{M}=32\times10^{6}/2^{32}=0.\ 00745058$$

式中，f_{clk}——时钟频率

M——相位累加器位数

根据上式，当需要输出 1 Hz 的频率时，频率控制字 FTW 取

$$\mathrm{FTW}=1/f_{min}=134.\ 217728$$

得到了频率控制字 FTW，如果需要输出相应的频率，只需要乘上频率控制字就可以了。整个 DDS 算法硬件基于 Altera 的 FPGA 芯片设计。使用 Verilog 语言编写源程序，采用 Quartus II 集成开发环境设计。相位累加器的输出端分别接到 ROM 模块和 OUT 模块，ROM 模块的输出端提供正弦波形数据。

在图 3-60 中，FTW[31..0]为频率控制字，CLK 为时钟。WAVE[7..0]为波形数据输出，WAVE_CLK 为波形输出的时钟端。

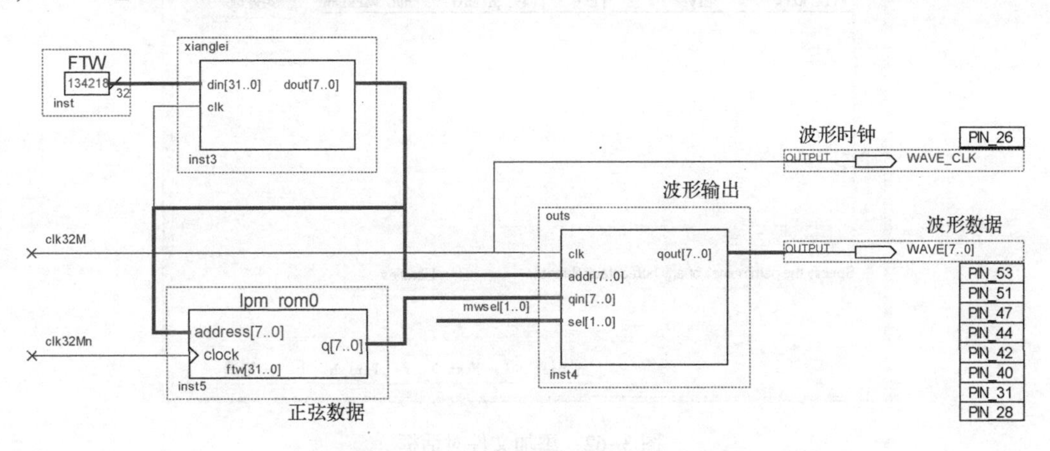

图 3-60　DDS 信号发生器电路设计图

2. DDS 信号发生器设计步骤

1）启动 Quartus Ⅱ。

2）执行菜单命令“File”→“New Project Wizard”，打开如图 3-61 所示的对话框。

3）在工程名中输入 Block1。

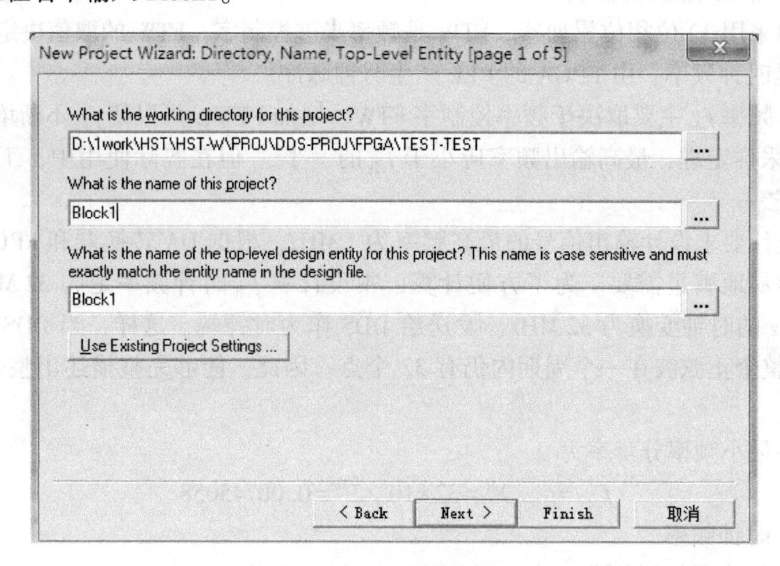

图 3-61　工程设置向导

4）单击【Next】按钮，进入添加文件对话框。由于没有现成的文件，因此直接单击【Next】按钮，进入设备选择对话框，如图 3-62 所示。

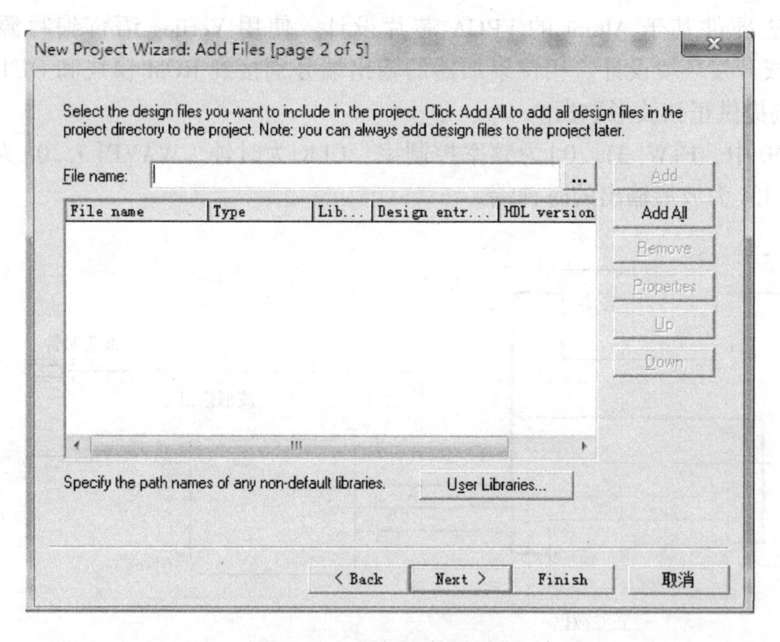

图 3-62　添加文件对话框

5）选择 Altera 的 Cyclone Ⅱ系列的 EP2C5T144C8，封装为 Any QFP，共 144 引脚，速度等级为 8。如图 3-63 所示。

6）单击【Next】按钮，进入 EDA 工具选择对话框，如图 3-64 所示。由于不需要其他

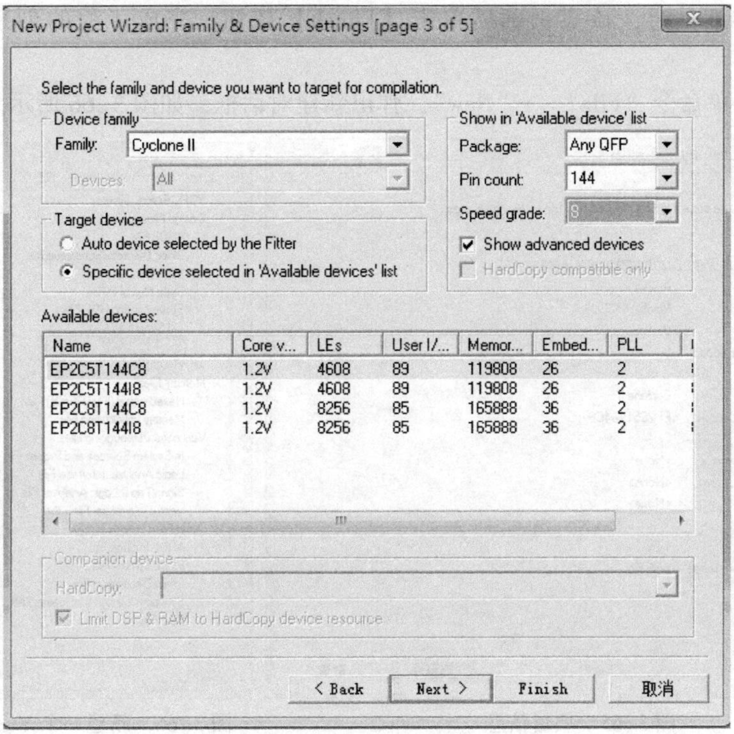

New Project Wizard: Family & Device Settings [page 3 of 5]

Select the family and device you want to target for compilation.

Device family

Family: Cyclone II

Devices: All

Show in 'Available device' list

Package: Any QFP

Pin count: 144

Speed grade: 8

Show advanced devices

HardCopy compatible only

Target device

Auto device selected by the Fitter

Specific device selected in 'Available devices' list

Available devices:

Name	Core v...	LEs	User I/...	Memor...	Embed...	PLL
EP2C5T144C8	1.2V	4608	89	119808	26	2
EP2C5T144I8	1.2V	4608	89	119808	26	2
EP2C8T144C8	1.2V	8256	85	165888	36	2
EP2C8T144I8	1.2V	8256	85	165888	36	2

Companion device

HardCopy:

Limit DSP & RAM to HardCopy device resource

< Back Next > Finish 取消

图 3-63　设备选择

EDA 工具，因此直接单击【Next】按钮进入最后一步设置。

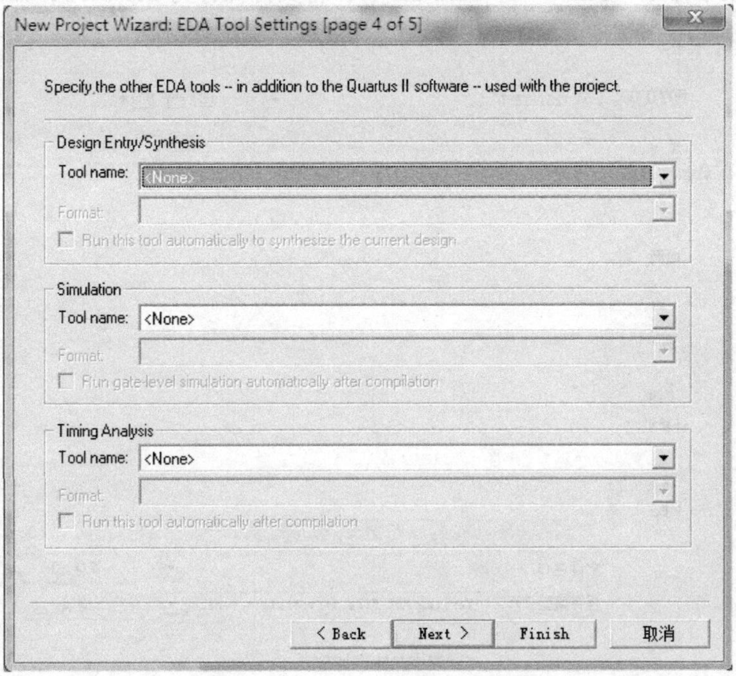

New Project Wizard: EDA Tool Settings [page 4 of 5]

Specify the other EDA tools -- in addition to the Quartus II software -- used with the project.

Design Entry/Synthesis

Tool name: <None>

Format:

Run this tool automatically to synthesize the current design

Simulation

Tool name: <None>

Format:

Run gate-level simulation automatically after compilation

Timing Analysis

Tool name: <None>

Format:

Run this tool automatically after compilation

< Back Next > Finish 取消

图 3-64　EDA 工具选择对话框

7）查看详细信息，核实正确后单击【Finish】按钮，完成工程的创建。如图 3-65 所示。

8）执行菜单命令“File”→“New”，弹出新建对话框，如图 3-66 所示。

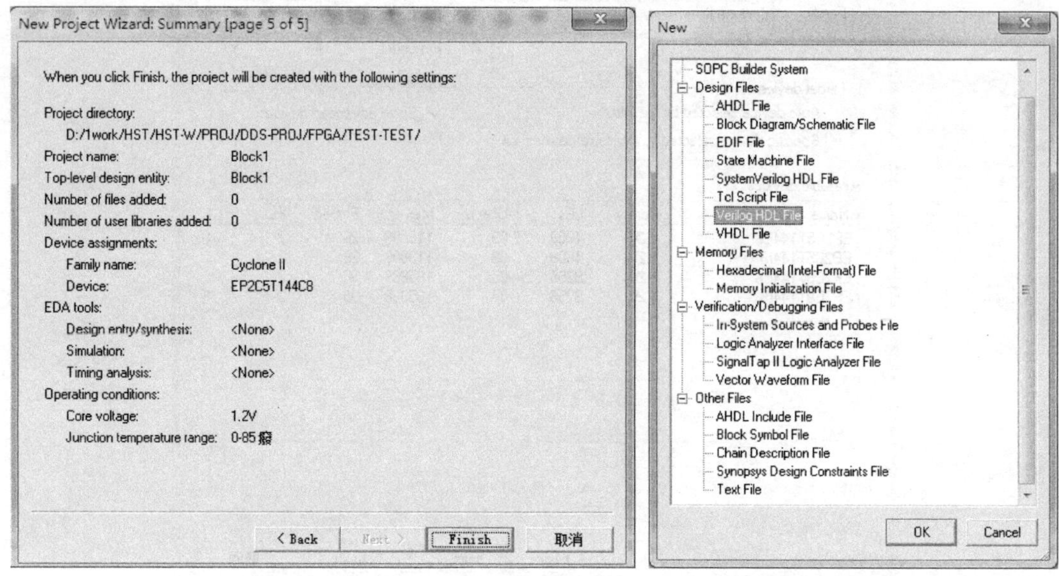

图 3-65　项目信息　　　　图 3-66　新建一个 Verilog HDL 文件

9）选择 Verilog HDL File，表示要建立一个 Verilog HDL 格式的文件。单击【OK】按钮，系统将自动生成名为 verilog1. v 文件。

10）执行菜单命令“File”→“Save as…”，将文件保存为 Block1. v，如图 3-67 所示。

图 3-67　保存为 Block1. v

11）在 Block1. v 中加入代码，然后运行编译后，进行配置与下载，具体步骤可参考 3. 2. 5 节的知识，图 3-68 所示为整个工程综合后的结果。

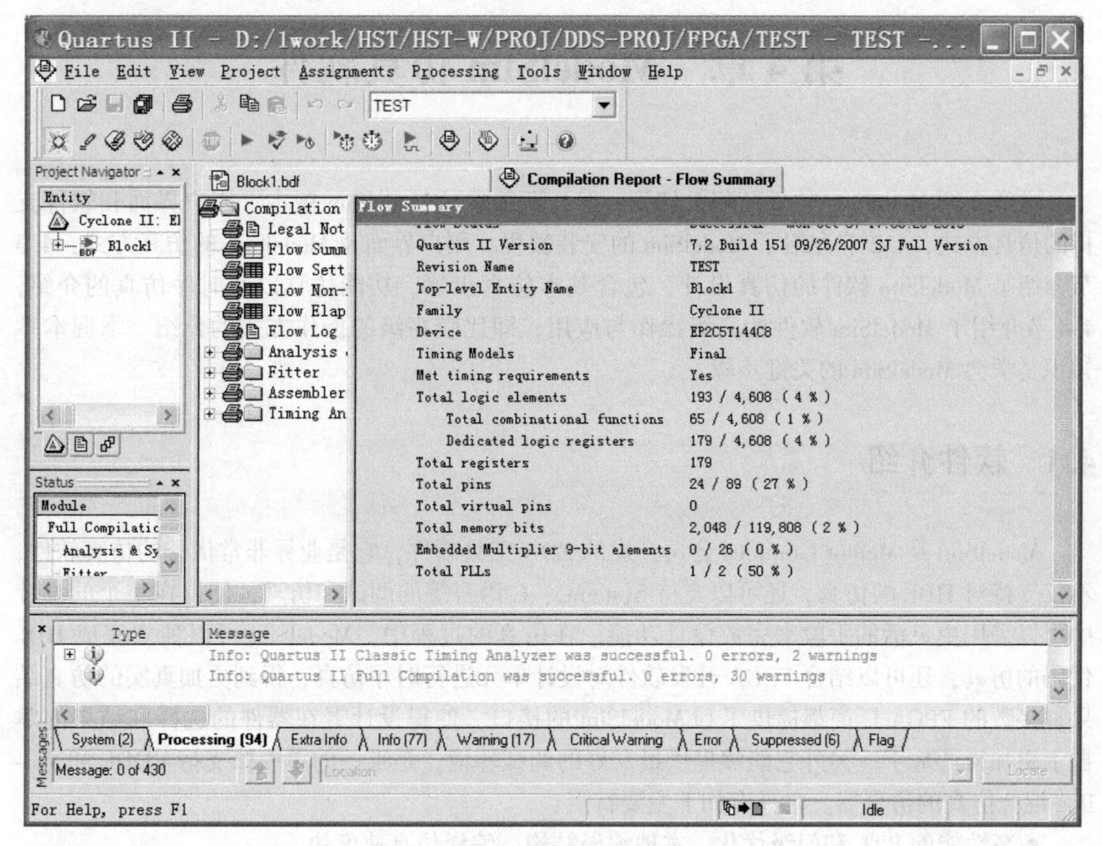

图 3-68　工程综合后的结果

第4章　ModelSim 仿真软件

本章介绍 ModelSim 软件的相关知识，4.1 节介绍了 ModelSim 版本、用户界面和软件支持的仿真方式，4.2 节介绍了 ModelSim 的安装教程、用户界面及 ModelSim 的仿真方式，4.3 节介绍了 ModelSim 软件的仿真设计，包含基本仿真步骤、功能仿真以及时序仿真的介绍，4.4 节介绍了 ModelSim 软件的高级操作与应用，即比较高级的操作方式的介绍。掌握本章知识是学会 ModelSim 的关键步骤。

4.1　软件介绍

ModelSim 是 Mentor Graphics 公司开发的 EDA 工具软件，它是业界非常优秀的仿真软件，不仅支持对 HDL 的仿真，还可以支持 SystemC、C 语言等的调试和仿真，使得在整个的设计中可以采用更灵活的手段来完成设计功能。在仿真的过程中，ModelSim 可以独立完成 HDL 代码的仿真，还可以结合 FPGA 开发软件对设计单元进行时序仿真，得到更加真实的仿真结果。多数的 FPGA 厂商都提供了和 ModelSim 的接口，使得设计者在器件的选择和结果的掌握上更加得心应手。另外它能够提供最友好的调试环境，是唯一的单内核支持 VHDL 和 Verilog 混合仿真的仿真器。它具有如下主要特点：

- 高性能的 RTL 和门级优化。本地编译结构，编译仿真速度快。
- 单内核 VHDL 和 Verilog 混合仿真。
- 源代码模版和助手，便于项目管理。
- 支持加密 IP，便于保护 IP。
- 数据流 ChaseX。
- 先进的 Signal Spy 功能，便于设计调试。
- 支持 Tcl/Tk 文件。
- 集成 C 调试器，可以在统一的界面中同时仿真 C 和 VHDL/Verilog。

ModelSim 具有多个版本。首先是大的版本，从 ModelSim 4.7 开始，到今天已经更新到了 ModelSim 10.1。大的版本更新主要是增加功能和改善性能，不同版本之间相比较，最显而易见的就是菜单栏中的功能列表都会有不同幅度的变化。在大版本基础上还有小的版本，如 ModeiSim 6.1 版就有 6.1、6.1a、6.1b 直至 6.1f 共 7 个不同的版本。这些版本主要是为大版本修复补丁，弥补原有版本的部分缺陷，类似于电脑中的系统更新包。

除去大版本和小版本，ModeiSim 的每个版本都有 SE、LE、PE 三个不同版本。这三个版本在功能上不尽相同，简单来说 SE 版本是功能最完善的版本。本书采用的是 ModelSim 10.1a 版本，所有的实例和演示也均在此版本下进行编译。

4.1.1 软件安装

下面简要说明 ModelSim 软件的安装步骤。

1）双击运行 ModelSim SE 目录中的 setup. exe 程序，弹出如图 4-1 所示的欢迎对话框。

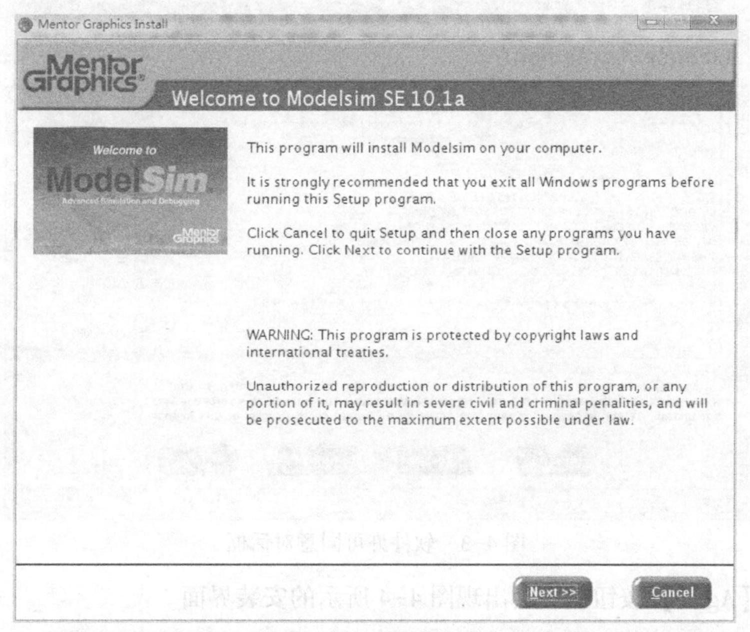

图 4-1　欢迎对话框

2）单击【Next】按钮，会弹出图 4-2 所示安装路径选择对话框。如果需要改变安装路径，单击【Browse】按钮，弹出目录选择对话框，在此对话框中，用户可以根据自己需要选择安装目录。

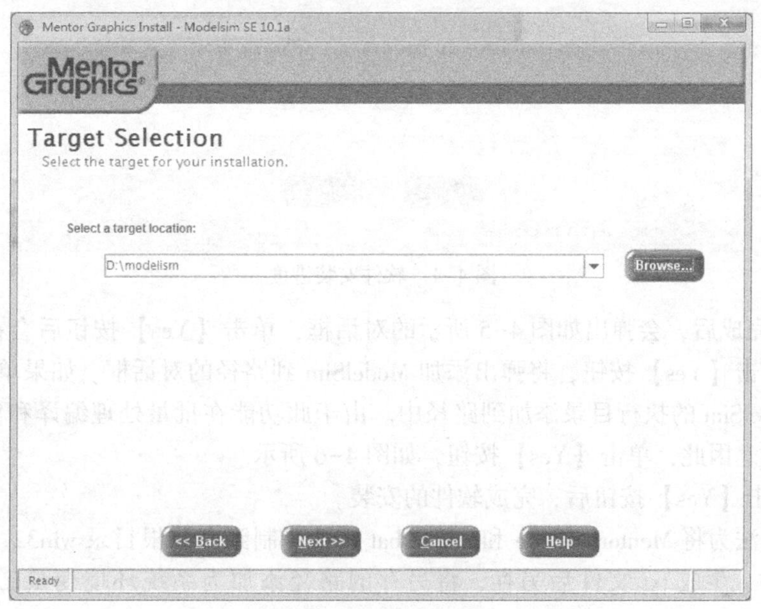

图 4-2　软件安装路径

3）如果不需要改变安装目录，直接单击【Next】按钮，弹出软件许可同意对话框，如图 4-3 所示。

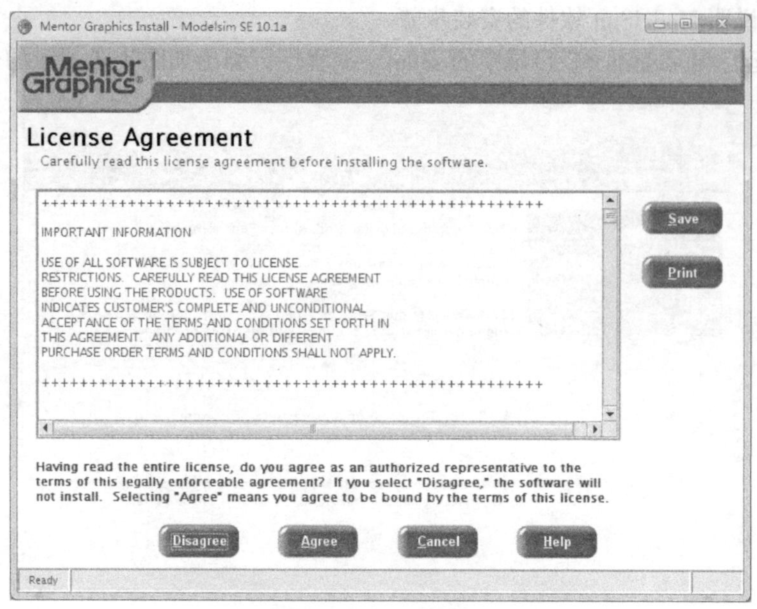

图 4-3　软件许可同意对话框

4）单击【Agree】按钮后，会出现图 4-4 所示的安装界面。

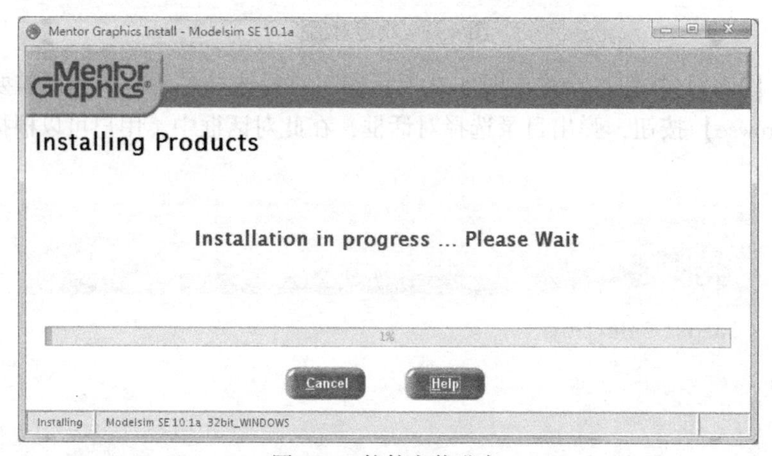

图 4-4　软件安装进度

5）安装完成后，会弹出如图 4-5 所示的对话框，单击【Yes】按钮后会在桌面建立快捷方式。再单击【Yes】按钮，将弹出添加 ModelSim 到路径的对话框。如果单击【Yes】按钮，则将 ModelSim 的执行目录添加到路径中。由于此功能在批量处理编译和仿真时特别有用，建议添加。因此，单击【Yes】按钮，如图 4-6 所示。

6）在单击【Yes】按钮后，完成软件的安装。

破解的方法为将 MentorKG. exe 和 crack. bat 文件复制到安装根目录 win32 目录下，运行 crack. bat 文件，生成 txt 文件后另存，将另存的路径添加为系统环境变量 LM_LICENSE_FILE，如 D:\modeltech_10. 1a\LICENSE. TXT。

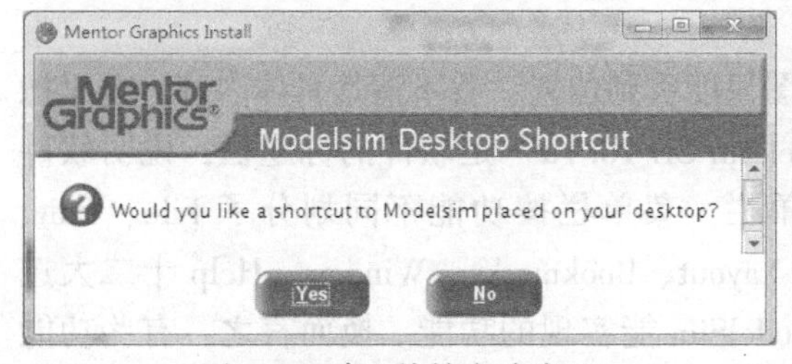

图 4-5　建立快捷方式窗口

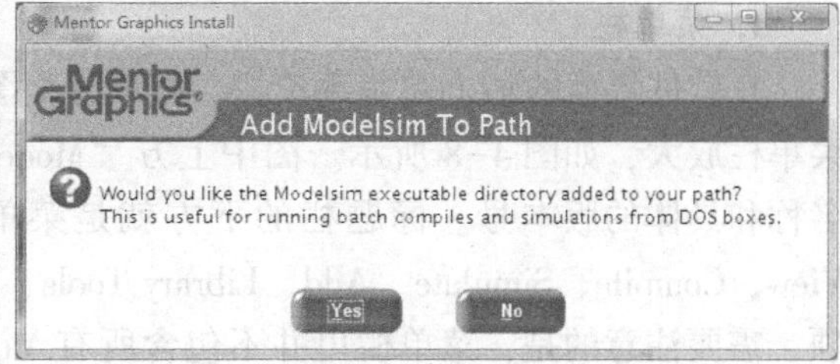

图 4-6　ModelSim 的执行地址添加到路径

4.1.2　用户界面

ModelSim 的用户界面是采用 Tc1/Tk 语言编写的，自定义用户界面非常方便。使用者可以控制包括窗口大小、位置、窗口提示颜色、默认输出文件名等各项设置，甚至可以使用 Tc1 语言自定义一个窗口或菜单选项。当退出 ModelSim 平台时，这些变量会被自动存储。使用者可以直接在 ModelSim 中采用命令行形式编辑这些变量值，或通过修改界面选项中的设置来建立一个适合自己使用的界面。

首先通过开始菜单或者桌面快捷方式启动 ModelSim，就会进入如图 4-7 所示的整体界面。如果是第一次启动，还会出现欢迎窗口。注意：在启动软件之前必须安装好 License，否则 ModelSim 是无法启动的。ModelSim 的主界面分为菜单栏、工具栏、工作区、命令窗口和 MDI 窗口共 5 部分。下面就依次介绍这些部分。

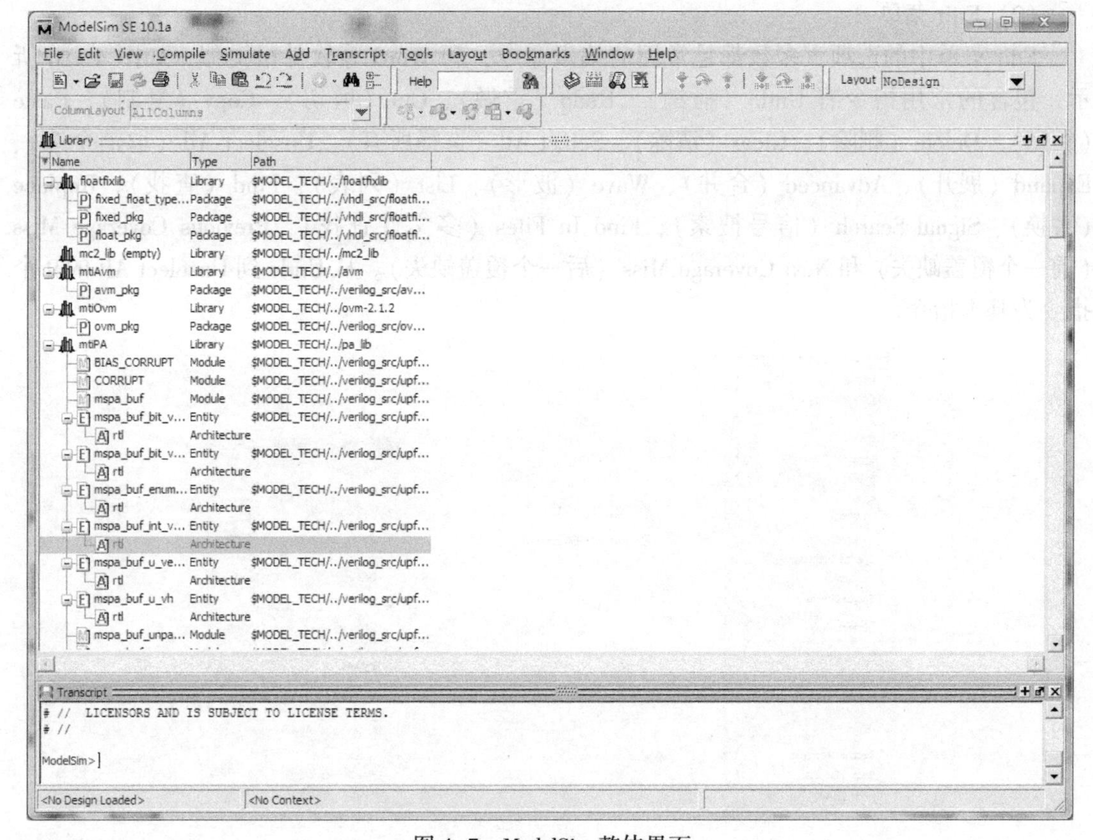

图 4-7　ModelSim 整体界面

1. 菜单栏

在软件界面的最上端是菜单栏，整体界面图只能看到位置，看不清楚具体内容，这里把菜单栏放大，如图 4-8 所示。图中上方“ModelSim SE 10. 1a”是软件的标题栏，说明软件名称和具体的版本号。标题栏的下方就是菜单栏。菜单栏按功能不同划分了 File、Edit、View、Compile、Simulate、Add、Library Tools、Layout、Bookmarks、Window、Help 十二大选项。需要注意的是，菜单栏里并不包含所有 ModelSim 能实现的功能。换而言之，有些功能是在 ModelSim 菜单栏中找不到的。如果要运行这些功能，必须采用命令行操作方式，这将会在命令窗口部分介绍到。下面简单介绍一下前 5 个菜单。

图 4-8　菜单栏

(1) File 菜单

File 菜单，顾名思义，包含的功能是对文件进行的管理和操作。单击 File，会出现如图 4-9 所示的下拉菜单，可以看到包含的具体功能。其中有些功能的文字是黑色的，这些功能是当前可使用的功能；有些功能的文字是灰色的，这些功能是当前不可使用的功能，需要编译或仿真进行到一定阶段，或者设计文件中有一些特殊的器件时才可使用。除了 File 菜单，其他菜单也采用这种表示方式，后文中就不再一一重复了。

(2) Edit 菜单

Edit 菜单中的选项大多数都是常用的编辑命令，和 Word 等软件很类似，如图 4-10 所示，包含的常用指令有 Undo（撤销）、Redo（重做）、Cut（剪切）、Copy（复制）、Paste（粘贴）、Delete（删除）、Clear（清除）、Select All（选择所有）、Unselect All（取消全选）、Expand（展开）、Advanced（合并）、Wave（波形）、List（列表）、Find（查找）、Replace（替换）、Signal Search（信号搜索）、Find In Files（多文件查找）、Previous Coverage Miss（前一个覆盖缺失）和 Next Coverage Miss（后一个覆盖缺失）。从 Undo 到 Unselect All 的 9 个指令为基本指令。

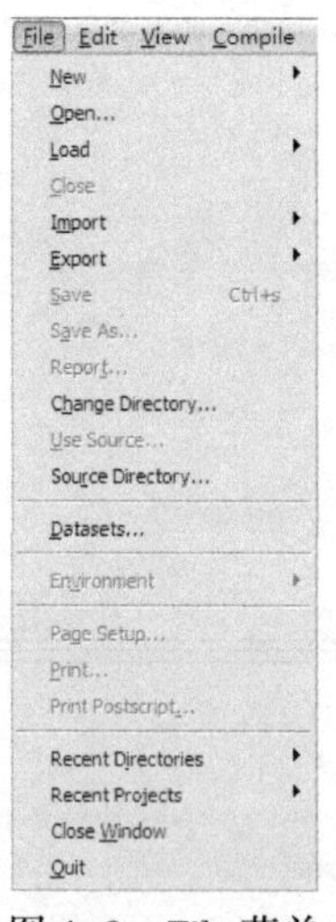

图 4-9　File 菜单

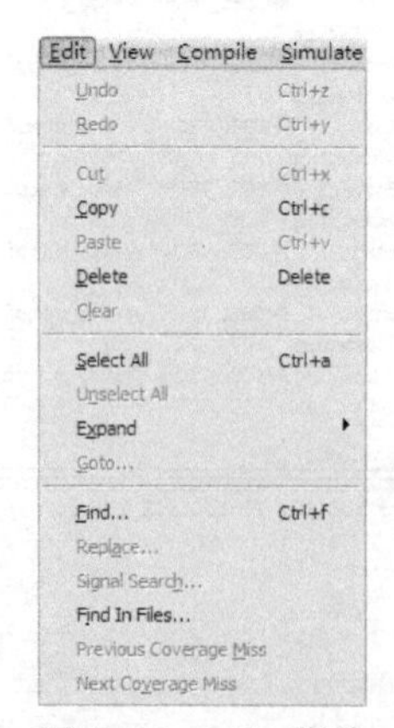

图 4-10　Edit 菜单

（3）View 菜单

View 菜单用来控制显示，包含的指令如图 4-11 所示。ModelSim 具有很多的窗口，在实际工作中，这些窗口大多是被隐藏的，只会显示几个常用的窗口。如果使用者想观察到被隐藏的窗口，就需要在 View 菜单中选择显示该窗口。

（4）Compile 菜单

Compile 菜单主要包含编译的指令，如图 4-12 所示，编译指的是对源文件进行查错的过程。ModelSim 中只有编译通过的源文件才能被仿真。一个源文件编写后往往存在很多问题，需要进行多次的编译才可以得到正确的设计，所以编译也是一个重要的操作步骤。

（5）Simulate 菜单

Simulate 菜单提供仿真选项，如图 4-13 所示。严格意义上讲，Simulate 应该称为模拟，Emulate 才应该称为仿真。鉴于目前中文翻译没有分得那么清楚，都把 Simulate 称为仿真，为了避免造成不必要的误解，本书中也称 Simulate 为仿真。

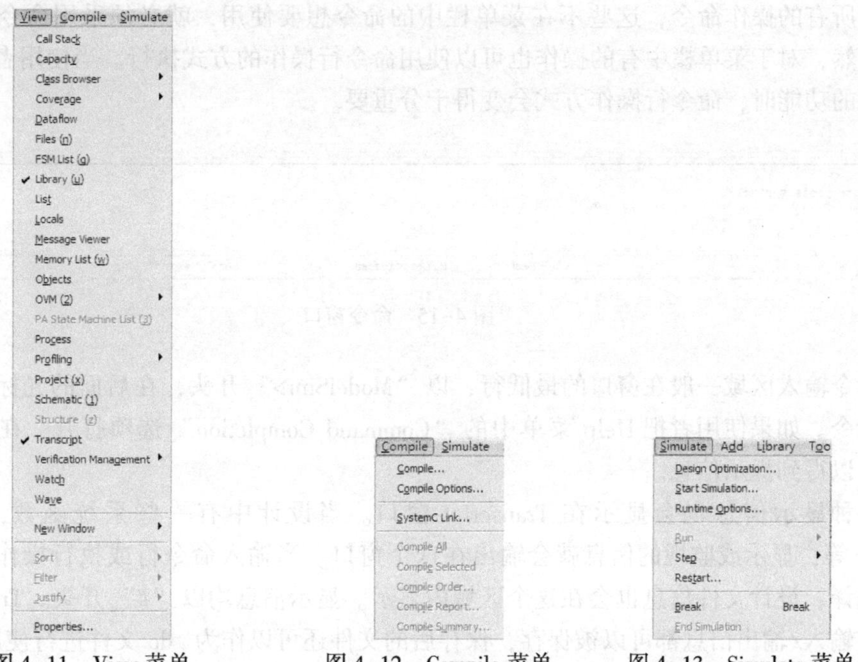

图 4-11　View 菜单　　　图 4-12　Compile 菜单　　　图 4-13　Simulate 菜单

相对于前面几个菜单，Simulate 菜单具有的选项很少，这是因为 Simulate 菜单只是提供了一些基本的操作，例如，仿真的开始、结束和初始设置等，而具体到仿真过程中的操作和设置都是在 MDI 或 Workspace 区域中进行的。

2. 工具栏

工具栏位于菜单栏的下方，提供一些比较常用的操作。一般在最初打开 ModelSim 软件的时候工具栏包含的内容如图 4-14 所示，随着设计或仿真的进行，当进行到不同阶段的时候，相关的快捷操作也会出现在工具栏中，这里只介绍最初的工具栏中包含的操作。

图 4-14　工具栏

如图4-14所示，按从左至右，工具栏中的操作顺序：新建、打开、存储、重载、打印、剪切、复制、粘贴、撤销、重做、添加到波形查找、折叠全部、帮助、搜索文档、编译、编译所有、仿真、中断仿真。由于这些命令是菜单栏中命令的一个子集，只是把可能经常使用的命令提炼到这里，方便使用者操作，具体的功能和菜单栏中的功能是一致的，这里不再解释。

3. 工作区

Workspace区域中提供一系列的选项卡，让使用者可以方便地访问一些功能，例如，工程、库文件、设计文件、编译好的设计单元、仿真结构、波形比较对象等。工作区的最下方是目前打开的选项卡。工作区可以根据使用者的需要被显示或隐藏。

4. 命令窗口

Transcript窗口位于主窗口的下方，如图4-15所示。其作用主要是输入操作指令和输出显示信息两大类，在本书中称其为命令窗口。在前文中也曾经提到，ModelSim的菜单栏并不包含所有的操作命令，这些不在菜单栏中的命令想要使用，就必须采用命令行操作的方式。当然，对于菜单栏中有的操作也可以使用命令行操作的方式执行。当使用者试图使用一些高级的功能时，命令行操作方式会变得十分重要。

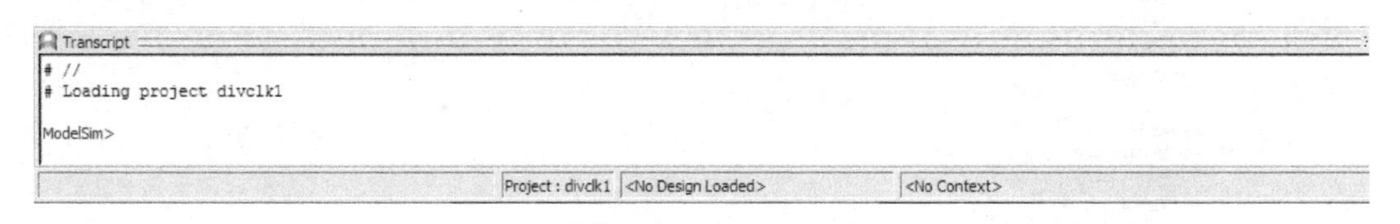

图4-15　命令窗口

命令输入区域一般在窗口的最低行，以“ModelSim>”开头，在后面的光标区域内可以输入命令。如果使用者把Help菜单中的“Command Completion”选项打开，在输入命令的同时可以得到提示信息。

各种显示信息也会显示在Transcript窗口。当设计中有一些系统函数，如display、monitor等，显示或监视的信息就会输出在这个窗口。当输入命令行或执行操作时，各种装载、编译、设计文件信息也会在这个区域内显示。显示信息均以“#”开头。Transcript窗口的所有输入/输出信息都可以被保存，保存后的文件还可以作为.do文件进行使用。

5. MDI窗口

MDI（Multiple Document Interface，多文档操作界面）窗口的作用是显示源文件编辑、内存数据、波形和列表窗口。MDI窗口允许同时显示多个窗口，每个窗口都会配备一个选项卡，选项卡上会显示该窗口的文件名称，单击选项卡可以完成在各个窗口之间的切换。

4.1.3　ModelSim仿真方式

ModelSim是一款功能强大的仿真软件，它可以对VHDL、Verilog HDL、SystemC等格式的文件进行仿真。由于每种编程语言的语法和文件结构都不尽相同，ModelSim对不同类文件的仿真过程也有一些差异。本章将会介绍在ModelSim环境中如何对VHDL、Verilog HDL和SystemC文件进行仿真，最后还会给出混合仿真的介绍。

1. VHDL 仿真

VHDL 的仿真过程一般分为三步：第一步，编译 VHDL 代码到库文件；第二步，采用 ModelSim 优化设计单元；第三步，VHDL 设计仿真。在仿真过程中还会用到 Vital 和 Textio 等功能。

（1）VHDL 文件编译

ModelSim 中的编译可以由两种方式进行。第一种是采用建立工程的方式，在建立工程的时候会自动生成一个设计库，使用者可以对该库命名；第二种是直接新建库的方式，不建立工程，所有的文件编译和仿真等步骤都在库选项卡中进行。这两种方式无论采用哪种方式都是可以进行编译、优化和仿真的。这里采用建立工程的方式来进行 VHDL 文件的编译，因为新建工程中实际包含了对库的操作，这样可以介绍将更全面。

（2）VHDL 设计优化

ModelSim 对 HDL 语言均可以进行优化。VHDL 的优化可以有两种方式。第一种方式是通过菜单栏；第二种方式是通过命令行的形式。下面分别介绍这两种方式。

① 通过菜单栏的方式

在菜单栏中选择“Simulate”→“Design Optimization”即可启动设计优化，单击后会出现如图 4-16 所示的优化窗口。可以看到该窗口有 5 个选项卡，分别是 Design、Libraries、Visibility、Options 和 Coverage。

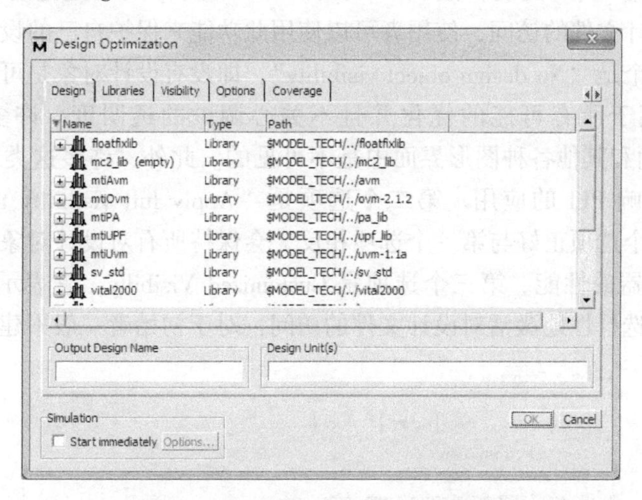

图 4-16　通过菜单栏方式的优化窗口

在打开的时候默认选择第一个选项卡，即 Design 选项卡。从图 4-16 中可以看到，该选项卡中共有四部分的内容。第一部分是图中间的部分，这里面包含了所有的库文件，库文件中包含所有通过编译或添加到库中的设计单元，在这些设计单元中选择要优化的设计；第二部分是 Design Unit(s)（设计单元），在设计单元中选中的设计名称会显示在这个区域中；第三部分是 Output Design Name（输出设计名称），在这里可以为本次优化的设计指定一个输出名称，这个名称是由自己定义的，例如，选中设计单元 top，指定输出设计名称为“opt-top”，优化后的输出就会是“opt-top”；第四部分是 Simulation 选项，选中“Start immediately”后，就可以在设计优化后直接启动仿真，后面的【Options】按钮会弹出仿真选项，这些选项是“Start Simulation”窗口中选项的一个子集。

第 2 个是 Libraries 选项卡，如图 4-17 所示。这里可以设置搜索库，也可以指定一个库来搜索实例化的 VHDL 设计单元。“Search Libraries”和“Search Libraries First”的功能基本一致，唯一不同的是“Search Libraries First”中指定的库会被指定在用户库之前被搜索。

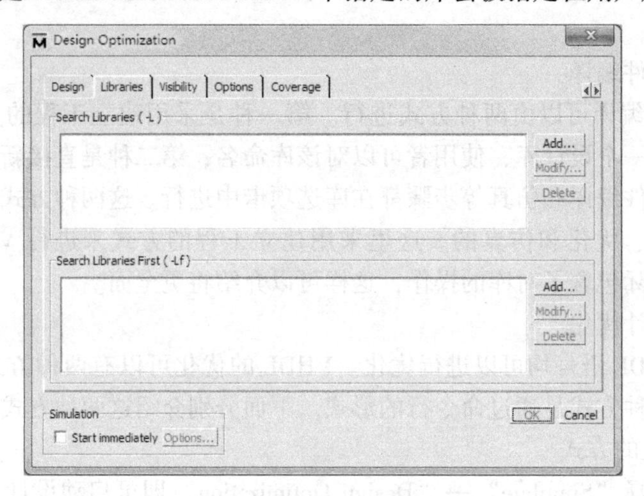

图 4-17 Library 选项卡

第 3 个是 Visibility（可见度）选项卡，如图 4-18 所示。可以通过对该选项进行设定来选择性地激活对设计文件的访问，使用者可以使用此功能来保护自己的设计文件。可提供的选项有三个，第一个是“No design object visibility”，即没有设计对象是可以见的，选择此选项后优化命令适用于所有可能的优化并且不关心调试的透明度。许多的 nets、ports 和 registers 在用户界面和其他各种图形界面中是不可见的。此外，许多这类对象没有 PLI 的访问权限，潜在地影响 PLI 的应用。第二个选项是“Apply full visibility to all modules（full debug mode）”，这个选项正好与第一个选项相反，会保持所有对设计对象的访问，但是这可能会大大降低仿真器的性能。第三个选项是 Customized Visibilty，它表示自定义的可见度，即根据自己的需要选择性地激活对设计文件的访问，对于初始者一般不建议选择此项。

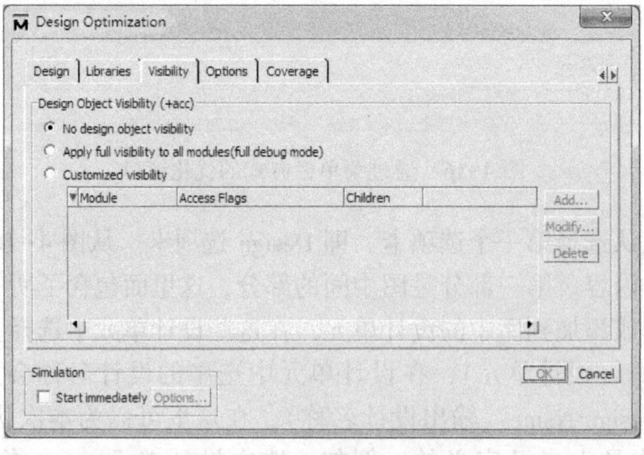

图 4-18 Visibility 选项卡

第 4 个为 Options 选项卡，如图 4-19 所示，在这里有很多的选项设置，按功能的不同划分成了不同的区域。“Optimization Level”区域用来指定设计的优化等级，这个选项只对

VHDL 和 SystemC 设计有效，可以根据需要指定禁用优化、启用部分优化、最大优化等。"Optimized Code Generation" 区域用来指定优化代码的产生，其中 Enable Hazard Checking 用来启用冒险检测，这是针对 Verilog 模块的；"Keep delta delays" 用来保持 delta 延迟，即在优化时不去除 delta 延迟，这是针对 Verilog 编译器调用的；"Disable Timing Checks in Specify Blocks" 是用来禁止在指定的块中进行时序检测任务，这也是针对 Verilog 编译器调用的。Verilog Delay Select 区域用来选择延迟，默认为 default 状态，即典型状态，可提供三种不同的延迟，即最小延迟、典型延迟和最大延迟，根据此处的选择来调用器件库中元件的延迟值。Command Files 区域用来添加命令文件，其文件格式应该是 text 格式，内部包含命令参数，可以单击右侧的【Add】按钮进行添加，单击【Modify】和【Delete】按钮进行修改和删除。"Other Vopt Opt Options" 区域可以附加 vopt 命令，即手动输入 Modify 和 Delete 进行修改和删除。"Other Vopt Options" 区域可以附加 vopt 命令，即手动输入 ModelSim 可识别的优化指令，用来实现在 "Design Optimization" 窗口中没有定义的选项。

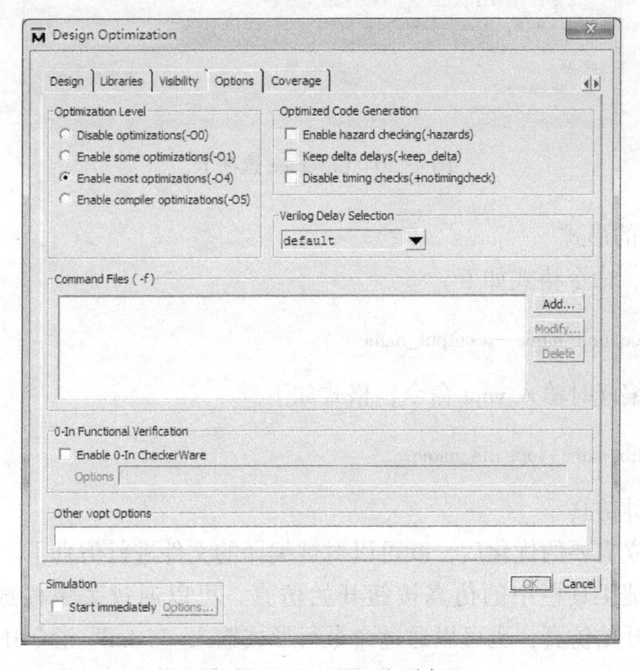

图 4-19 Options 选项卡

第 5 个为 Coverage 选项卡。如图 4-20 所示，该选项卡共有四个部分的内容。第一部分为源代码覆盖率（Source Code Coverage），它能报告出语句（Statement）、分支（Branch）、条件（Condition）、表达式（Expression）4 种覆盖率情况，仿真时这 4 个都要全选。第二部分为信号反转覆盖率（Toggle Coverage），它包含 0/1 或 1/0 翻转（Enable 0/1 Toggle Coverage）、高阻变 0 或 1（Enable 0/1/Z Toggle Coverage）和不翻转（Disable Toggle Coverage），这三个只能选择一个，最好选上边两者之一，否则后面无法加载波形图。第三部分为优化级（Optimization Level），它包含一级优化（Optimition Level 1）、二级优化（Optimition Level 2）、三级优化（Optimition Level 3）、四级优化（Optimition Level 4），一般选择默认即可。第四部分为其他覆盖率（Other Coverage），一般选择前两项即可。

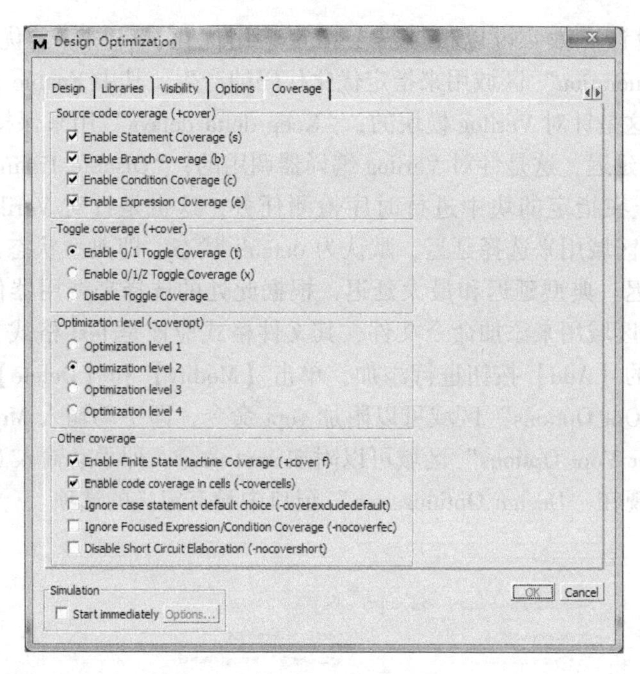

图 4-20 Coverage 选项卡

② 通过命令行的形式

采用 vopt 命令，命令格式如下。

```
vcom lib name. unit_name -o output_name
```

同样也可以在编译时输入 vopt 命令，格式如下。

```
vcom-work lib_name-vopt file_name
```

（3）VHDL 设计仿真

编译成功并建立需要的优化后，就可以对被编译的文件进行仿真了。仿真开始的方式有很多，可以选择快捷工具栏中的仿真按钮开始仿真，可以通过菜单栏选择“Simulate”→“Start Simulation”开始仿真，也可以通过命令行形式输入“vsim”指令开始仿真，以上三种方式都会弹出“Start Simulation”窗口，如图 4-21 所示，共有 Design、VHDL、Verilog、Libraries、SDF 和 Others 6 个选项卡，每个选项卡中提供不同的选项设置。具体每个选项卡的用途，读者可以查阅相关文献进行了解。

2. Verilog 仿真

Verilog 和 VHDL 同属于硬件描述语言，故在编译、优化、仿真的过程中，所进行的操作也十分类似。下面将介绍 Verilog 设计的仿真，相同的部分会简单略过，重点在于不同的操作步骤。

（1）Verilog 文件编译

同 VHDL 一样，Verilog 文件的编译也有两种编译方式，即基于建立工程的仿真和基于不建立工程的仿真，仿真的过程也与 VHDL 相似，只有一点不同：VHDL 中仿真的命令是 vcom，而 Verilog 语言中编译的命令是 vlog。例如，对 Verilog 文件的编译可采用如下形式：

vlog design_name

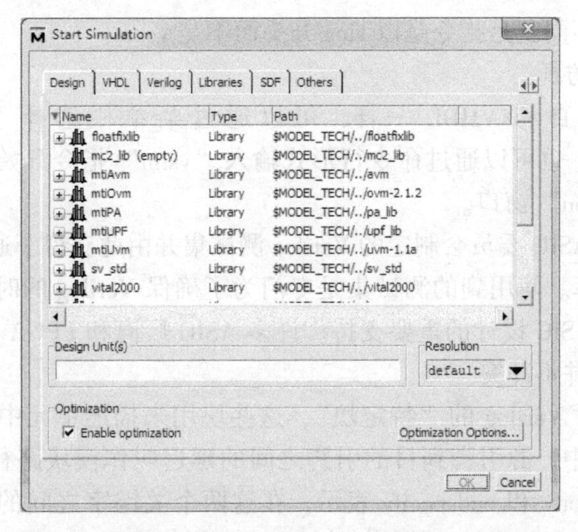

图 4-21 Start Simulation 窗口

Verilog 文件中有一类比较特殊，就是 System Verilog。System Verilog 语言可以说是 Verilog 的一种发展，但与 Verilog 语言又有很大区别。对于这两种语言的区别和联系，可以查阅相关文献进行了解。在 ModelSim 的使用中，默认的语言标准是针对 Verilog 语言的，如果要编译 Sysem Verilog 语言，需要在选项中进行设置，或采用命令行参数的形式进行编译。

设置工程编译选项如图 4－22 所示。这个“Project Compiler Setting”是在建立工程的情况下，在 Project 选项卡内使用右键菜单，选择“Compile”→“Compile Properties”后出现的。对于不建立工程的情况，可以在菜单栏中选择“Compile”→“Compile Options”，会出现一个名为“Compiler Options”的窗口，名称不同，但是 Verilog & System Verilog 选项卡内的选项都是相同的，在 Verilog & System Verilog 选项卡中把语言版本从 Default 选为 Use System Verilog，就可以对 System Verilog 文件进行编译了。

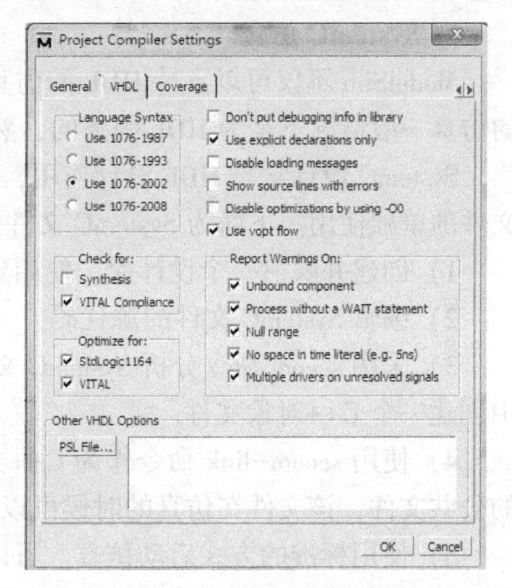

图 4-22 设置工程编译选项

（2）Verilog 设计优化

Verilog 语言的优化也有两种方式。第一种方式是通过菜单栏；第二种方式是通过命令行的方式。通过菜单栏的方式与 VHDL 相同，也是在菜单栏中选择“Simulate”→“Design Optimization”选项来进行设置。

采用命令行的方式与 VHDL 类似，也是采用 vopt 命令。命令格式如下：

vopt lib_name. unit_name -o output_name

同样也可以在编译时输入 vopt 命令，格式如下：

```
vlog-work lib_name -vopt file_name
```

与 VHDL 唯一的不同就是指令是以 vlog 开头而不是 vcom。

（3）Verilog 设计仿真

Verilog 文件的仿真和 VHDL 一样，可以通过菜单栏选择“Simulate”→“Start Simulation”开始仿真，也可以通过命令行形式输入“vsim”指令开始仿真。这两种方式都会弹出“Start Simulation”窗口。

ModelSim 通过了 ASIC 委员会制定的 Verilog 测试集并由此获得了通过测试的库，即获得了被该委员会认可的库。使用到的测试集是专门为了确保 Verilog 的时序正确性和功能正确性而设计的，是完成 ASIC 设计的重要支持。许多 ASIC 厂商和 FPGA 厂商的 Verilog 单元库与 ModelSim 的单元库并不冲突。

单元模块通常包含 Verilog 的“特定块”，这些块用来描述单元中的路径延迟和时序约束。在 ModelSim 模块中，源引脚到目的引脚之间的延迟叫作模块路径延迟。在 Verilog 中，路径延迟用关键字 specify 和 endspecify 表示，在这两个关键字之间的部分构成一个 specify 块。时序约束是指对于各条路径上数据的传输和变化做一个时间上的约束，使整个系统能够正常工作。

Verilog 模型可以包含两种延迟：分布延迟和路径延迟。在 Primitive、UDP 和连续赋值语句中定义的延迟是分布式延迟，而端口到端口的延迟被定为路径延迟。这两个延迟相互作用，直接影响最终观测到的实际延迟。大多数的 Verilog 单元库中仅仅使用到路径延迟，而分布式延迟则被设置成零。

3. SystemC 仿真

ModelSim 不仅可以支持 HDL 的仿真，还可以支持 SystemC 的仿真和调试。SystemC 文件的仿真一般情况下是为 HDL 服务的，熟练地使用 SystemC 的仿真可以更好地完成设计任务。

SystemC 设计常与 HDL 设计连用，而 ModelSim 支持这种联合使用，同时也支持 SystemC 文件的单独使用。下面为 SystemC 文件仿真时的常用流程。

1）创建并映射一个设计库，使用到的命令是 vlib 和 vmap，或直接使用新建工程。

2）编辑 SystemC 文件的源代码

3）采用 sccom 命令分析 SystemC 文件。sccom 命令会调用本地的 C++编译器，在设计库中创建一个 C++对象文件。

4）使用 sccom-link 命令作为 C++文件的链接。这一步会在当前工作库中创建一个共享的公共文件，该文件在仿真的时候可以被仿真器调用，用来实现既定功能。

5）使用标准的方式启动仿真。可以使用 vsim 命令或使用图形化用户界面进行操作。

6）运行仿真。可以使用 run 命令或使用图形化界面进行操作。

7）对于出现的错误进行调试，采用的主要是源文件窗口和波形、列表窗口。调试后的程序重复使用步骤 2）~步骤 7），直至完成整个设计。

4. 混合语言仿真

ModelSim 采用单内核仿真器，允许仿真多种设计文件，例如，可以仿真使用 VHDL、Verilog HDL、System Veilog 和 SystemC 语言编写的设计代码。一个设计单元尽管在其内部描述时只可以使用一种语言而不能使用多种语言描述，但是在实例化的时候却可以被其他语言的代码进行实例化引用。设计层次中的任何一个单元都可以采用其他的语言进行描述，对于此类设计的仿真称为多语言混合仿真，或混合语言仿真。

混合语言仿真有一个基本的流程，可以分为以下 4 步。

1）编译设计源文件。对 Verilog 语言使用 vlog 命令编译，对 VHDL 使用 vcom 编译，对 SystemC/C++语言使用 sccom 命令编译。按照编译的顺序规则编译设计中的全部模块。

- 对于包含 HDL 实例的 SystemC 文件，需要创建一个 SystemC 语言编写的外部模块，声明全部的 Verilog 或 VHDL 实例。
- 对于包含 SystemC 实例的 Verilog/VHDL，需要输出 SystemC 的实例名称，使用 SC_MODULE_EXPORT 宏命令。采用这种方式改写的设计单元可以像 Verilog/VHDL 模块一样任意地进行实例化引用。
- 对于包含 SystemC 文件的设计，使用 sccom-link 命令链接所有的设计中使用的对象文件。

2）优化设计。

3）使用图形操作界面或使用 vsim 命令启动仿真。

4）运行仿真并调试设计文件。

4.2 仿真设计

4.2.1 基本仿真步骤

ModelSim 能够用于对 VHDL、Verilog、System Verilog、SystemC 和混合语言设计的仿真和验证。ModelSim 基本应用的仿真步骤分为如下 5 步：

1）建立库。

2）映射库到物理目录。

3）编译源代码，包含所有的 HDL 代码和 Testbench。

4）启动仿真器并加载设计顶层。

5）执行仿真。

1. 建立库

仿真库指存储已编译设计单元的目录。ModelSim 中的仿真库可以分为两大类：第一类是工作库（working），默认值为“work”目录，work 目录中包含当前工程下所有被编译的设计单元，编译前必须建立一个 work 库，而且每个编译仅有一个 work 库；第二类是资源库（resource），存储能被当前编译引用的设计单元，在编译器件允许有多个 resource 库，VHDL 的资源库能通过 LIBRARY 和 USE 语句引用。

在仿真库定义中所指的设计单元可以分为主要和次要两大类。

- 主要的设计单元。主要设计单元在某个特定的库中必须具有唯一的名称。VHDL 源代码对应的主要设计单元包含 Entities（实体）、Package Declarations（包声明），及 Configurations（结构），Verilog 源代码对应的主要设计单元包含 Modules（模块）和 User Defined Primitives（用户定义原语）。
- 次要的设计单元。在相同的库里单元可以用一个通用名称。VHDL 源代码对应的次要设计单元包含 Architectures（体系）和 Package Bodies（包实体）。

建立仿真库的常用方法有两种：在用户界面模式下，可以在主菜单里执行“File”→“New”→“Library”命令打开“Create a New Library”对话框，选择第一项生成一个新库，如图 4-23 所示；命令行模式下可以在主窗口执行 vlib 命令建立新库，语法格式如下。

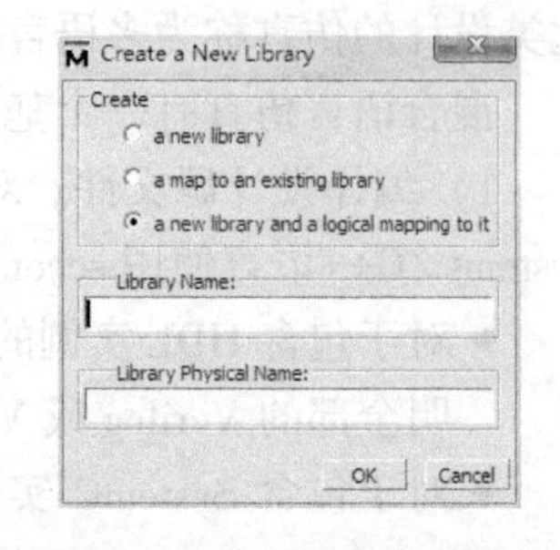

图 4-23　建立新的库对话框

```
vlib<library_name>
```

2. 映射库到物理目录

映射库用于将已经预编译好的设计单元所在目录映射为一个库，库路径内的文件应该是已经编译好的。映射库有两种常用操作方法：用户界面模式下，可以在主菜单里执行“File”→“New”→“Library”命令打开如图 4-23 所示的“Create a New Library”对话框，选择第二项“A Map to an Existing Library”映射已编译好的库，单击【Browse…】按钮选择已编译的库；命令行模式下可以在主窗口执行 vmap 命令映射库，语法格式如下：

```
vmap <logical_name> <directory_path>
```

关于库的常用操作命令除了 vlib 和 vmap 以外还有 vdir 和 vdel。

- vdir 用于显示制定库中的内容，命令格式如下。

```
vdir -lib <library_name>
```

对应的 GUI 操作：在对话框中选择“Library”选项卡，然后展开所选库即可，如图 4-24 所示。

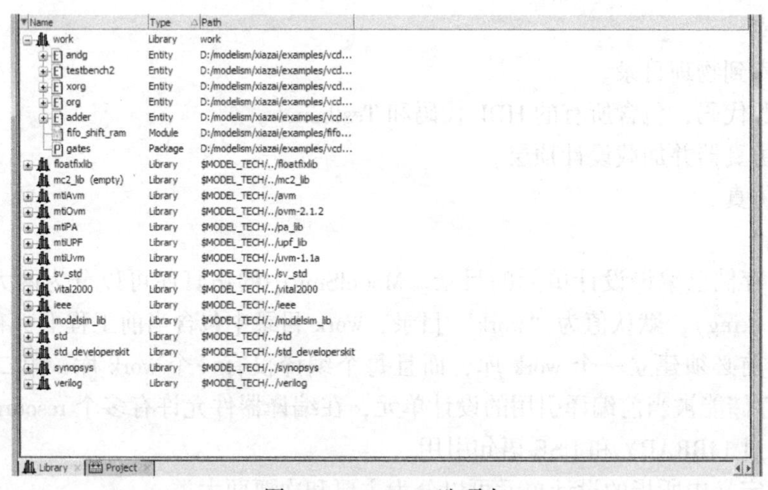

图 4-24　Library 选项卡

- vdel 用来删除整个库或者库内的设计单元，命令格式如下。

```
vdel -lib <library_name> <design_unit>
```

对应的 GUI 操作：在对话框中选择“Library”选项卡，选中要删除的库，右击鼠标，在弹出的菜单中选择“Delete”命令即可。

3. 编译源代码

VHDL 与 Verilog 的编译方法略有不同。VHDL 源文件的 GUI 模式的编译方法：直接执行主窗口“Compile”菜单中各种不同的编译命令。命令行模式的命令格式如下。

```
vcom -work <library_name> <filel>. vhd <file2>. vhd
```

VHDL 源文件编译时注意事项如下。

- 编译顺序由文件的顺序决定。
- 编译顺序为先 Entity 后 Architecture，先 Package 声明后 Package 主体，每个设计单元必须在引用前已经编译好，Packages 在被 Entity/Architectures 调用前应该已经编译过，Entities/Configurations 在被 Architectures 引用前事先编译，最后编译的是 Configurations。
- 默认 VHDL 格式为 VHDL 87 标准，可以在 GUI 界面通过“Default Options”或在命令行中加入“-93”这一参数将言语格式设为 VHDL 93 标准。
- 默认编译到 work 库中。

Verilog 源文件的 GUI 模式的编译方法：直接执行主窗口“Compile”菜单下的各种不同的编译命令。命令行模式的命令格式如下。

```
vlog -work <library_name> <filel>. v <file2>. v
```

Verilog 源文件编译时注意事项如下：

- 编译顺序由文件出现顺序决定，但文件编译顺序并不重要。
- 支持增量化编译（Incremental Compilation）。
- 默认编译到 word 库中。

所谓增量编译，是指仅当文件内容改变时才对文件进行重新编译。ModelSim 在编译 Verilog 源代码时支持手动或自动指定增量模式。

GUI 模式编译文件的快捷方法：选择“Project”选项卡，然后选中需要操作的文件，右击鼠标，在弹出菜单中选择“Compile”子菜单中的各种操作命令。

编译时发生的错误信息会在主窗口的消息显示窗上报给用户，双击编译错误，ModelSim 会自动打开相关的源文件并定位错误。这个特性极大地方便了代码调试。

4. 启动仿真器并加载设计顶层

这一步的 GUI 操作方法：执行主菜单中的“Simulate”→“Start Simulate”命令。命令行模式对应命令如下。

```
vsim [options] [[<library>.]<top_level_design_unit>[(<secondary>)]]
```

VHDL 的顶层为 Entity 或 Architecture 结构，也可以选择 Configuration。Verilog 可以仿真多个顶层。

5. 执行仿真

执行仿真前一般应该先打开相应的观察窗口。GUI 模式操作方法是在主菜单中选择“View”菜单中的相应窗口命令。常用的窗口有结构窗口、源程序窗口、信号窗口、变量窗口和波形窗口，但要注意，每个窗口在运行器件时都要占用一定的内存与 CPU 资源。

GUI 模式下执行仿真可以在主菜单下选择“Simulate”→“Run”命令，也可以在 Wave、Source 等窗口使用快捷按钮。

此时设计者就可以根据各个窗口的反馈信息判断结果是否与设计意图一致，从而进行调试。

4.2.2 功能仿真

功能仿真的作用是对源代码进行编译，检测在语法上是否正确，如果发现错误，就提供出错的原因，设计者可以根据提示进行修改。编译通过后，仿真器再根据输入信号产生输出，根据输出可任意判断功能是否正确。如果不正确，需要反复修改代码，直到语法和功能都达到要求。功能仿真仅仅验证设计代码是否可以完成预定功能，不考虑实际的延迟消息，所以当某一输入激励发生变化时，产生的响应会立刻在输出端，即输入和输出之间没有时间的延迟。时序仿真加入了信号传输需要的时间延迟，这种延迟信息一般来自厂商，例如，FPGA 厂商或 IC 设计厂商会提供一个元件库或设计库，库中包含了该厂商对不同基本器件的延时描述，根据这些库来计算当前设计在实际电路中可能出现的延迟状态，对这种延迟状态进行仿真。功能仿真一般在设计代码完成后进行，验证功能是否正确，如果正确则表示可以尝试进行综合，在综合之后就会根据综合时的约束设置产生时序信息，这时可以进行时序仿真，验证设计是否满足时序要求，主要是 setup time（建立时间）和 hold time（保持时间）的检查。

ModelSim 可以方便并独立地进行功能仿真，但是由于没有器件库，不能进行时序仿真，需要使用第三方的软件进行协同后仿真，所以本节中仅以功能仿真为例介绍如何使用 ModelSim 的各种功能。

1. WLF 文件和虚拟对象

WLF 文件是 Wave Log Format 的缩写，即波形记录的一种格式。WLF 文件采用二进制的形式书写并被用来驱动调试窗口，这个文件中包含着被标记出的对象数据和对象的设计层次，可以记录全部的设计或者选择感兴趣的对象进行指定记录，并可以方便地调用存储的 WLF 文件进行观察和波形比较。

一个 Dataset 就是一个先前被载入到 ModelSim 中的仿真文件的副本。每个 Dataset 都有一个逻辑名称，用来指明该 Dataset 文件是用于何种命令下，这个逻辑名称作为一个前缀。当前正在仿真的前缀名为“sim:”，其他情况按文件定义名称显示。Dataset 可以显示在波形窗口中。

2. 利用波形编辑器产生激励

进行仿真分析时，需要提供设计模块和激励模块。设计模块描述设计功能，激励模块提供测试向量，测试向量又可称为激励。在 ModelSim 中激励产生的方式有两种：一种是通用式的，即使用编程语言描述一系列激励；另一种是利用 ModelSim 自带的波形编辑器生成激励。

（1）创建波形

创建波形前首先需要有编译好的设计单元，这是必须的。有了设计单元后，可以通过三种途径启动波形编辑器，分别是从库中启动波形编辑器、从结构选项卡 sim 中启动波形编辑器和从 Object 窗口中启动波形编辑器。

编译通过的设计单元会映射到库中，在库中选定需要创建激励的设计单元，使用右键菜单，选择其中的“Create Wave”。ModelSim 会自动识别设计单元的输入输出端口列表，在波形窗口中把这些端口一一列出。

如果存在激励文件时，仿真启动的顶层单元一般是激励文件。当没有激励文件时，仿真启动的顶层单元就是设计文件的顶层。启动仿真后在 sim 选项卡中也可以使用右键菜单中的"Create Wave"命令启动波形编辑器。

从 sim 选项卡中创建波形，波形编辑器的波形列表会是选中设计单元的全部端口。有些时候不需要观察全部端口，这时可以选择 Object 窗口中的部分端口，同样使用右键菜单启动波形编辑器。

以上三种方式略有不同。从库中启动波形编辑器时，波形编辑器的时间刻度是 ModelSim 中默认的最小刻度，即默认刻度是 1 ns，这样可能会带来影响。例如，如果设计单元中指定了时间刻度是 ps 级或 ms 级，这时生成波形的刻度就显得过大或过小。另外两种方式由于是在仿真后启动的，设计单元的时间刻度都已经读入了 ModelSim 内核中，所以此时启动波形编辑器，会采用设计中需要的时间刻度。为避免引入不必要的麻烦，推荐使用后两种方式。

(2) 编辑波形

建立波形后，可以对生成的波形文件进行编辑。编辑波形可以通过命令形式或使用菜单操作，由于波形文件比较直观，使用菜单操作起来方便快捷，命令形式不是很直观。

通过上一小节的学习，大家知道仿真的常用运行方法有用户界面模式（GUI）和交互命令模式（Cmd），两者互相联系，都可以完成大多数常用的仿真功能。下面我们选择 GUI 模式进行演示。

1. 建立仿真工程

点击"File"→"New"→"Project"，会出现如图 4-25 所示的界面，在"Project Name"中我们输入建立的工程名字为 divclk1，在"Project Location"中输入工程保存的路径为 D:/modelsim/xiazai/examples，注意 ModelSim 不能为一个工程自动建立一个目录，这里最好是自己在"Project Location"中输入路径来为工程建立目录，在"Default Library Name"中指定将设计文件编译到哪一个库中，这里使用默认值，这样，在编译设计文件后，"Workspace"窗口的 Library 中就会出现 work 库。这里我们输入完以后，单击【OK】按钮。

单击【OK】按钮后，出现如图 4-26 所示的界面，可以单击不同的图标来为工程添加不同的项目，单击"Create New File"可以为工程添加新建的文件，单击"Add Existing File"为工程添加已经存在的文件，单击"Create Simulation"为工程添加仿真，单击"Create New Folder"可以为工程添加新的目录。这里我们单击"Create New File"。

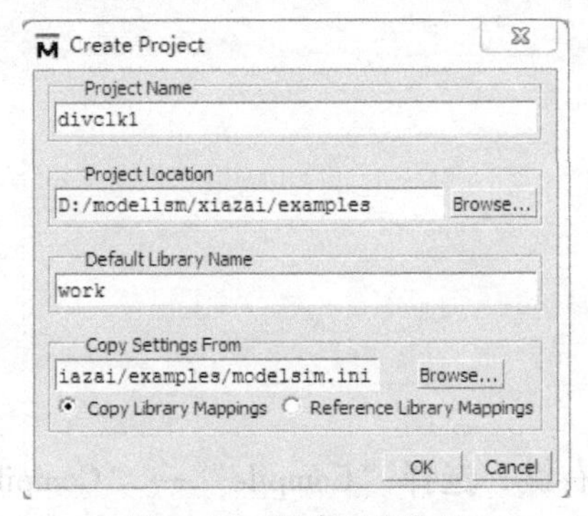

图 4-25　新建工程窗口

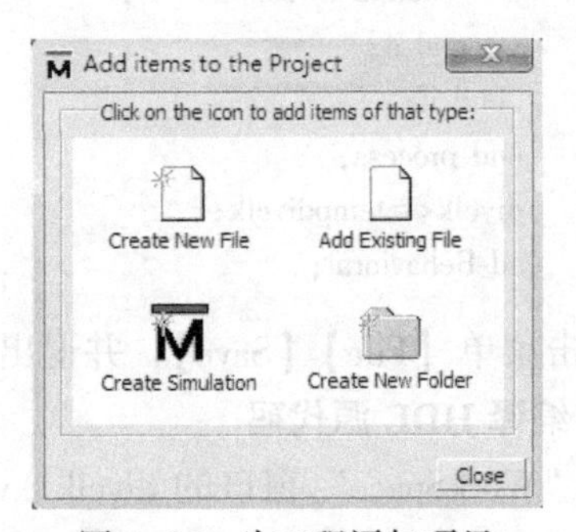

图 4-26　为工程添加项目

单击“Create New File”后，界面如图4-27所示，在“File Name”中输入divclk1作为文件的名称；“Add file as type”的输入文件的类型有VHDL、Verilog、TCL和text，这里使用默认设置VHDL；“Folder”为新建的文件所在的路径；“Top Level”为在我们刚才所设定的工程路径下。单击【OK】按钮，并在Add items to the Project窗口单击【Close】按钮关闭该窗口。

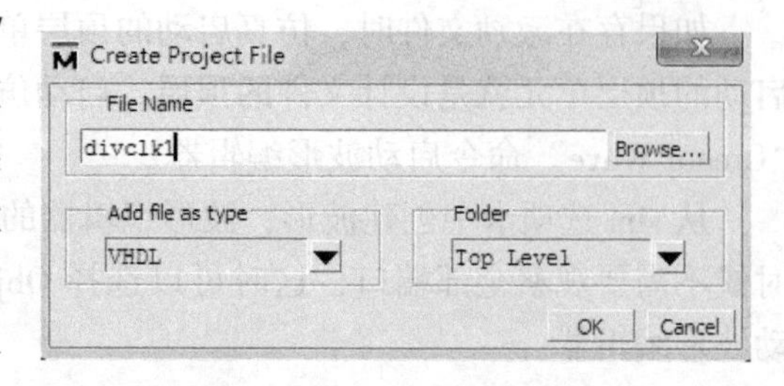

图4-27 为工程添加新文件

单击【Close】按钮关闭该窗口后“Workspace”窗口中出现了“Project”选项卡，在其中有divclk1.vhd，其状态栏有一个问号，表示未编译，双击该文件，这时候出现窗口edit-divclk1.vhd的编辑窗口，在其中输入设计文件如下：

```
library IEEE;
use IEEE.STD_LOGIC_1164.ALL;
use IEEE.STD_LOGIC_ARITH.ALL;
use IEEE.STD_LOGIC_UNSIGNED.ALL;

entity divclk1 is
    Port  ( clk : in std_logic;
            divclk : out std_logic);
end divclk1;

architecture Behavioral of divclk1 is
signal counter : std_logic_vector(4 downto 0):="00000";
signal tempdivclk: std_logic:='0';
 begin
 process(clk)
 begin
  if clk'event and clk='1' then
    if(counter>="11000") then
    counter<="00000";
    tempdivclk<=not tempdivclk;
  else
     counter<=counter+'1';
    end if;
  end if;
 end process;
 divclk<=tempdivclk;
end Behavioral;
```

单击菜单【File】【Save】，并退出该窗口。

2. 编译HDL源代码

在“WorkSpace”窗口的divclk1.vhd上单击右键，选择“Compile”→“Compile All”，如图4-28所示。

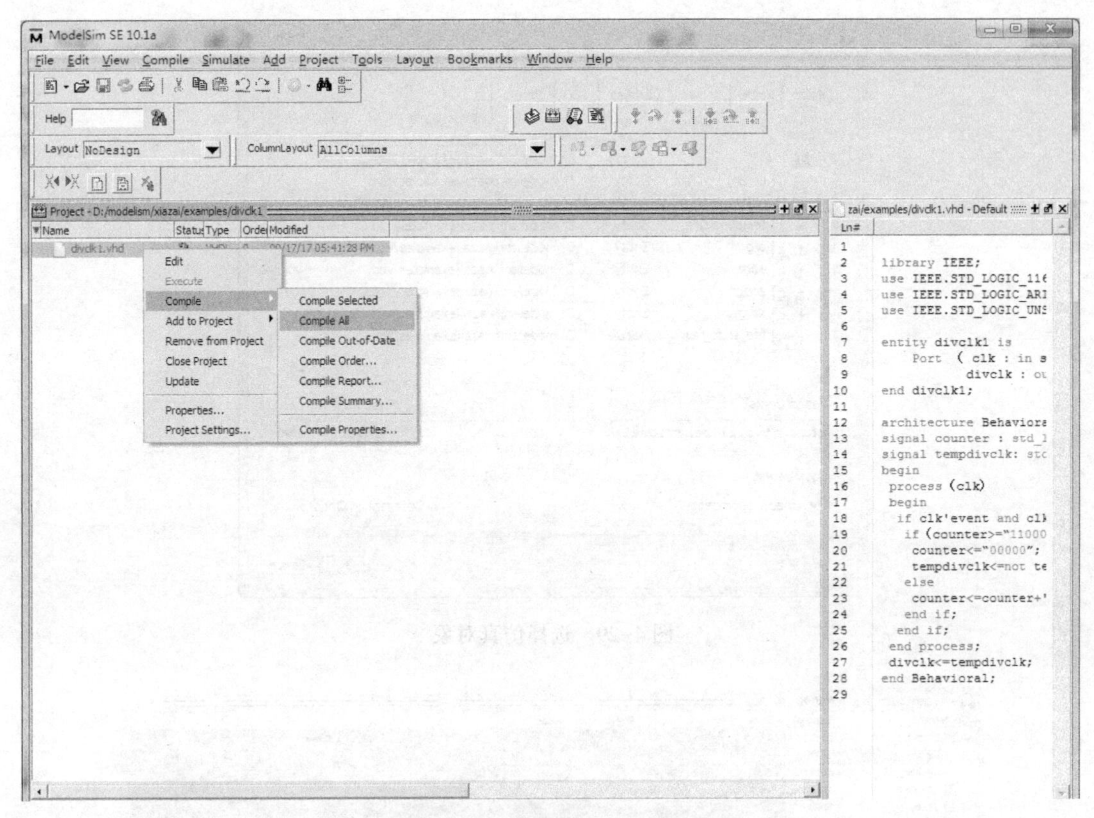

图 4-28　编译设计中的文件

在脚本窗口中将出现一行绿色字 Compile of divclk1. vhd was successful. ，说明文件编译成功，在该文件的状态栏后有一绿色的对号，表示编译成功。

3. 启动仿真器

下面开始仿真，单击菜单“Simulate”→“Start Simulation”，会出现如图 4-29 所示的界面，展开 Design 选项卡下的 work 库，并选中其中的 behavioral，这时在“Simulate”中出现了“work. divclk1（behavioral）”，表示所要仿真的对象，Resolution 为仿真的时间精度，这里使用默认值，单击【OK】。

为了能够观察到波形，单击菜单“View”→“Wave”。这时候出现的“Wave”窗口为空，里面什么都没有，要为该窗口添加需要观察的对象，首先在主窗口而不是波形窗口中单击“Add”→“To Wave”→“Signals in Design”，这时候在波形窗口中就可以看到这些信号了，如图 4-30 所示。

4. 执行仿真

在主窗口中输入命令对信号进行驱动，首先为时钟信号输入驱动：force clk 0 0，1 10000 -r 20000。其中 force 为命令，clk 表示为 clk 信号驱动，0 0 表示在零时刻该值为 0，1 10000 表示在 10 ns 处值为 1，-r 20000 表示从 20 ns 处开始重复（Repeat），可以看出这里的输入时钟为 50 MHz，即周期为 20 ns。以十进制查看 counter 信号波形，在波形窗口中，右击 counter 信号，再单击“Radix->Decimal”，该信号的值就以十进制显示了。

开始仿真，在主窗口中输入“run 3us”，表示运行仿真 3 微秒，仿真比较占资源，并且

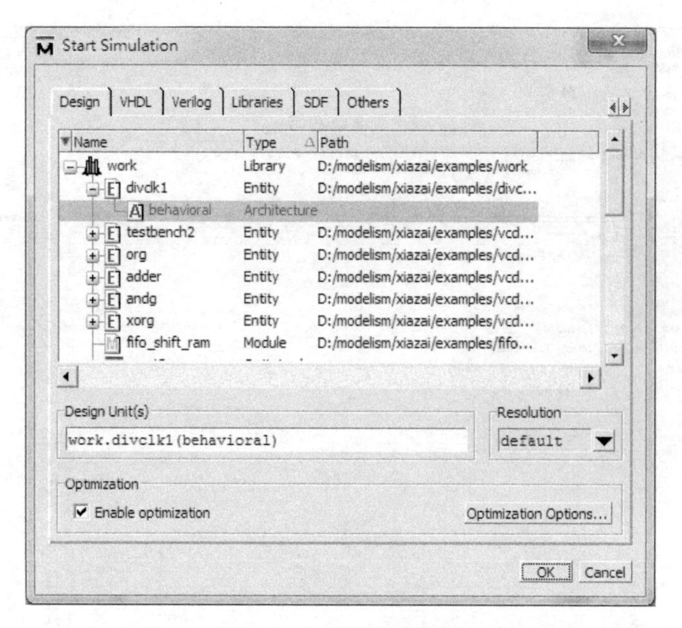

图 4-29　选择仿真对象

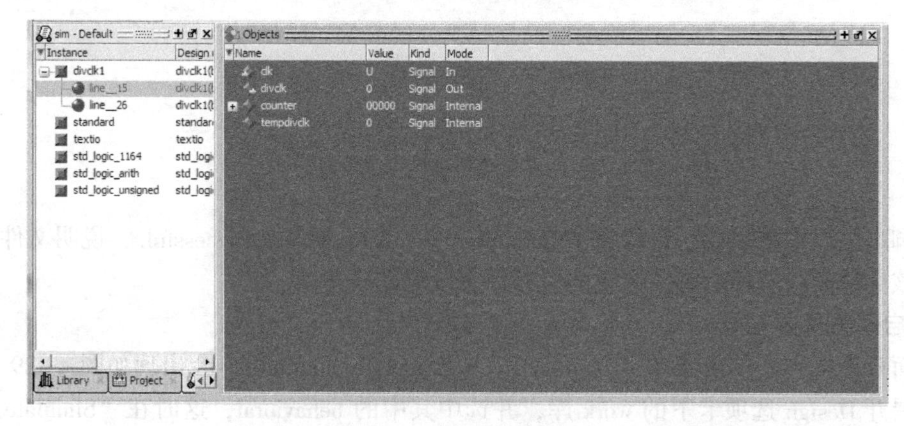

图 4-30　信号列表窗口

以后对波形的操作机器反应也很慢，如果仿真很慢，可以看看状态栏的当前仿真时间是多少。

然后单击🔍按钮，可以在当前波形窗口中显示所有波形，单击按钮可以在波形窗口添加竖线，单击按钮可以调整选定竖线在选定信号的变化处。之后可以在波形窗口看到图 4-31 所示的窗口，可以看到分频得到的时钟占空比为 1，即一个周期内容为 1 的时间等于波形为 0 的时间，分频后周期为 1 微秒。

5. 仿真分析

仿真结果分析，这里我们的输入时钟为 50 MHz，周期为 20 ns，通过分频语句得到频率为 1 MHz，周期为 1 微秒的时钟，使用时可以调整分频语句 if（counter>= "11000"）中的值及位宽来调整分频后的时钟频率。设我们需要从周期为 T（ns）的时钟得到周期为 X（ns）的脉冲，可以用如下的方法计算出此处应有的值：((X/T)/2)-1，例如此处我们要从周期

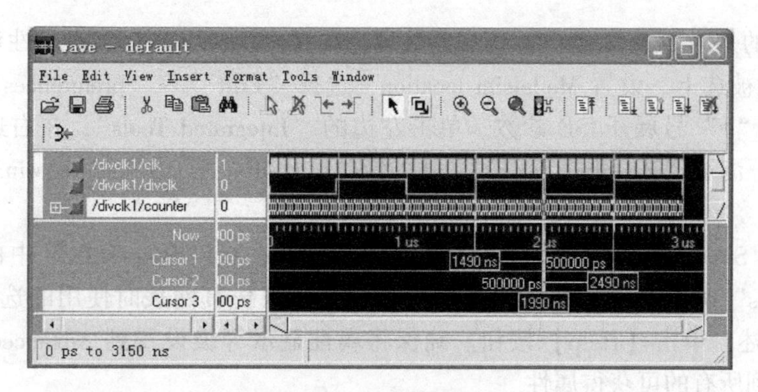

图 4-31　仿真波形窗口

为 20 ns 的时钟得到周期为 1000 ns（1 μs）的脉冲，((X/T)/2)-1=((1000/20)/2-1)=24=(11000)Bin 因此可以得到该式中的值。

4.2.3　时序仿真

时序仿真使用块和布线设计产生的布线延迟信息，从而能够对最坏情况下的电路行为给出一个更精确的评估。因此，当设计经布局布线后，需要进行时序仿真。时序仿真是完整设计流程中非常重要的步骤。时序仿真充分利用了布局布线后产生的详细定时和设计布局信息。因此，时序仿真更能反映出器件真实的工作状态，时序仿真还可以发现在只进行静态时序分析时不会发现问题。为了对设计进行完整的验证，设计应该进行静态和动态的分析。本章中，使用 ModelSim 仿真工具完成对设计时序仿真。

为了完成对设计的时序仿真，需要以下文件。

1）HDL 设计文件（VHDL 或 Verilog）。本章中将使用 NetGen 工具，从布局布线设计中产生仿真网表，用于描述该设计的网表将被用来完成时序仿真。

2）测试平台文件（VHDL 或 Verilog）。为了对设计进行仿真，需要一个测试平台。可以使用与行为仿真同样的测试平台。

3）指定仿真器工具。

1. 设置属性

选择对设计进行仿真所需的仿真器，下面给出配置的步骤。

1）在 Sources 选项卡下，右击设备行，选择“Properties”。在工程属性对话框中的仿真器值域处单击向下箭头，从而显示仿真器列表。

2）需要注意的是，在 ISE 里的“Project Navigater”中，集成了 ModelSim 仿真器和 ISE 仿真器。选择不同的仿真器将为 Netgen 设置正确的选项来创建一个仿真网表，但是 ISE 中的 Project Navigator 不会直接打开仿真器。在仿真器值域选择正确版本和语言的 ISE Simulator（VHDL 或 Verilog）或 ModelSim。

通过上面的步骤，可以指定仿真时所需要的仿真器。时序仿真过程的属性设置步骤如下。

1）在 Sources 选项卡下，在“Sources for”域中选择“Post-Route Simulation”。

2）选择测试平台 stopwatch-tb 文件。

3）在 Processes 选项卡下，单击“ModelSim Simulator”处的“+”号，将其分层显示。

需要注意的是，如果 ModelSim 仿真器处理选项没出现，可能在工程属性对话框中 ModelSim 仿真器没被选上。设置 Madelsim location，选择“Edit”→“preferences”，单击“ISE General”处的“+”号展开 ISE 参数。单击左边的“Integrated Tools”，在右边“ModelTech Simulator”下，浏览“ModelSim. exe”文件的定位，比如 c: \modelteh_xe \win32xoem \ModelSim. exe。

4）右击“Simulate Post-Place & Route Model”，选择“Properties”中的“Simulation Model Properties”类选项，这些属性设置 NetGen 在生成仿真网表时使用的选项。关于每个属性的详细描述，单击【Help】按钮。确保将属性显示等级设置到 Advanced。通过 global setting 可以看到所有的可获得属性。

5）执行仿真。启动时序仿真，双击“Simulate Post-Place and Route Model”。ISE 将运行 NetGen 来创建时序仿真模型。ISE 将调用 MedelSim，创建工作目录，编译源文件，加载设计，特定时间设置下运行仿真。

需要注意的是，本设计大部分运行在 100Hz，需要占用很长时间进行仿真。这就是为什么在很短的仿真时间内计数器看起来好像没工作一样，为了验证是否正确工作，需对 DCM 信号进行检测。

2. 信号添加

仿真过程中需要对信号进行查看，必须首先添加这些信号到 Wave 窗口。ISE 自动添加所有顶层设计文件的端口到波形窗。附加信号在信号 signal 窗口中进行显示，其中信号窗口基于在结构窗口中所选的结构。下面两种方法可以添加信号到仿真工具的波形中

1）从“Signal/Object window”中拖到“Wave windows”。

2）选择“Signal/Object window”中的信号，使其高亮显示，选择“Add”→“Wave”→“Selected Signals”。

下面给出在设计层添加其他信号的步骤。

1）在“Structure/Instance”窗口，单击“uut”旁边的“+”号进行层次展开。“Structure/Instance”窗口针对 Verilog 或 VHDL 的图形和布局可能会不同。

2）单击“Structure/Instance”窗口，选择“Edit”→“Find”。

3）在搜索框键入“X_DCM”，选择“Entity/Module”。

4）一旦 ModelSim 中存在“X_DCM”，选择“X_DCM”，单击“Signal/Objects”窗口。DCM 所有的信号名称都被列出。

5）选择“Signal/Objects”窗口，选择“Edit”→“Find”。

6）在搜索框链入“CLKIN”，选择“Exact”检查框。

7）单击“CLKIN”，并将“CLKIN”从“Signal/Objects”窗口拖到“Wave”窗口。

8）单击并将信号 RST、CLKFX、CLKO、LOCKED，从“Signal/Objects”窗口拖到波形窗口。

3. 信号的分类

ModelSim 可以在 Wave 窗口添加分类功能，从而更容易区分信号。下面给出添加 DCM 信号分配器的步骤。

1）单击“Wave”窗口任意位置。

2）如果必要，展开窗口，将窗口最大化以便更好地观察波形。

3）右击“Wave”窗口，单击“Inset”→“Divider”。

4）在分配器名称栏输入“DCM Signals”。

5）单击并拖曳新创建的分配器到CLKIN信号的上方。

6）给出仿真波形的界面。

注意，重新添加的信号波形并没有显示出来。这是因为ModelSim没有对这些信号数据进行记录。默认状态下，在运行仿真过程中，ModelSim只记录那些已添加到Wave窗口中的信号数据。

4. 仿真运行

下面给出重启和重新运行仿真的步骤。

1）单击“Restsrt Simulation”图标。

2）打开重启对话框，单击【Restart】按钮。根据ModelSim命令提示，输入run 2000 ns，按〈Enter〉键。

3）仿真持续运行2000 ns。在Wave窗口将看到DCM波形。

5. 信号分析

分析DCM信号来验证它是否按所希望的情况工作。CLK0需要设置为50 MHz，CLKFX应该设成26 MHz。在LOCKED信号变高之后，应该对DCM信号进行分析。在LOCKED信号变高之前，DCM信号输出是不正确的。

ModelSim可以添加光标，从而精确测量信号间的距离。下面给出测量CLK0信号的步骤。

1）选择“Add”→“Cursor”两次，在波形观察窗口放置两个指针。

2）在LOCKED信号变高后，单击并拖拉第一个指针到CLK0信号的上升沿。

3）单击并拖拉第二个指针到第一个指针的右侧。

4）单击“Find Next Transition”图标两次，移动指针到CLK0信号的下一个上升沿。

5）观看波形底部，查看两指针间的距离。测量时每秒应该读20000次，即50 MHz，其为测试平台的输入频率，也是DCM CLK0的输出频率。

6）按照同样的步骤测量CLKFX，测量时每秒应该读38462次，即大约26 MHz。

通过上面的步骤，完成对信号的测量和分析。

6. 结果保存

ModelSim仿真器可以在“Wave”窗口保存信号列表。在添加新信号后，或者仿真被重新运行后保存信号列表。每次启动仿真，所存的信号列表就会被加载。下面给出结果保存的步骤。

1）在“Wave”窗口，选择“File”→“Save Format”。

2）在“Save Format”对话框，对文件进行重命名。

3）单击【Save】按钮。

4）重新运行仿真，在“Wave”窗口选择“File”→“Load”重新加载文件。

4.3 高级操作与应用

本节将介绍ModelSim仿真器的一些常用的高级操作，善用这些操作可以有效提高仿真的效率。

1. DO 文件

在 GUI 界面下操作仿真流程费时费力，而且容易误操作，而使用 Cmd 流程也只能单步操作，对于大型工程而言，仿真过程相当耗时，如何能将工程师从烦琐的单步操作中解脱出来呢？其实 ModelSim 还提供了类似于批处理文件方式的仿真流程，读者根据 ModelSim 提供的命令或者 Tcl/Tk 语言的语法，将仿真 Cmd 流程的仿真命令依次编写到扩展名为“DO”的宏文件中，然后直接执行这个 DO 文件，就可以完成整个仿真流程。通过 DO 文件仿真可谓一劳永逸，编写 DO 文件比较麻烦，但是 DO 文件的执行过程可以将工程师从 GUI 和 Cmd 的单步操作与等待中解脱出来。这种 DO 文件可以在 ModelSim 的 GUI 中执行，也可以不启动 ModelSim 而直接在操作系统的命令行中执行。

可以通过任何一个文本编辑器创建一个 DO 文件，也可以在 ModelSim 主窗口中使用“File”→“Transcript”→“Save Transcript as”命令，将执行过的所有命令保存成一个 DO 文件。可以在主窗口中选择“Tools”→“Execute Macro”命令执行一个 DO 文件，或者直接使用 do <your_file_name>.do 命令执行 DO 文件。需要注意的是，DO 命令只可以在 ModelSim 的命令控制台中使用而不能用在操作系统的命令行中。

2. force 命令

ModelSim 支持使用“force”命令为 VHDL 信号和 Verilog 线网提供激励。“force”命令的基本语法格式为：

```
force <item_name> <value> <time>,<value> <time>
```

使用 force 命令可以方便地驱动组合逻辑和线网，提供特殊需求的仿真，可以在扩展名为“DO”的宏文件中使用它，也可以在主窗口的命令控制台直接输入 force 命令，force 命令中进制符号为“#”。为了加深印象，下面是一些常用 force 命令格式举例。

```
force/clk 0
```

强制信号 clk 在当前仿真时间为“0”。

```
force/bus1 01XZ 100 ns
```

强制信号 busl 在当前仿真时间点后 100 ns 时间后为“01XZ”。

```
force/clk 0 0,1 50-repect 30-cancel 1000
```

强制信号 clk 在当前仿真时间点后为“0”，在当前仿真时间点后的 50 个时间单位后为“1”，并将这种变化每 30 个时间单位重复执行一次，直到当前时间点后 1000 个时间单位为止。因此下一个 clk=1 发生在当前时间点后的 80 个时间单位处。

3. WLF 文件

ModelSim 仿真器运行仿真过程中会自动产生一个波形日志格式文件（WAF，Wave Log Format）。WLF 文件提供了一组仿真的数据集，在这个数据集中记录了指定层次中信号、变量等的仿真数据，可以在仿真结束后使用这个文件对仿真过程进行精确回放，同时可以使用这个文件与正在进行的仿真数据进行对比，得到不同仿真波形的时序差异。

在 ModelSim 中可以同时加载很多个这样的数据集合，每一个数据集使用一个逻辑前缀来指示，当前活动的仿真数据集使用“sim:”前缀，其他数据集模型使用 WLF 文件的名称作为前缀，同时打开的所有数据集合使用的仿真时间精度要一致。

如果在仿真过程中给数据流窗口、列表窗口或者波形窗口中添加了项目，那么在当前的工作目录下会产生一个名称为“vsim. wlf”的 WIF 文件，如果在相同的目录进行了新的仿真，这个文件会被新产生的仿真数据覆盖。

可以通过以下各种方法保存一个 WLF 文件。

- 在主窗口中使用“File”→“Save”→“Sim Dataet”命令。
- 在波形窗口中使用“File”→“Save Dataset”→“Sim”命令。
- 在命令行使用 vsim 命令时给出 wlf 参数。
- 在命令控制台直接使用 Dataset Save 命令。

打开一个数据集合可以使用以下两种方法。

- 在主窗口中使用“File”→“Open”→“Dataset”命令。
- 在命令控制台直接使用 Dataset Open 命令。

在打开数据集合的对话框中有两个不同的域:“Dataset Pathname”用来指定存放 WLF 文件的路径以及文件名称。“Logical Name for Dataset”可以指定数据集合的逻辑名称，这个名称将显示在数据集合的前缀中，如果不指定将默认使用 WLF 文件的文件名称。

4. ModelSim. ini 和 startup. do 文件

ModelSim. ini 是一个 ASCII 文件，用以存储 ModelSim 编译和仿真的控制信息与参数。默认存放在 ModelSim 的安装目录下。ModelSim. ini 文件主要包含的内容如下。

- 指明所连接的仿真库的路径。
- 指明 startup 文件的路径。
- 指明 ModelSim 的环境变量。

有经验的用户可以手动更改 ModelSim. ini，如将一些常用的仿真库映射到系统中，但如果更改不当，容易造成 ModelSim 非法退出。

所谓 startup. do 文件是一个在 vsim 启动前默认执行的 DO 文件，高级用户可以通过这些文件加载一些常用的工作，ModelSim. ini 中默认包含 Startup = do startup. do 命令。用户可通过更改上述命令的路径，以达到启动自己编写的 startup. do 文件的目的。

5. 波形比较

ModelSim 工具提供了波形比较的功能，使用这个功能可以将当前正在进行的仿真与 WLF 文件进行比较，比较的结果可以在波形窗口或者列表窗口中查看，也可以将比较的结果生成一个文本文件。

波形比较时可以指定特定的信号或者边界进行比较，还可以定义比较公差，也可以设置比较的开始以及结束时间点等。

进行波形比较时，工具提供连续模式和时钟模式两种不同的比较模式，连续模式是每个参考信号进行跳变时都将测试信号和参考信号进行比较的一种方式；时钟模式是测试信号和参考信号都使用相同的时钟进行采样，然后对两者的采样值进行比较，在这种模式下可以使用时钟的上升沿、下降沿或者双沿进行采样。

一般的波形比较大致需要以下几个步骤。

- 指定需要进行比较的数据集合或者仿真过程。

• 指定比较的边界以及信号。
• 运行比较过程。
• 查看比较结果。

6. SDF 文件

SDF（Standard Delay Format Timing Annotation，标准延时格式反标文件）是在仿真中经常提到的一个名词，时序仿真就是经过实现以后产生一个仿真模型，给这个仿真模型添加了时序标注之后的仿真。

对于一般的设计者来说不必了解 SDF 文件的细节，这个文件一般由器件厂家提供一些工具来产生对应于自己器件的时序标注文件。在 FPGA/CPLD 设计中，SDF 时序标注文件都是器件厂家通过自己的开发工具提供给设计者的，Altera 的 FPGA 设计中使用“. sdo”作为时序标注文件的扩展名。在 SDF 标注文件中对每一个底层逻辑门提供了 3 种不同的延时值，分别是典型延时值、最小延时值和最大延时值。在对 SDF 标注文件进行实例化说明时必须指定使用了哪一种延时值，例如需要使用 SDF 文件 myfgpa. sdf 中的最大延时值标注顶层“testbench”下的“u1”模块，那么在 ModelSim 中就需要使用 vsim -sdfmax/testbench/u1 = myfpga. sdftestbench 命令。

一般的设计中都会有很多子模块，而每一个子模块都可以使用不同的 SDF 标注文件，例如 vsim-sdfmax/system/u1=fpga. sdf-sdfrmin/system/u2=fpga2。

sdf system 命令使用 fpga1. sdf 文件中的最大延时标注 System 系统下的子模块 u1，而使用 fpga2. sdf 文件中的最小延时标注 System 系统下的子模块 u2。

用户也可以在加载仿真时指定时序标注文件。

7. VCD 文件

VCD 文件是在 IEEE 1364 标准中定义的一种 ASCII 文件，在这个文件中包含了头信息、变量的预定义和变量值的变化等信息。在 Verilog 语言中支持 VCD 的系统任务，并可以通过在 Verilog 源代码中使用 VCD 系统任务来生成 VCD 文件。ModelSim 中提供了与 IEEE 1364 定义的 VCD 系统任务等效的仿真命令，并且对它进行了扩展，使其可以支持 VHDL 的设计，所以在 ModelSim 中等效的 VCD 命令可以在 VHDL 和 Verilog 设计中使用。

在 ModelSim 中创建 VCD 文件的过程包含两个不同的流程，一个流程可以提供四态的 VCD 文件，参数在 0/1/X/Z 之间变化，没有信号的强度信息；另外一个流程提供一个扩展的 VCD 文件，这个文件包括参数的全部状态变化以及强度信息。

第5章　Verilog HDL 概述与基本语法

5.1　Verilog HDL 概述

现代计算机中应用比较广泛的是数字信号处理集成电路，它在数字逻辑系统中的基本单元是与门、或门和非门。这些门元件既可单独实现相应的开关逻辑操作，又可以构成各种触发器，实现状态记忆。在数字电路课程中，主要学习如何设计一些简单的组合逻辑电路和时序逻辑电路。但是如何设计一个复杂的数字系统，以及如何验证设计的系统功能是否正确同样是非常重要的问题。本章就讲解如何利用 Verilog 硬件描述语言来设计和验证这样一个复杂数字电路的方法。

5.1.1　什么是 Verilog HDL

硬件描述语言（Hardware Description Language，HDL）是一种利用形式化方法来描述数字电路和系统的语言。设计者可以利用 HDL 从上层到下层（从抽象到具体）逐层描述自己的设计思想，用一系列分层次的模块来表示极其复杂的数字系统。

Verilog HDL 是一种用于数字逻辑系统设计的硬件描述语言，可以用来进行数字逻辑系统的仿真验证、时序分析、逻辑综合。它是目前应用最广泛的一种硬件描述语言。Verilog HDL 既是一种行为描述语言，也是一种结构描述语言，既可以用电路的功能描述，也可以用元器件及其之间的连接来建立 Verilog HDL 模型。

5.1.2　Verilog HDL 的产生和发展

Verilog HDL 最初由 Gateway Design Automation（简称 GDA）公司的 Phil Moorby 在 1983 年创建。Phil Moorby 后来成为 Verilog-XL 的主要设计者和 Cadence 公司的第一个合伙人。在 1984~1985 年间，Moorby 设计出了第一个名为 Verilog-XL 的仿真器；1986 年，他对 Verilog HDL 的发展又做出了另一个巨大贡献——提出了用于快速门级仿真的 XL 算法。

随着 Verilog-XL 算法的成功，Verilog HDL 得到迅速发展。1989 年，GDA 公司被 Cadence 公司收购，Verilog HDL 成为私有财产。1990 年，Cadence 公司公开发表 Verilog HDL，并成立 OVI（Open Verilog International）组织来负责促进 Verilog HDL 的发展。在 OVI 的努力下，1995 年，IEEE 制定了 Verilog HDL 的第一个国际标准，即 Verilog HDL1364—1995；2001 年，IEEE 发布了 Verilog HDL 的第二个标准版本，即 Verilog HDL1364—2001；2005 年发布了 System Verilog IEEE 1800—2005 标准；2009 年发布了模拟和数字电路都适用的 Verilog IEEE 1800—2009 标准，称为 HDVL，该标准使得 Verilog 语言在综合、仿真验证和模块的重用等性能方面都有大幅度的提高。图 5-1 展示了 Verilog 的发展历史。

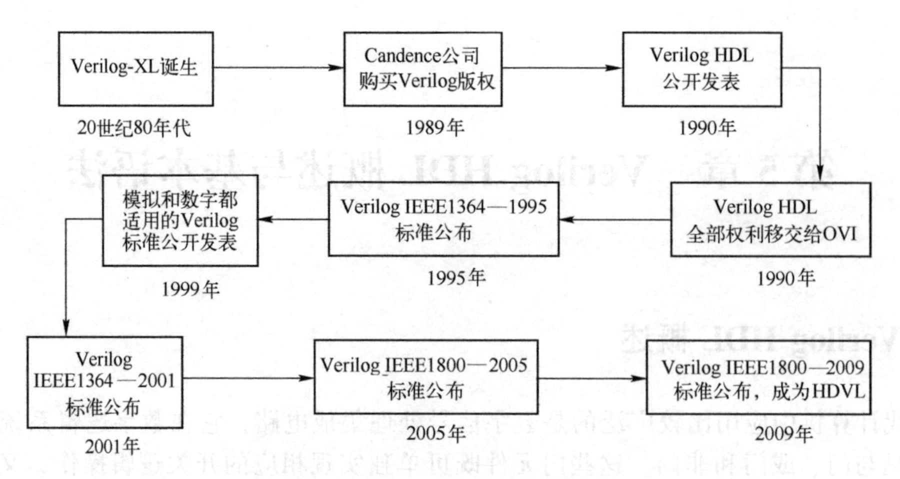

图 5-1　Verilog HDL 的发展历史

5.1.3　不同层次的 Verilog HDL 抽象

所谓不同的抽象类别，实际上是指同一个物理电路，可以在不同层次上用 Verilog 语言来描述。如果只从行为和功能的角度来描述某一电路模块，就称作行为模块。如果从电路结构的角度来描述该电路模块，就称作结构模块。Verilog HDL 模型可以是实际电路中不同级别的抽象，抽象级别可以分为 5 级。

- **系统级**(System Level)：用于高级语言结构（如 case 语句）实现的设计模块外部性能的模型。
- **算法级**(Algorithmic Level)：用于高级语言结构实现的设计算法模型（写出逻辑表达式）。
- **RTL 级**(Register Transfer Level)：描述数据在寄存器之间流动和如何处理这些数据的模型。
- **门级**(Gate Level)：描述逻辑门（如与门、非门、或门、与非门、三态门等）以及逻辑门之间连接的模型。
- **开关级**(Switch Level)：描述器件中晶体管和存储节点及其之间连接的模型。

5.1.4　Verilog HDL 的特点

Verilog HDL 可用于复杂数字逻辑电路和系统的总体仿真、子系统仿真和具体电路综合等各个设计阶段。

Verilog 硬件描述语言的主要能力体现如下。

- 基本逻辑门，例如 and、or 和 nand 等都内置在语言中，可直接调用。
- 用户定义原语（UDP）创建的灵活性。用户定义的原语既可以是组合逻辑原语，也可以是时序逻辑原语。
- 开关级基本结构模型，例如 pmos 和 nmos 等也被内置在语言中。
- 提供显式语言结构指定设计中的端口到端口的时延及路径时延和设计的时序检查。
- 可采用三种不同方式或混合方式对设计建模。这些方式包括：行为描述方式（使用过程化结构建模）；数据流方式（使用连续赋值语句方式建模）；结构化方式（使用门和模块实例语句描述建模)。

- Verilog HDL 中有两类数据类型：线网数据类型和寄存器数据类型。线网类型表示结构实体之间的物理连接，而寄存器类型表示抽象的数据存储元件。
- 能够描述层次设计，可使用模块实例结构描述任何层次。
- 设计的规模可以是任意的，语言不对设计的规模（大小）施加任何限制。
- Verilog HDL 语言的描述能力能够通过使用编程语言接口（PLI）机制进一步扩展。PLI 是允许外部函数访问 Verilog 模块内信息、允许设计者与模拟器交互的例程集合。
- 设计能够在多个层次上加以描述，从开关级、门级、寄存器传送级（RTL）到算法级，包括进程和队列级。
- 能够使用内置开关级原语在开关级对设计完整建模。
- 同一语言可用于生成模拟激励和指定测试的验证约束条件，例如输入值的指定。
- Verilog HDL 能够监控模拟验证的执行，即模拟验证执行过程中设计的值能够被监控和显示。这些值也能够用于与期望值比较，在不匹配的情况下，打印报告消息。
- 在行为级描述中，Verilog HDL 不仅能够在 RTL 级上进行设计描述，而且能够在体系结构级描述及其算法级行为上进行设计描述。
- 能够使用门和模块实例化语句在结构级进行结构描述。
- Verilog HDL 具有混合方式建模能力，即一个设计中的子模块可用不同级别的抽象模型来描述。
- Verilog HDL 还具有内置逻辑函数，例如 &（按位与）和 |（按位或）。
- 对高级编程语言结构，例如条件语句、情况语句和循环语句，语言中都可以使用。
- 可以显式地对并发和定时进行建模。
- 提供强有力的文件读写能力。
- 语言在特定情况下是非确定性的，即在不同的模拟器上模型可以产生不同的结果；例如，事件队列上的事件顺序在标准中没有定义。

5.2 数据类型及运算符

程序最基本的元素是数据，只有确定了数据的类型之后才能确定变量的大小并对变量进行操作。Verilog 的数据类型分为变量和常量两类。

5.2.1 常量

在程序运行过程中，其值不能被改变的量称为常量。Verilog 的常量分为整型、实数型和字符串型、参数四类。

1. 整型常量

整型常量即整常数，有 4 种进制表示形式：二进制（b 或 B）、十进制（d 或 D）、十六进制（h 或 H）与八进制（o 或 O）。整常数的表达方式有以下 3 种格式。

(1) 简单的十进制格式

格式形式：<数字>

这种格式是直接由 0~9 的数字串组成的十进制数，可以用符号“+”或“-”来表示数的正负，默认位宽是32位。

例：

```
32          //十进制数32
-15         //十进制数-15
```

（2）缺省位宽的基数格式

格式形式：' <进制><数字>

符号“ ' ”为基数格式表示的固有字符，不可省略。这种格式采用默认位宽，其宽度由具体的机器系统决定，但至少是32位。

例：

```
'o721    //32位八进制数
'hAF     //32位十六进制数
```

（3）指定位宽的基数格式

格式形式：<位宽>' <进制><数字>

例：

```
8'ha2,8'HA2        字母不区分大小写
4'd2----4位十进制数
6'o27---6位八进制
```

注意：

（1）如果定义位宽比实际位数长，且数值的最高位为0或1时，相应的高位补0；但当数值最高位为x或z时，相应的高位补x或z。

例：

```
10'b10 = 10'b0000000010
10'bx0x1 = 10'bxxxxxx0x1
```

（2）如果定义位宽比实际位数短，最左边截断。

例：

```
3'b10010111 = 3'b111
```

（3）x和z值

x代表不确定值，z代表高阻值。每个字符代表的二进制数的宽度取决于所用的进制。

如：在H中表示二进制数的4位处于x或z；在O中表示八进制数的3位处于x或z；在B中表示二进制数的1位处于x或z。

当用二进制表示时，已表明位宽的数若用x或z表示某些位，则只有在最左边的x或z具有扩展性。为清晰可见，最好直接写出每一位的值。

例：

```
8'bzx=8'bzzzz_zzzx
8'b1x=8'b0000_001x
```

"?"是 z 的另一种表达符号，建议在 case 语句中使用"?"表示高阻态 z。

例：

```
4'b101z    //位宽为 4 的二进制数,从低位数起第一位为高阻值
12'dz      //位宽为 12 的十进制数,其值为高阻值(第 1 种表达方式)
12'd?      //位宽为 12 的十进制数,其值为高阻值(第 2 种表达方式)
```

（4）负数

负号不可以放在位宽和进制之间，也不可以放在进制和具体的数之间，只能写在最左端。

例：

```
-8'd4      //表示 4 的补码
8'd-4      //错误
```

为提高程序的可读性，在较长的数字之间可用下划线_隔开！但不可以用在<进制>和<数字>之间。

如：

```
16'b1010_1011_1100_1111// 合法格式
8'b_0011_1011//非法格式
```

2. 实数型常量

实数可以用十进制与科学计数法两种格式表示，如果采用十进制格式，小数点两边必须都有数字，否则为错误格式。

例：

1.8　　//十进制计数法

3.8e10　　//科学记数法,值为 3.8×10^{10}

2.1E-9　　//可用 E 或 e 表示,2.1×10^{-9}

2.　　//错误格式,小数点右边必须有数字

3. 字符串型常量

字符串常量是由一对双引号括起来的字符序列。出现在双引号内的任何字符（包括空格和下划线）都将被作为字符串的一部分，字符串不能分多行书写。

例：

```
"INTERNAL  ERROR"
```

实际上，每个字符都会被转换成 8 位的 ASCII 码。字符串的作用主要是用于仿真时，显示一些相关的信息，或者指定显示的格式。

4. 参数（parameter）型常量

在 Verilog HDL 中用 parameter 来定义常量，即用 parameter 来定义一个标识符代表一个常量，称为符号常量。使用参数说明的常量只被赋值一次。

为了提高程序的可读性和便于修改，常采用标识符代表一个常量，其格式为：

```
parameter 参数名 1 =表达式,参数名 2 =表达式,……,参数名 n=表达式;
```

parameter 是参数型数据的确认符。确认符后跟着一个用逗号分隔开的赋值语句表。在每一个赋值语句的右边必须是一个常数表达式，也就是说，该表达式只能包含数字或先前已定义过的参数。见下例：

```
parameter    msb=6;                                          //定义参数 msb 为常量 6
parameter    e=24,f=28;                                      //定义两个常数参数
parameter    r=5.6;                                          //声明 r 为一个实型参数
parameter    byte_size= 8,byte_msb= byte_size -1;            //用常数表达式赋值
parameter    average_delay = (r+f)/2;                        //用常数表达式赋值
```

参数型常数经常用于定义延迟时间和变量宽度。在模块或实例引用时，可通过参数传递改变在被引用模块或实例中已定义的参数。下面将通过一个例子进一步说明在层次调用的电路中改变参数常用的一些用法。

例：采用 parameter 定义的 8 位数据比较器，比较结果有大于、等于和小于三种。只需要更改 parameter 参数定义的数据宽度，就可以很容易将程序改为 1 位、4 位或任意位宽的比较器。

```
module compare8(a, b, larger, equal, less)
        parameter   size=8;
        input [ size-1 :0] a, b;
        output larger, equal, less;
        wire larger, equal, less;
        assign   larger = (a>b);
        assign   equal = (a==b);
        assign   less = (a<b);
endmodule
```

5.2.2 变量

在程序运行过程中，其值可以改变的量，称为变量。它用来表示数字电路中的物理连线、数据存储和传输单元等物理量，并占据一定的存储空间，在该存储空间内存放变量的值。

Verilog HDL 的变量体现了其为硬件建模的特性，有下面 4 种基本的逻辑状态。

- 0：低电平、逻辑 0 或逻辑非。
- 1：高电平、逻辑 1 或“真”。
- x 或 X：不确定或未知的逻辑状态。
- z 或 Z：高阻态。

Verilog HDL 中变量的数据类型有很多种，这里只对常用的几种进行介绍。

线网类型主要表示 Verilog HDL 中结构实体之间的物理连线，其数值由驱动元件决定。如果没有驱动元件接到线网上，则其默认值为高阻 z。常用的网络数据类型包括 wire 型和 tri 型，这两种变量都用于连接器件单元。它们具有相同的语法格式和功能，不同的是 tri 型变量用来表示多驱动源驱动的网络型数据，而 wire 型通常用来表示单个门驱动或者连续赋值语句驱动的网络型数据。

1. wire 型

wire 型信号通常表示一种电气连接，例如为模块内部的信号连续赋值，该信号应定义为 wire 型。Verilog 程序模块中输入、输出信号类型默认时自动定义为 wire 型，其格式如下。

```
wire [n-1:0]数据名 1,数据名 2,……数据名 i;
```

或

```
wire [n:1] 数据名 1,数据名 2,……数据名 i;
```

表示共有 i 条总线，每条总线内有 n 条线路。

wire 是 wire 型数据的确认标识符；[n-1:0] 和 [n:1] 代表该数据的位宽，即该数据有几位（bit）；最后跟着的是数据的名字。如果一次定义多个数据，数据名之间用逗号隔开。声明语句的最后要用分号表示语句结束。

例：

```
wire   a;                //定义了一个 1 位的名为 a 的 wire 型数据
wire [7:0]   b,c;        //定义了两个 8 位的名为 b 和 c 的 wire 型数据
wire [4:1]   d;          //定义了一个 4 位的名为 d 的 wire 型数据
```

注意：

wire 型信号可以用作任何表达式的输入，也可以用作“assign”语句或实例元件的输出。wire 型信号取值可为 0、1、x、z，如果 wire 变量没有接驱动源，其值为 z。

2. 寄存器类型

寄存器表示一个抽象的数据存储单元，可以通过赋值语句改变寄存器内存储的值。因此寄存器型变量对应的是具有状态保持作用的电路元件，如触发器或寄存器。

寄存器变量只能在 always 语句和 initial 语句这两个过程语句中通过过程赋值语句赋值，always 和 initial 语句是 Verilog HDL 提供的功能强大的结构语句，设计者可以在这两个结构语句中有效地控制是否对寄存器进行赋值。寄存器变量常用类型如下。

reg：常用的寄存器型变量，用于行为描述中对寄存器类的说明，由过程赋值语句赋值。

integer：32 位带符号整型变量。

time：64 位无符号时间变量。

real：64 位浮点、双精度、带符号实型变量。

realtime：其特征和 real 型一致。

reg 的扩展类型--memory 类型。

其中 real 和 time 型寄存器型变量是纯数学的抽象描述，不对应任何具体的硬件电路，不能被综合。time 主要用于对模拟时间的存储与处理，real 主要表示实数寄存器，用于仿真。

（1）reg 型

reg 型变量是最常用的寄存器类型，这种寄存器型变量只能存储无符号数。reg 型数据的默认初始值为不定值 x。

reg 型数据的格式与 wire 型类似，格式如下：

```
reg [n-1:0]数据名 1,数据名 2,…,数据名 i;
```

或

reg［n:1］　　数据名1,数据名2,…,数据名i;

例:

```
reg  y;                    //定义了一个1位的名为y的reg型数据
reg [1:0]  regb;           //定义了一个2位的名为regb的reg型数据
reg [4:1]  regc,regd ;     //定义了二个4位的名为regc和regd的reg型数据
```

reg寄存器中的值为无符号数，如果给reg存入一个负数，通常会被视为正数。

例:

```
reg [ 1:4 ]  comb;         //定义一个4位寄存器comb
comb = -2;                 //赋值给comb,comb值为14(1110),-2的补码为1110
```

reg型数据常用来表示“always”模块内的指定信号，常代表触发器。通常，在设计中要由“always”模块通过使用行为描述语句来表达逻辑关系，在“always”或“initial”过程块内被赋值的每一个信号都必须定义成reg型。

对于reg型数据，其赋值语句的作用就如同改变一组触发器的存储单元的值。

reg型变量并不一定对应着寄存器或触发器，也有可能对应着连线。综合时，综合器根据具体情况来确定是映射成寄存器还是连线。

例:

```
module zonghe (a,b,c,f1,f2);
    input a,b,c;
    output f1,f2;
    wire a,b,c;
    reg f1,f2;
    always@ (a or b or c)
        begin
            f1=a | b;   //f1和f2综合时没有被映射成寄存器,而是映射为连线
            f2=f1&c;
        end
endmodule
```

(2) integer整型

整型数据常用于循环控制变量，用来表示循环的次数。在算术运算中被视为二进制补码形式的有符号数。除了寄存器型数据被当作无符号数来处理外，整型数据与32位寄存器型数据在实际意义上相同。

例:

```
integer count;     //简单的32位有符号整数count
```

(3) real实型

Verilog HDL支持实型常量与变量。实型数据在机器码表示法中是浮点数值，可用于对延迟时间的计算。

例：

```
real   stime;          //实型数据 stime
```

（4）time 时间型

时间型数据与整型数据类似，只是它是 64 位无符号数。时间型数据主要用于对模拟时间的存储与计算处理，常与系统函数 $ time 一起使用。

例：

```
time   start, stop;     //两个 64 位的时间变量
```

（5）memory 型

在 Verilog HDL 中不能直接声明存储器，而是通过为 reg 型变量建立 reg 型数组从而建立 memory 型变量，即用 reg 声明存储器。其格式如下：

```
reg [n-1:0]存储器名[m-1:0];
```

或

```
reg[n-1:0]存储器名[m:1];
```

其中 reg [n-1:0] 定义了存储器中每一个存储单元的数据位宽，即该存储单元是一个 n 位的寄存器。存储器名后的 [m-1:0] 或 [m:1] 则定义了该存储器中寄存器的数量，最后用分号结束定义语句。下面举例说明：

```
reg [7 : 0]   mema [255: 0];
```

这个例子定义了一个名为 mema 的存储器，该存储器有 256 个 8 位的存储器。该存储器的地址范围是 0~255。

注意：

1）对存储器进行地址索引的表达式必须是常数表达式。但可以用 parameter 参数进行定义，便于修改。

例：

```
parameter width=8, memsize=1024;
reg[width-1:0] mymem[memsize-1:0];
```

2）另外，在同一个数据类型声明语句里，可以同时定义存储器型数据和 reg 型数据。

例：

```
parameter              wordsize=16,                 //定义两个参数
                       memsize=256 ;
reg [wordsize-1:0]     mem[memsize-1:0],writereg,readreg;
```

该例中，mem 是存储器，由 256 个 16 位寄存器组成，而 writereg 和 readreg 是 16 位寄存器。

3）可以只用一条赋值语句就完成一个寄存器的赋值，但是不能只用一条赋值语句就完成对整个存储器的赋值，应当对存储器中的每个寄存器单独赋值。

例：对寄存器的赋值

```
reg [ 1:5 ]  dig;              //dig 为一个 5 位寄存器
dig=5'b11011;                  //可以在一条赋值语句中完成对寄存器的赋值
```

对存储器赋值

```
reg [ 0:3 ] xrom  [ 1:4 ];      //xrom 是由 4 个 4 位寄存器构成的存储器
xrom[1]=4'hA;                   //对其中一个寄存器 xrom[1]赋值
xrom[2]=4'h8;                   //对其中一个寄存器 xrom[2]赋值
xrom[3]=4'hF;                   //对其中一个寄存器 xrom[3]赋值
xrom[4]=4'h5;                   //对其中一个寄存器 xrom[4]赋值
```

为存储器赋值的另一种方法是采用系统任务$readmemb 或$readmemh，这两种方法会在5.5.3 节中介绍。

4）Verilog HDL 中的变量名、参数名等标识符是对字母大小写敏感的。

5.2.3 运算符

Verilog HDL 语言的运算符范围很广，其运算符按其功能可分为以下几类：

1）算术运算符（+，-，×，/,%）。

2）赋值运算符（=，< = ）。

3）关系运算符（>，<，>=，< = ）。

4）等式运算符（= =,! =，= = =,! = =）。

5）逻辑运算符（&&，‖,!）。

6）条件运算符（?:）。

7）位运算符（~,|，^，&，^~）。

8）移位运算符（<<，>>）。

9）位拼接运算符（｛｝）。

10）其他。

在 Veribg HDL 语言中运算符所带的操作数是不同的，根据其所带操作数的个数不同运算符可分为 3 种。

1）单目运算符（unary operator）：可以带一个操作数，操作数放在运算符的右边。

2）双目运算符（binary operator）：可以带两个操作数，操作数放在运算符的两边。

3）三目运算符（ternary operator）：可以带三个操作数，这三个操作数用三目运算符分隔开。

例：

```
clk =~clk;                     //~是一个单目取反运算符,clk 是操作数
c = a | b;                     // |是一个双目按位或运算符,a 和 b 是操作数
out = sel ? in1 :in0;          // ?:是一个三目条件运算符,sel,in1,in0 是操作数
```

下面对常用的几种运算符进行介绍。

1. 算术运算符

在 Verilog HDL 语言中，算术运算符又称为二进制运算符，共有下面几种：

（1）+（加法运算符，或正值运算符，如 rega+regb，+3）。

（2）-（减法运算符，或负值运算符，如 rega-3，-3）。

（3）×（乘法运算符，如 rega *2）。

（4）/（除法运算符，如 5/2）。

（5）%（模运算符，或称为求余运算符，要求%两侧均为整型数据。如 8%3 的值为 2）。

在进行整数除法运算时，结果值要略去小数部分，只取整数部分，如 7/4 结果为 1；而进行取模（或求余）运算时，结果值的符号位采用模运算式里第一个操作数的符号位，应用举例如表 5-1 所示。

表 5-1　模运算符运行结果

模运算表达式	结　果	说　明
10%3	1	余数为 1
11%3	2	余数为 2
12%3	0	余数为 0，无余数
-11%3	-2	结果取第一个操作数的符号位，所以余数为-2
11%-3	2	结果取第一个操作数的符号位，所以余数为 2

注意：

1）在进行算术运算时，若有一个操作数有不确定的值 x，那么整个运算结果也为不确定值 x。如：4'b10x1+4'b0111 的结果为不确定数 4'bxxxx；

2）进行算术运算时，操作数的长度可能不一致，这时运算结果的长度由最长的操作数决定。但在赋值语句中，运算结果的长度由赋值目标长度决定。

2. 赋值运算符

赋值运算分为连续赋值和过程赋值两种。

（1）连续赋值

连续赋值语句和过程块一样也是一种行为描述语句。连续赋值语句只能用来对线网型变量进行赋值，而不能对寄存器变量进行赋值，其基本的语法格式为：

线网型变量类型 [线网型变量位宽] 线网型变量名；

assign #（延时量）线网型变量名 = 赋值表达式；

例：

```
wire    a;
assign   a = 1'b1;
```

一个线网型变量一旦被连续赋值语句赋值之后，赋值语句右端赋值表达式的值将持续对被赋值变量产生连续驱动。只要右端表达式任一个操作数的值发生变化，就会立即触发对被赋值变量的更新操作。在实际使用中，连续赋值语句有下列几种应用。

```
wire a, b;  assign a = b;                              //对标量线网型赋值
wire [7:0] a, b;  assign a = b;                        //对矢量线网型赋值
wire [7:0] a, b;  assign a[3] = b[1];                  //对矢量线网型中的某一位赋值
wire [7:0] a, b;  assign a[3:0] = b[3:0];              //对矢量线网型中的某几位赋值
wire a, b;  wire [1:0] c;  assign c ={a ,b};           //对任意拼接的线网型赋值
```

（2）过程赋值

过程赋值主要用于两种结构化模块（initial 模块和 always 模块）中的赋值语句。在过程块中只能使用过程赋值语句（在过程块中不能出现连续赋值语句），同时过程赋值语句也只能用在过程赋值模块中。过程赋值语句的基本格式为：

<被赋值变量><赋值操作符><赋值表达式>

其中，<赋值操作符>是“=”（阻塞赋值）或“<=”（非阻塞赋值），这两种赋值方式将在后面章节讲述。过程赋值语句只能对寄存器类型的变量（reg、integer、real 和 time）进行操作，经过赋值后，上面这些变量的取值将保持不变，直到另一条赋值语句对变量重新赋值为止。过程赋值操作的具体目标可以是：

- reg、integer、real 和 time 型变量（矢量和标量）。
- 上述变量的一位或几位。
- 上述变量用 {} 操作符所组成的矢量。
- 存储器类型，只能对指定地址单元的整个字进行赋值，不能对其中某些位单独赋值。例：

```
reg c;
always @ (a)
begin c = 1'b0;
end
```

3. 关系运算符

关系运算符是对两个操作数进行大小比较，如果比较结果为真（true）则结果为 1，如果比较结果为假（False）则结果为 0，关系运算符多用于条件判断。关系运算符共有以下 4 种。

1）a<b　　　　a 小于 b

2）a> b　　　　a 大于 b

3）a <= b　　　a 小于或等于 b

4）a >= b　　　a 大于或等于 b

所有的关系运算符有着相同的优先级别。关系运算符的优先级别低于算术运算符的优先级别。

例：

1）a < size-1，等同于：a <（size-1）

2）size-（1 <a），不等同于：size-1 < a

从上面的例子可以看出这两种不同运算符的优先级别。当表达式 size-(1<a) 进行运算时，关系表达式先被运算，然后返回结果值 0 或 1 被 size 减去；而当表达式 size-1<a 进行运

算时，size 先被减去 1，然后再同 a 相比。

注意：

1）如果操作数中有一位出现 x 或 z，那么表达式结果为 x。

例：　4’b10x1<4’b1101　　　//结果为 x

　　　52<8’hxFF　　　　　//结果为真 1

2）如果操作数的长度不同，那么长度短的操作数在高位添 0 补齐。

例：　’b1000>=‘b001110　　　//结果为假 0

等价于’b001000>=‘b001110

4. 等式运算符

与关系运算符类似，等式运算符也是对两个操作数进行比较，如果比较结果为假，则结果为 0，反之为 1。

在 Verilog HDL 语言中存在 4 种等式运算符：

1）==（等于）。

2）!=（不等于）。

3）===（全等）。

4）!==（全不等）。

这 4 个运算符都是二目运算符，它要求有两个操作数。其中“==”和“!=”是把两个操作数的逻辑值做比较，由于操作数中某些位可能是 x 或 z，所以比较结果也有可能是 x。而“===”和“==”运算符则不同，它是按位进行比较，即便在两个操作数中某些位出现了 x 或 z，只要它们出现在相同的位，那么就认为两者是相同的，比较结果为 1，反之为 0，而不会出现结果为 x 的情况。

“===”和“!==”运算符常用于 case 表达式的判别，所以又称为“case 等式运算符”。

例：

```
a=4‘b010;b=4‘bx10;c=4’bx101;d=4’bxx10
```

则

```
a===b        //结果为假,值为0,严格按位比较
b==d         //结果为x,因为操作数出现了x
b===d        //结果为真,值为1,严格按位比较
b===c        //结果为0
```

这 4 个等式运算符的优先级别是相同的。如果操作数的长度不同，那么长度短的操作数在高位添 0 补齐。

5. 逻辑运算符

在 Verilog HDL 语言中存在 3 种逻辑运算符：

1）&& 逻辑与（二目运算符）；

2）‖逻辑或（二目运算符）；

3）!逻辑非（单目运算符）。

分别是对操作数做与、或、非运算，操作结果为 0 或 1。表 5-2 为逻辑运算的真值表。

表 5-2 逻辑运算的真值

a	b	!a	!b	a&&b	a ‖ b
真	真	假	假	真	真
真	假	假	真	假	真
假	真	真	假	假	真
假	假	真	真	假	假

注意：

在逻辑运算符中，如果操作数是1位的，则用“1”表示逻辑真状态，用“0”表示逻辑假状态；若操作数由多位组成，则必须把操作数当作一个整体来处理，即如果操作数所有位都是0，那么该操作数整体看作具有逻辑0；反之，只要其中一位为1，那么该操作数整体看作逻辑1。如果任意一个操作数包含x，则该操作数被当作x。

例：

```
!4'b010x 的结果为 x
'b1010&&'b1111 的结果是 1
'b0000&&'b1001 的结果是 0
2'b0x&&2'b10 的结果是 x(相当于 x&&1)
```

逻辑运算符中“&&”和“‖”的优先级低于关系运算符，“!”高于算术运算符。为了提高程序的可读性，明确表达各运算符间的优先关系，建议使用括号。

例：

```
(a>b)&&(x>y),可写成 a>b && x>y;
(a= =b) ‖ (x= =y),可写成 a= =b ‖ x= =y;
(! a) ‖ (a>b),可写成 ! a ‖ a>b。可写成:! a ‖ a>b
```

6. 条件运算符

条件运算符是唯一的三目运算符，根据条件表达式的值来选择执行表达式，其格式如下：

```
条件表达式 ? 待执行表达式 1:待执行表达式 2
```

其中，条件表达式计算的结果可以是真（1）或假（0），如果条件表达式结果为真，选择执行待执行表达式1；如果条件表达式结果为假，选择执行待执行表达式2。

如果条件表达式结果为x或z，那么两个待执行表达式都要计算，然后把两个计算结果按位进行运算得到最终结果。如果两个表达式的某一位都为1，那么该位的最终结果为1；如果都是0，那么该位结果为0；否则该位结果为x。

例：

```
wire [ 0:2 ] student=marks>18 ? Grade_A :Grade_B;
```

计算表达式 marks>18 是否成立，如果为真，Grade_A 就赋给 student；如果为假，Grade_B 就赋给 student。

7. 位运算符

Verilog HDL 作为一种硬件描述语言，是针对硬件电路而言的。在硬件电路中信号有 4 种状态值，即 1，0，x，z。在电路中信号进行与、或、非时，反映在 Verilog HDL 中则是相应的操作数的位运算。Verilog HDL 提供了以下 5 种位运算符。

1） ~ //按位取反。

2） & //按位与。

3） | //按位或。

4） ^ //按位异或。

5） ^~ //按位同或（异或非）。

说明：

- 位运算符中除了 ~ 是单目运算符以外，均为双目运算符，即要求运算符两侧各有一个操作数。
- 位运算符中的双目运算符要求对两个操作数的相应位进行运算操作。

下面对各运算符分别进行介绍。

1）“取反”运算符：~ 是一个单目运算符，用来对一个操作数进行按位取反运算。其运算规则见表 5-3。

举例说明：

```
rega = 'b1011;    //rega 的初值为'b1011
rega = ~rega;     //rega 的值进行取反运算后变为'b0100
```

2）“按位与”运算符 &：按位与运算就是将两个操作数的相应位进行与运算。其运算规则见表 5-4。

3）“按位或”运算符 |：按位或运算就是将两个操作数的相应位进行或运算。其运算规则见表 5-5。

4）“按位异或”运算符 ^（也称之为 XOR 运算符）：按位异或运算就是将两个操作数的相应位进行异或运算。其运算规则见表 5-6。

5）“按位同或”运算符 ^~：按位同或运算就是将两个操作数的相应位先进行异或运算再进行非运算。其运算规则见表 5-7。

表 5-3 “取反”运算符的运算规则

~	结果
1	0
0	1
x	x

表 5-4 “按位与”运算规则

&	0	1	x
0	0	0	0
1	0	1	x
x	0	x	x

表 5-5 “按位或”运算规则

<table>
<tr><td>|</td><td>0</td><td>1</td><td>x</td></tr>
<tr><td>0</td><td>0</td><td>1</td><td>x</td></tr>
<tr><td>1</td><td>1</td><td>1</td><td>1</td></tr>
<tr><td>x</td><td>x</td><td>1</td><td>x</td></tr>
</table>

表 5-6 “按位异或”运算规则

^	0	1	x
0	0	1	x
1	1	0	x
x	x	x	x

表 5-7 “按位同或”运算规则

^~	0	1	x
0	1	0	x
1	0	1	x
x	x	x	x

6）不同长度的数据进行位运算：两个长度不同的数据进行位运算时，系统会自动地将两者按右端对齐，位数少的操作数会在相应的高位用 0 补齐，以使两个操作数按位进行操作。

例：若 A=5'b11011， B=3'b101，

则 A&B=(5'b11011)&(5'b00101)=5'b00001

8. 移位运算符

在 Verilog HDL 中有两种移位运算符：“<< ”（左移位运算符）和“>>”（右移位运算符）。其使用方法如下。

```
a >> n 或 a << n
```

a 代表要进行移位的操作数，n 代表要移几位。这两种移位运算都用 0 来填补移出空位。进行移位运算时应注意移位前后变量的位数。

例：

```
4'b1001>>3 =4'b0001; //右移 3 位后,低 3 位丢失,高 3 位用 0 填补
4'bl001>>4 = 4'b0000; //右移 4 位后,低 4 位丢失,高 4 位用 0 填补
4'b1001<<1 =5'b10010; //左移 1 位后,用 0 填补低位
4'bl001<<2 = 6'b100100; //左移 2 位后,用 00 填补低位
1<<6 = 32'b1000000;  //左移 6 位后,用 000000 填补低位
```

从上面的例子可以看出，操作数进行右移时位数不变，但是右移的数据会丢失。进行左移操作时，左移位数会扩充。将操作数左移 n 位，相当于将操作数乘以 2^n。

9. 位拼接运算符

在 Verilog HDL 语言中有一个特殊的运算符：位拼接运算符（Concatation）{}。用这个运

算符可以把两个或多个信号的某些位拼接起来进行运算操作。其使用方法如下。

{信号 1 的某几位,信号 2 的某几位,……,信号 n 的某几位}

即把某些信号的某些位详细地列出来，中间用逗号分开，最后用大括号括起来表示一个整体信号。例如，在进行加法运算时，可将进位输出与和拼接在一起使用。

例：

```
output [3:0] sum;                    //和
output cout;                         //进位输出
input [3:0] ina,inb;
input cin;
assign {cout,sum} =ina+inb+cin;      //进位与和拼接在一起
```

例：

```
{a,b[3:0],w,3'bl01}
```

也可以写为：

```
{a,b[3],b[2],b[1],b[0],w,1'bl,1'b0,1'bl}
```

另外，可用重复法简化表达式，如：{4{w}}等同于{w,w,w,w}。也可用嵌套方式简化书写，如：{b,{3{a,b}}}等同于{b,{a,b},{a,b},{a,b}}，也等同于{b,a,b,a,b,a,b}。

注意：在位拼接表达式中，不允许存在没有指明位数的信号，必须指明信号的位数；若未指明，则默认为 32 位的二进制数。

例：{1,0}=64’h00000001_00000000

注意，{1,0}不等于 2’b10。

10. 优先级别

下面对各种运算符的优先级别关系做一总结，如表 5-8 所示。为了提高程序的可读性，建议使用括号来控制运算的优先级。

表 5-8　各运算符的运算级别

<table>
<tr><th colspan="2">优 先 级 别</th></tr>
<tr><td>! ~</td><td>最高优先级别</td></tr>
<tr><td>* / %</td><td></td></tr>
<tr><td>+ -</td><td></td></tr>
<tr><td><< >></td><td></td></tr>
<tr><td>< <= > >=</td><td></td></tr>
<tr><td>== != === !==</td><td></td></tr>
<tr><td>&</td><td></td></tr>
<tr><td>^ ^~</td><td></td></tr>
<tr><td>|</td><td></td></tr>
<tr><td>&&</td><td></td></tr>
<tr><td>‖</td><td></td></tr>
<tr><td>?:</td><td>最低优先级别</td></tr>
</table>

5.3 模块结构及描述类型

5.3.1 模块结构

Verilog 设计中的基本单元是模块（Block）。一个模块由两部分组成，一部分描述接口，另一部分描述逻辑功能（定义输入如何影响输出），图 5-2 是模块结构组成图。

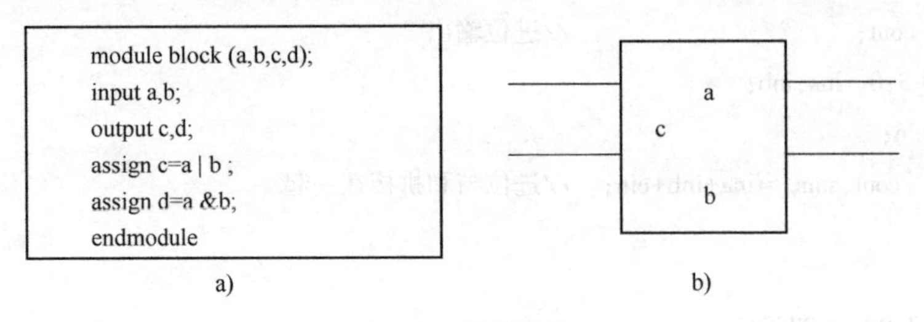

图 5-2 模块结构
a）程序模块 b）电路符号

图 5-2 是一个简单的 Verilog 模块，图 5-2a 是程序模块，图 5-2b 是一个电路图符号，电路图符号的引脚是程序模块的接口，程序模块描述了电路图符号所能实现的逻辑功能。程序模块中的第二、第三行说明接口的信号流向，第四、第五行说明了模块的逻辑功能。

从这个例子可以看出，每个模块嵌套在 module 和 endmodule 声明语句之中，主要包括 4 个部分：端口定义、I/O 说明、内部信号声明和功能定义。

1. 端口定义

模块的端口定义了输入输出口，也是与别的模块联系端口的标识。定义格式：

```
module 模块名(口 1,口 2,口 3,口 4,……);
```

在引用的模块中，有些信号要输入到被引用的模块中，有些信号需要从被引用的模块中取出来。在引用模块时其端口可以用两种方法连接。

1）在引用时，严格按照模块定义的端口顺序来连接，不用标明原模块定义时规定的端口名，例如：

```
模块名(连接端口 1 信号名,连接端口 2 信号名,连接端口 3 信号名,……);
```

2）在引用时用“.”符号，标明原模块是定义时规定的端口名，例如：

```
模块名(. 端口 1 名(连接信号 1 名),. 端口 2 名(连接信号 2 名),……);
```

这样表示的好处在于可以用端口名与被引用模块的端口相对应，而不必严格按端口顺序对应，提高了程序的可读性和可移植性。

例：

```
……
MyDesignMK Ml(. sin(Serial In) , . pout(ParallelOut),……);
……
```

其中，.sin 和 .pout 都是 Ml 的端口名，而 Ml 则是与 MyDesignMK 完全一样的模块。MyDesignMK 已经在另一个模块中定义过，它有两个端口，即 sin 和 pout。与 sin 端口连接的信号名为 Serial In，与 pout 端口连接的信号名为 ParallelOut。

2. I/O 说明

I/O 说明的格式如下：

```
输入口:input [信号位宽-1:0] 端口名 i;                //(第 i 个输入口)
输出口:output [信号位宽-1:0] 端口名 j;               //(第 j 个输出口)
输入/输出口:inout [信号位宽-1:0] 端口名 k;           //(第 k 个双向总线端口)
```

当同一类信号的位宽相同时，可以合并在一起。

例：

```
input [ 2:0 ] a,b,c;
```

该例中 a、b、c 三个输入信号的位宽同为 3 位。

I/O 说明也可以写在端口声明语句里。其格式如下：

```
module   module_name(input por1,input por2,…
                      output por1,output por2,…);
```

3. 内部信号声明

在模块内，除了进行 I/O 口说明，还要声明数据类型，wire 和 reg 类型变量。

```
reg [width-1:0]   R 变量 1,R 变量 2…;
     wire [width-1:0]   W 变量 1,W 变量 2…;
```

其中，reg 为寄存器型变量，wire 为连线型变量。

4. 功能定义

在 Verilog 模块中，有 3 种方法描述电路的逻辑功能。

(1) 用 assign 语句（连续赋值语句）

例：assign x = b & c;

只需在“assign”后面添加关系方程式。例中的方程式描述了一个有两个输入的与门。

注意：

1) assign 语句被赋值的变量必须是 wire 型，操作数可以是 wire 型、reg 型。

2) 总是处于激活状态。

3) 可用于描述一个完整的设计。

例：2 选 1 数据选择器：

```
module   mux (out,a,b,sel);
              input a,b,sel;
              output   out;
              assign out = (sel==0) ? a : b;
Endmodule
```

(2) 用实例元件（元件调用）

Verilog HDL 内部定义了一些基本门级元件模块。使用实例元件的调用语句，不必重新编写这些基本门级元件模块，直接调用这些模块。要求模块中每个实例元件的名字必须是唯一的，以避免与其他调用与门（and）的实例混淆。

元件调用类似于在电路图输入方式下调入元件图形符号来完成设计。这种方式侧重于电路的结构描述。

使用实例元件的格式：

门原件关键字 <实例名> （端口列表）；

例：and #2 ul(q,a,b)；

例子中表示在设计中用到一个跟与门（and）一样的名为 ul 的与门，其输入端为 a、b，输出为 q，输出延迟为 2 个单位时间。

(3) 用 always 块（过程赋值语句）

例：

```
always @ (posedge clk or posedge rst)
          begin
              if(rst) q <= 0;
          else if(en) q <= d;
end
```

assign 语句是描述组合逻辑最常用的方法之一，而 always 块既可用于描述组合逻辑，也可描述时序逻辑。上面的例子用 always 块生成了一个带有异步清除端的 D 触发器。always @ (<event expression>) 语句的括号内表示的是敏感信号或表达式。即当敏感信号或表达式的值发生变化时，执行 always 块内语句。postedge 表示上升沿触发，negedge 表示下降沿触发。

上面的三个例子分别采用了 assign 语句、实例原件和 always 块。在功能定义部分可以同时使用这三种表示方法，这些方法描述的逻辑功能是同时执行的。例如：

```
              module ex (…………);
                input………………;
                output………………;
                reg………………;
            ┌ assign a=b&c;
            │ always @ (…………)
            │   begin ┐
并行执行 ┤   …     ├ always 语句为顺序语句,内部语句是顺序执行
            │   end   ┘
            └ and u1(a,b,c);
              endmodule
```

然而，在 always 模块内，逻辑是按照指定的顺序执行的。always 块中的语句称为顺序语句，因为它们是顺序执行的。请注意，两个或者更多的 always 模块也是同时执行的，但是模块内部的语句是顺序执行的。

5. 要点总结

Verilog 在学习中虽然许多与 C 语言类似，但是类似的语句只能出现在过程块中（即 initial 和 always 块），而不能随意出现在模块功能定义的范围内。以下 4 点与 C 语言有很大的不同：

1）在 Verilog 模块中所有过程块（如：initial 块、always 块）、连续赋值语句、实例引用都是并行的。

2）它们表示的是一种通过变量名互相连接的关系。

3）在同一模块中这三者出现的先后顺序没有关系。

4）只有连续赋值语句 assign 和实例引用语句可以独立于过程块而存在于模块的功能定义部分。

5.3.2 过程语句

在使用 Verilog 描述电路时，有 3 种描述方法：行为描述方式、结构描述方式、混合描述方式。

（1）行为描述方式

使用以下三种语句来描述模型。

1）assign 连续赋值语句：属于数据流描述，连续赋值语句是并行执行，执行顺序与书写顺序无关。被赋值变量必须为 wire 型。

2）initial 过程语句：在一个模型中，语句只执行一次。

3）always 过程语句：在一个模型中，语句循环执行。

initial 和 always 语句中被赋值的变量必须为 reg 型。

（2）结构描述方式

使用以下几种基本结构来建模：

1）内置门级元件。

2）模块实例调用。

3）用户自定义的门级元件。

（3）混合描述方式

将行为描述方式和结构描述方式混合使用。可以含有连续赋值语句、always 语句、initial 语句、内置门级元件、模块实例调用等语句。

下面对过程语句、块语句和赋值语句进行讲解。

initial 和 always 是过程语句的关键词。过程语句是行为描述的主要组成部分。过程语句是由“initial 或 always”和语句块所组成，而语句块主要是由过程性赋值语句（包括过程赋值语句即“=或<=”和“过程连续赋值语句即 assign”）和高级程序语句（包括条件语句和循环语句）这两种行为语句构成的。

过程块具有如下特点。

1）在行为描述模块中出现的每个过程块（initial 块或 always 块）都代表一个独立的进程。

2）在进行仿真时，所有过程块的执行都是从 0 时刻开始并行进行的（块语句的执行顺序与书写顺序无关）。

3）每个过程块内部的多条语句的执行方式可以是顺序执行的（当块定义语句为 begin-end 时），也可以是并行执行的（块定义语句为 fork-join 时）。

4）always 过程块和 initial 过程块都是不能嵌套使用的。

1. initial 过程块

initial 过程块是由过程语句 initial 和语句块组成的，该语句只执行一次，并且在仿真 0 时刻开始执行。格式如下：

```
initial
    <块定义语句 1> :<块名>
        块内局部变量说明：
        时间控制 1    行为语句 1；
        ……
        时间控制 n    行为语句 n；
        <块定义语句 2>
```

块定义语句可以是“begin-end”或“fork-end”语句组。块定义语句将它们之间的多条行为语句组合在一起，使之构成一个语句块。定义了块名的过程块称为有名块，在有名块中可以定义局部变量。

只有在有名块中才能定义局部变量。块内局部变量必须是寄存器型变量。

时间控制用来对过程块内各条语句的执行时间进行控制。

行为语句可以是过程赋值语句、过程连续赋值语句和高级程序语句。

initial 过程块主要是用于初始化和波形生成，它通常是不可综合的。

例：

```
initial
        begin
        inputs = 'b000000;                //初始时刻为 0
        #10   inputs = 'b011001;          //10 个时间单位后取值为 011001
        #20   inputs = 'b011011;          //20 个时间单位后取值为 011011
        #5   inputs = 'b011000;           //5 个时间单位后取值为 011000
end
```

例：用 initial 语句对存储器进行初始化。

```
initial
        begin
            for (addr=0; addr<size; addr=addr+1)
                memory[addr]=0;       //对 memory 存储器进行初始化
        end
```

通过 initial 语句对 memory 存储器进行初始化，其所有存储单元的初始值都置为 0。

2. always 过程块

always 过程块是由 always 过程语句和语句块组成的，利用 always 过程块可以实现锁存器和触发器，也可以用来实现组合逻辑。格式如下：

```
always @ (敏感事件列表 )
        <块定义语句 1 >:< 块名 >
        块内局部变量说明;
        时间控制 1      行为语句 1;
        ……
        时间控制 n      行为语句 n;
        <块定义语句 2 >
```

1）带有敏感事件列表的语句块的执行要受敏感事件的控制。多个敏感事件可以用 or 组合起来，只要其中一个发生，就执行后面的语句块。

2）<块定义语句 >和 initial 的一样。可以是顺序块“begin-end”或并行块“fork-join”。

3）块名、时间控制和行为语句的规定和 initial 的一样。

always 语句中的敏感事件列表可以是边沿触发，也可以是电平触发。若敏感事件是多个信号，那么多个信号之间用关键词 or 分隔。

例：

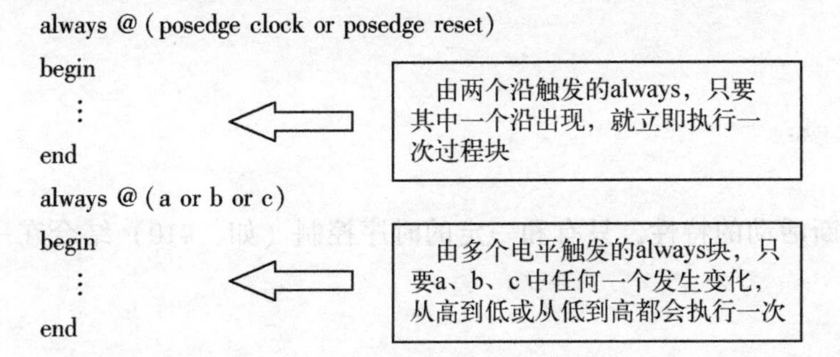

always @ (posedge clock or posedge reset)
begin
end
由两个沿触发的always，只要其中一个沿出现，就立即执行一次过程块
always @ (a or b or c)
begin
end
由多个电平触发的always块，只要a、b、c 中任何一个发生变化，从高到低或从低到高都会执行一次

边沿触发的 always 块常常用来描述时序电路，而电平触发的 always 块常常用来描述组合电路。最好不要将边沿敏感事件和电平敏感事件混合使用。在用 always 过程块实现组合逻辑时要注意将所有的输入信号都列入敏感事件列表中，而在用 always 过程块实现时序逻辑时却不一定要将所有的输入信号列入敏感事件列表。

例：同步置数、同步清零的计数器。

```
module count(out,data,load,reset,clk);
    input load, clk, reset;                    //load 同步置数信号,reset 同步清零信号
    input[7:0] data;
    output[7:0] out;
    reg[7:0] out;
always@ (posedge clk)                           //clk 上升沿触发
      begin
            if(!reset)        out<=8'h00;      //同步清零,低电平有效
            else if(load)     out<=data;       //同步置数,高电平有效
            else              out<=out+1;      //计数
end
endmodule
```

下面比较一下同步清零和异步清零的区别：同步清零信号要起作用，必须等时钟触发沿来到才能有效。所以敏感事件列表中不需要列出同步置数信号 load 和同步清零信号 reset。异步清零信号则不用等时钟触发沿来到，只要异步清零信号有效就立即清零。所以敏感事件列表中需要把异步清零信号也列入其中。

由于 always 语句有重复循环执行的特性，当敏感事件缺省时，语句块将一直循环执行下去，会造成仿真死锁状态发生。

例：

```
always
  begin
       clk = ~clk;
  end
```

此例将会产生 0 延迟的无限循环跳变过程，这时会发生仿真死锁，原因是 always 语句没有时序控制。

正确写法应为：

```
always
begin
      #10   clk  = ~clk;
end
```

由于 always 语句不断活动的特性，只有和一定的时序控制（如，#10）结合在一起才有用。

5.3.3 块语句

块语句就是在“initial 过程块”或“always 过程块”中由块定义语句 1 和块定义语句 2 所界定的一组行为语句，块定义语句分为两种。

1）串行块——“begin-end”语句组，它们用来组合需要顺序执行的语句，有时又称为顺序块。

串行块（begin-end）格式如下：

```
begin:<块名>
      块内局部变量说明：
      时间控制 1    行为语句 1;
              ......
      时间控制 n    行为语句 n;
end
```

串行块的块内局部变量说明可以是 reg 型、integer 型、real 型寄存器型变量声明语句。

串行块执行的特点：

① 块内的语句是按顺序执行的，即只有上面一条语句执行完后下面的语句才能执行。

② 每条语句的延迟时间是相对于前一条语句的仿真时间而言的。

③ 直到最后一条语句执行完，程序流程控制才跳出该顺序块。

例：

```
begin
    b=a;
    c=b;    //c 的值为 a 的值
end
```

对于顺序块，起始时间就是第一条语句开始执行的时间，结束时间就是最后一条语句结束的时间。

在顺序块里延迟控制时间来分开两个赋值语句的执行时间。

例：

```
begin
      b=a;
      #10   c=b;          //在两条赋值语句间延迟 10 个时间单位
end
```

这里标识符“#”表示延迟，在模块调用中“#”表示参数的传递。下面举一例，让大家仔细体会带延迟的顺序块的含义。

例：用 initial 完成对测试变量的赋值。

```
'timescale 1ns/1ns
module test;
            reg A,B,C;
  initial
     begin
          A=0, B=1, C=0;
      #50 A=1,B=0;
      #50 A=0,C=1;
      #50 B=1;
      #50 B=0,C=0;
      #50 $finish;
     end
endmodule
```

注意：每条语句的延迟时间都是相对于前一条语句的仿真时间而言的，体现了串行块执行的特点。

2）并行块——“fork-join”语句组，它们用来组合需要并行执行的语句。

块定义语句 1（begin 或 fork）标示语句块的开始，块定义语句 2（end 或 join）标示语句块的结束。当语句块内只包含一条行为语句时，块定义语句可以省略。

并行块（fork-join）格式如下：

```
fork:<块名>
     块内局部变量说明；
     时间控制 1    行为语句 1；
```

```
    ……
    时间控制 n  行为语句 n;
    join
```

并行块的块内局部变量说明可以是 reg 型、integer 型、real 型、time 型寄存器型变量声明语句。

并行块执行的特点：

① 并行块内各条语句是同时并行执行的。各条语句的起始执行时间都等于程序流程控制进入该并行块的时间。

② 块内各条语句中指定的延时控制都是相对于程序流程控制进入并行块的时刻的延时，也就是相对于并行块开始执行时刻的延时。

③ 当并行块内执行时间最长的那条块内语句结束后，程序流程控制跳出并行块。整个并行块的执行时间等于执行时间最长的那条语句所需的执行时间。

在 fork_join 块内，各条语句不必按顺序给出，因此在并行块里，各条语句在前还是在后是无关紧要的。

3）并行块和串行块的嵌套使用。块可以嵌套使用，串行块和并行块能够混合在一起使用，请看下例。

例：

```
always                          //always 语句开始
    begin: SEQ_A                //顺序语句块 SEQ_A 开始
        #4 dry=5;               //S1
        fork: PAR_A             //S2,并行语句块 PAR_A 开始
            #6 cun=7;           //P1
            begin: SEQ_B        //P2,顺序语句块 SEQ_B 开始
                exe=box;        //S5
                #5 jap=exe;     //S6
            end
            # 2 dop=3;          //P3
            # 4 gos=2;          //P4
        join
        # 8 bax=1;              //S3
        # 2 zoom=52;            //S4
    end
```

5.3.4 赋值语句

在 Verilog HDL 语言中，信号的两种赋值方式分别为：连续赋值和过程赋值。下面分别详细讲述。

1. 连续赋值语句

关键词 assign 是连续赋值语句的标示。使用 assign 语句为 wire 型变量赋值，不可用连续赋值语句对寄存器型变量赋值。连续赋值语句是描述组合逻辑最常用的方法之一，其赋值符号为“=”。

例：用 assign 语句描述一个二输入的与门的程序如下。

```
module  simpsig(a,b,c);
    input  a,b;
    output  c;
    assign  c=a&b;
endmodule
```

a，b，c 三个变量均为 wire 型变量，a 和 b 信号的任何变化都将把 a&b 的值赋给信号 c，也可以用一条语句完成声明和赋值的功能。如：wire c=a&b。

例：用连线赋值语句定义 2 选 1 数据选择器。

```
module MUX2_1 (out,a,b,sel);
    input a,b,sel;
    output out;
    assign out=(sel==0)? a:b;
endmodule
```

2. 过程赋值语句

过程赋值语句用于对 reg 型变量赋值，是使用在过程块（always 或 initial）中的赋值语句。在过程块中只能使用过程赋值语句（不能在过程块中使用连续赋值语句）。过程赋值语句又分为非阻塞赋值语句和阻塞赋值语句。赋值格式如下：

<被赋值变量> <赋值操作符> <赋值表达式>

等号左侧是赋值目标，右侧是表达式。阻塞赋值语句的操作符是“ = ”，非阻塞赋值语句的操作符是“ <= ”。

过程赋值语句操作目标如下：

1）reg、integer、real 等寄存器型变量。

2）寄存器型变量的某一位或某几位。

3）存储器类，只能对某地址单元的整个字进行赋值，不能对其中某些位单独进行赋值。

4）寄存器变量用位拼接运算符构成的寄存器整体。

例：过程赋值语句的赋值目标。

```
reg a;
reg [ 0:7 ] b;
integer i;
reg[ 0:7 ] mem [ 0:1023 ];
initial
  begin
    a = 0;                    //对一个 1 位寄存器 a 赋值
    i = 356;                  //对一个整型变量 i 赋值
    b[ 2 ] = 1'b1;            //对 8 位寄存器 b 的第 3 位赋值
```

```
        b[ 0:3 ] = 4'b1111;          //对8位寄存器b的前4位赋值
        mem[ 200 ] = 8'h f b;        //对存储器mem的第201个存储单元赋值
        { a , b } = 9'b100101111;    //对用位拼接符构成的寄存器整体赋值
    end
```

（1）非阻塞（Non-Blocking）赋值方式（如 b<= a;）

其执行过程为：首先计算右端赋值表达式的取值，然后等到整个过程块结束时，才对被赋值变量进行赋值操作。

例：

```
initial
    begin
        A<=B;          //语句S1
        B<=A;          //语句S2
    end
```

S1和S2是两条非阻塞赋值语句，在仿真0时刻S1首先执行，计算其赋值表达式B的值，但没有对A进行赋值操作 。同时S1操作不会阻塞S2的执行；S2也开始执行，计算其赋值表达式“A”的值，此时S2的赋值表达式中A的值仍是初值，S2的赋值操作也要等到过程块结束时执行。当块结束时，S1、S2两条语句对应的赋值操作同时执行，分别将计算得到的A和B初值赋给变量B和A，这样就交换了数据。

注意：非阻塞赋值符“<=”与小于等于符“<=”看起来是一样的，但意义完全不同，小于等于符是关系运算符，用于比较大小，而非阻塞赋值符用于赋值操作。

（2）阻塞（Blocking）赋值方式（如 b = a;）

- 赋值语句执行完后，块才结束。
- b的值在赋值语句执行完后立刻就改变的。
- 在时序逻辑中使用时，可能会产生意想不到的结果。

其执行过程为：首先计算右端赋值表达式的取值，然后立即将计算结果赋给等号左端的被赋值变量。即b的值在该条语句结束后立即改变。如果一个块语句中有多个阻塞赋值语句，那么在前面的赋值语句没有完成之前，后面的语句就不能执行，仿佛被阻塞了一样，因此称为阻塞赋值语句。

例：

```
initial
    begin
        a=0;     //语句S1
        a=1;     //语句S2
    end
```

S1和S2是两条阻塞赋值语句，都在仿真0时刻执行赋值，但是先执行S1，a被赋值0后，S2才能开始执行。而S2的执行，使a重新被赋值为1。因此，过程块结束后，a的值最终为1。

（3）阻塞赋值语句和非阻塞赋值语句的主要区别

1）非阻塞赋值语句的赋值方式（b<=a）

- 块语句执行结束时才能整体完成赋值操作。
- 的值并不是立即就改变的，在块结束后才赋值给 b。
- 这是一种常用的赋值方式，特别是在编写可综合模块时。
- 硬件有对应的电路。

这种方式的赋值不是马上执行，也就是说 always 块内的下一条语句执行时，b 并不等于 a，而是保持原来的值。在 always 块结束后，才能赋值，b 的值才改变成 a。

2）阻塞赋值语句的赋值方式（b=a）

- 赋值语句执行完后，块才结束。
- 完成该赋值语句后，才能执行下一语句的操作（即，上一条阻塞赋值语句阻塞下一条语句执行）。
- b 的值在赋值语句执行完后就立即改变。
- 硬件没有对应的电路，因而综合结果未知。

这种赋值方式是马上执行的，也就是说执行下一条语句时，b 已经等于 a。尽管这种方式比较直观，但可能会引起错误。

建议在初学时只是用一种方式，不要混用。建议在可综合风格的模块中使用非阻塞赋值。

例：

```
always @ (posedge clk)
        begin
            b<=a;
            c<=b;
        end
```

clk 信号上升沿来到时，赋值必须等到块语句结束后才能执行，因此 b 等于 a，而 c 等于 b 的原值。映射成两个 D 触发器。这个 always 块实际描述的电路功能如图 5-3 所示。

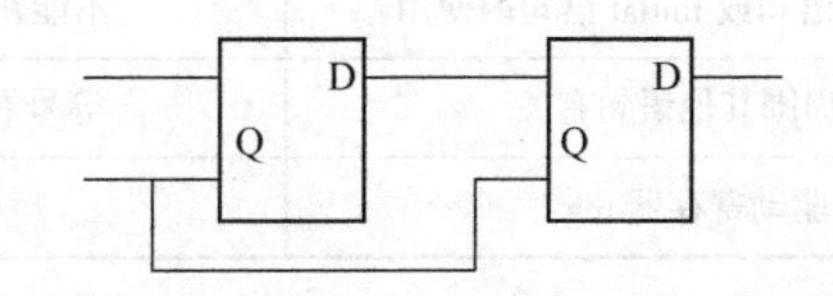

图 5-3　非阻塞赋值方式的 always 电路图

例：

```
always @ (posedge clk)
        begin
            b=a;
            c=b;
        end
```

clk 信号上升沿来到时，赋值立即顺序执行，b 马上等于 a，c 马上等于 b（即 a 的值）。

映射成一个 D 触发器。图 5-4 为阻塞赋值方式的“always”块图。

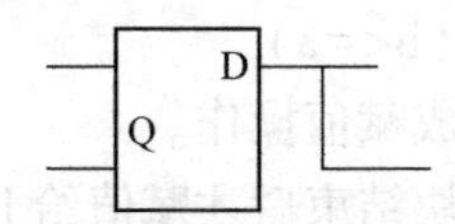

图 5-4　阻塞赋值方式的 always 块图

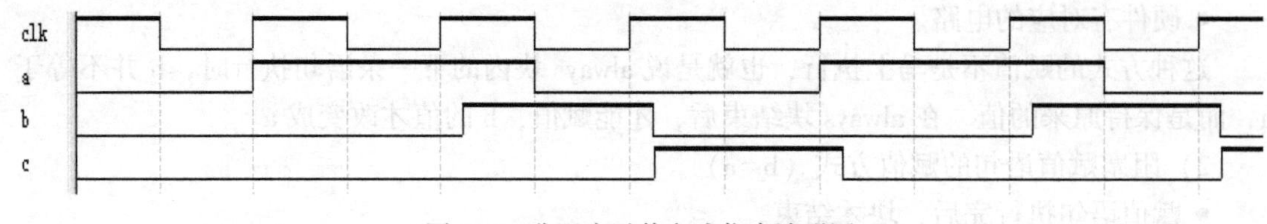

图 5-5　非阻塞赋值方式仿真波形图

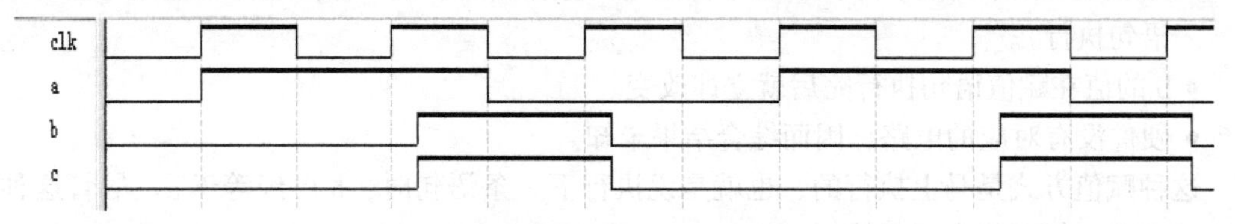

图 5-6　阻塞赋值方式仿真波形图

对于非阻塞赋值，c 的值落后于 b 的值，这是因为 c 被赋的值是 b 的初值。对于阻塞赋值，b 的值是立即更新，更新的值又赋给了 c，所以 b 和 c 相同。

3. 连续赋值和过程赋值的不同

连续赋值和过程赋值的相关比较如表 5-9 所示。

表 5-9　过程赋值与连续赋值对比表

比　较　项	过 程 赋 值	连 续 赋 值
assign	无 assign	有 assign
赋值符号	使用“=”或“<=”赋值语句	使用“=”赋值符号
位置	在 always 语句或 initial 语句内使用	不能在 always、initial 语句内使用
执行条件	与周围其他语句有关	等号右端操作数的值发生变化时
用途	驱动寄存器 reg	驱动线网 wire

5.4　逻辑控制语句

Verilog HDL 语言中常用的逻辑控制语句有：条件语句、case 语句、循环语句，下面具体介绍。

5.4.1　条件语句（if_else 语句）

if-else 条件分支语句用来判定所给条件是否满足，根据判定结果（真或假）决定执行给出的两种操作之一，它有三种格式。

(1) if 结构

if（表达式）

语句

例：

```
if (a > b)
    outl = int1 ;
```

(2) if-else 结构

if（表达式）

```
  语句 1
else
  语句 2
```

例：

```
if(a>b)
    outl = int1;
else
    outl = int2;
```

(3) if-else if-else 结构

```
if(表达式 1)                        语句 1;
      else     if(表达式 2)        语句 2;
      else     if(表达式 3)        语句 3;
                    ⋮
      else     if(表达式 m)        语句 m;
      else 语句 n;
```

例：

```
always@ (some_event)          //斜体字表示块语句
begin
        if(a>b)       outl = int1;
        else if (a= = b)     outl = int2;
        else                 outl = int3;
end
```

关于 if-else 语句的几点说明如下。

1）条件语句必须在过程块语句中使用。所谓过程块语句是指由 initial 和 always 语句引导的执行语句集合。除这两种语句引导的 begin end 块中可以编写条件语句外，模块中的其他地方都不能编写。

2）使用 if 语句时，无论其条件表达式是什么形式，都必须用括号括起来，如 if（a>b）、if（SEL= =1）等。这点与 VHDL 不同。

3）3 种形式的 if 语句在 if 后面都有“表达式”，一般为逻辑表达式或关系表达式。系统对表达式的值进行判断，若为0、x、z，按“假”处理；若为1，按“真”处理，执行指定的语句。

4）第2）和3）种形式的 if 语句，在每个 else 前面有一分号，整个语句结束处有一分号。

例：

```
if(a>b)
out1=int1;  ─┐
else          ├→ 各有一个分号
out1=int2;  ─┘
```

5）在 if 和 else 后面可以包含一个内嵌的操作语句，也可以有多个操作语句，此时用 begin 和 end 这两个关键词将几个语句包含起来成为一个复合块语句。

例：

```
if(a>b)
    begin
        out1<=int1;
        out2<=int2;
    end
else
    begin
        out1<=int2;
        out2<=int1;
    end
```

注意：在 end 后不需要再加分号。因为 begin_end 内是一个完整的复合句，无须再附加分号。

6）允许一定形式的表达式简写方式。

例：

```
if(expression)等同于 if(expression = = 1)
if(! expression)等同于 if(expression != 1)
```

7）if 语句的嵌套。在 if 语句中又包含一个或多个 if 语句称为 if 语句的嵌套。一般形式如下：

```
if(expression 1)
    if(expression2)        语句 1;(内嵌 if)
    else                   语句 2;
else
    if(expression3)        语句 3;(内嵌 if)
    else                   语句 4;
```

应当注意 if 与 else 的配对关系，else 总是与它上面最近的 if 配对。如果 if 与 else 的数目不一样，为了实现程序设计者的企图，可以用 begin_end 块语句来确定配对关系。

例：

```
if()
    begin
    if()语句 1    (内嵌 if)
    end
else
    语句 2
```

这时，begin_end 块语句限定了内嵌 if 语句的范围，因此 else 与第一个 if 配对。

5.4.2 case 语句

if-else 语句是二选一的选择语句，而 case 语句是一种多选择语句，通常用于多条件译码电路（如译码器、数据选择器、状态机、微处理器的指令译码）。case 语句是一段用 case-endcase 封装起来的段代码，它的表述方式有 3 种，即 case、casex 和 casez 表述的 case 语句，格式分别如下：

```
case(敏感表达式)<case 分支项>    endcase
casez(敏感表达式)    <case 分支项>    endcase
casex(敏感表达式)    <case 分支项>    endcase
```

（1） case 语句

分支项的一般格式如下：

```
分支表达式：          语句；
默认项(default 项)：  语句；
```

“敏感表达式” 又称为 “控制表达式”，通常表示为控制信号的某些位。分支项表达式则用控制信号的具体状态值来表示，因此分支项表达式又可以称为常量表达式。

当控制表达式的值与分支表达式的值相等时，就执行该分支表达式后的语句块。如果所有的分支表达式的值都没有与控制表达式的值匹配的，就执行 default 分支。

说明：

1） default 项可有可无，一个 case 语句里只准有一个 default 项。

2） 每一个 case 分项的分支表达式的值必须互不相同，否则就会出现矛盾（对表达式的同一个值，有多种执行方案）。

3） 执行完 case 分项后的语句，则跳出该 case 语句结构，终止 case 语句的执行。

4） 在用 case 语句表达式进行比较的过程中，只有当信号的对应位的值能明确进行比较时，比较才能成功。因此，要注意详细说明 case 分项的分支表达式的值。

5） case 语句的所有表达式值的位宽必须相等，只有这样，控制表达式和分支表达式才能进行对应位的比较。

下面是一个简单的使用 case 语句的例子。该例子对寄存器 rega 译码，以确定 result 的值。

```
reg [15:0]   rega;
```

```
reg [9:0]   result;
case(rega)
  16'd0:       result= l0'b0111111111;
  16'd1:       result= l0'b1011111111;
  16'd2:       result= l0'b1101111111;
  16'd3:       result= l0'b1110111111;
  16'd4:       result= l0'b1111011111;
  16'd5:       result= l0'b1111101111;
  16'd6:       result= l0'b1111110111;
  16'd7:       result= l0'b1111111011;
  16'd8:       result= l0'b1111111101;
  16'd9:       result= l0'b1111111110;
  defaultresult =10 ‘bx;
endcase
```

例：4 选 1 多路选择器。

```
module multiplexer(data_a,data_b,data_c,data_d,out_addr,data_out);
        input [3:0] data_a,data_b,data_c,data_d;
         input [1:0] out_addr;
         output reg [3:0] data_out;
    always @ ( * )
      begin
              case(out_addr)
                2'b00:data_out=data_a;
                2'b01:data_out=data_b;
                2'b10:data_out=data_c;
                2'b11:data_out=data_d;
                endcase

      end
endmodule
```

最后，说明一下 case 语句与 if_else_if 语句区别。

- if_else_if 结构中的条件表达式比 case 语句更为直观。
- case 语句提供了处理分支表达式的值某些位为不定值 x 和高阻值 z 的情况。在 case 语句中 x 或 z 和 0、1 一样，只要两个值的相同位置出现 x 或 z，就认为两个值相同。

例：

```
case(5’b10x0z)
      5’b1000z :   a=4’b0001;
      5’bx001z :   a=4’b0010;
      5’b10x0z :   a=4’b1111;
      default : a=4’b0000;
endcase
```

最后结果 a=4’b1111。

（2）casez 与 casex 语句

Verilog HDL 针对电路的特性提供了 case 语句的其他两种形式，即 casez 和 casex，这可用来处理比较过程中的不必考虑的情况，即在表达式进行比较时，不将该位的状态考虑在内。casez 和 casex 与 case 语句的区别：

- case 语句，是全等比较，即控制表达式和分支项表达式的值各对应位必须全等。
- 在 casez 语句中，若分支表达式某些位的值为高阻值 z，则不考虑对这些位的比较，只对非 z 位进行比较。
- 在 casex 语句中，若分支表达式某些位的值为 z 或不确定值 x，则不考虑对这些位的比较，只对非 x 或非 z 位进行比较。

下面将给出 case、casez、casex 的真值，如表 5-10 所列。

表 5-10　case、casez、casex 真值表

case	0	1	x	z	casez	0	1	x	z	casex	0	1	x	z
0	1	0	0	0	0	1	0	0	1	0	1	0	1	1
1	0	1	0	0	1	0	1	0	1	1	0	1	1	1
x	0	0	1	0	x	0	0	1	1	x	1	1	1	1
z	0	0	0	1	z	1	1	1	1	z	1	1	1	1

例：用 casez 实现操作码译码。

```
begin
  casez (opcode)
     4'b1zzz : out=a+b;
     4'b01?? : out=a-b;
     4'b001? : out=(~a)+1;
     4'b0001 : out=(~b)+1;
  endcase
end
```

例：用 casex 实现操作码译码。

```
begin
  casex (opcode)
     4'b1zzx : out=a+b;
     4'b01xx : out=a-b;
     4'b001? : out=(~a)+1;
     4'b0001 : out=(~b)+1;
  endcase
end
```

这两节讲述了两类条件语句（if-else 语句和 case 语句）的使用方法，下面说明使用条件语句时，应该注意的事项。

- 应注意列出所有条件分支，否则当条件不满足时，编译器会生成一个锁存器保持原值。这一点可用于设计时序电路，如计数器；条件满足加 1，否则保持原值不变。

- 而在组合电路设计中，应避免生成隐含锁存器。有效的方法是在 if 语句最后写上 else 项，在 case 语句最后写上 default 项。

5.4.3 循环语句

在 Verilog HDL 中存在着 4 种类型的循环语句，用来控制执行语句的执行次数。

1）forever：无限连续的执行语句，可用 disable 语句中断。

2）repeat：连续执行一条语句 n 次。

3）while：执行一条语句，直到某个条件不满足。如果一开始条件即不满足（为假），则该语句一次也不能被执行。

4）for：在变量内执行循环语句，达到条件跳出。

1. forever 语句

forever 语句是无限循环语句，该循环语句中的循环体部分将不断重复执行。该语句不需要声明任何变量，格式如下。

```
forever 语句;
```

或

```
    forever
begin
    多条语句
end
```

forever 循环语句常用于产生周期性的波形，作为仿真测试信号。它与 always 语句的不同之处在于不能独立写在程序中，而必须写在 initial 块中。

例：用 forever 语句产生周期为 20 个单位时间的时钟波形。

```
initial
    begin
        clk=0;                  //clock 初始值为 0
        #5  forever             //延时 5 个单位时间后执行 forever 循环
        #10 clk=~clk;
            //每隔 10 单位时间 cck 翻转一次,形成周期为 20 的方波
    end
```

注意：forever 的过程语句中必须有某种形式的时序控制，否则 forever 会在 0 时延后连续执行过程语句。上例中如果没有时序控制“#10”的话，clk 就得不到时钟波形。

如果需要在某个时刻跳出 forever 循环语句所指定的无限循环，可以通过在循环体语句中使用中止语句（disable 语句）来实现。

例：

```
initial
    begin
```

```
        counter=0;
        clk=0;
        #1000;
        begin: FOREVER_PART            //外层有名块
            forever
              begin                    //内层块,被循环执行语句块
                 counter=counter+1;
                 if (counter>200)     disable FOREVER_PART
//如果 counter>200 成立,disable 语句中止 FOREVER_PART 块,即跳出 forever
                 #25 clk=~clk;
               end
        end
    end
```

2. repeat 语句

repeat 语句是重复执行若干次的语句，带有一个控制循环次数的常数或变量，repeat 语句的格式如下。

```
repeat(表达式)语句;
```

或

```
repeat(表达式)
    begin
        多条语句
    end
```

在 repeat 语句中，其表达式通常为常量表达式，用以控制循环次数。

下面的例子中使用 repeat 循环语句及加法和移位操作来实现一个 8 位二进制数乘法器。

```
module mult_re(outcome,a,b);
 parameter size=8;
output [2*size:1] outcome;
input [size:1] a,b;                         //a 为被乘数,b 为乘数
    reg [2*size:1] outcome;
    reg [2*size:1] temp_a;                  //中间变量,存放操作数 a 左移一位后的结果
    reg [size:1] temp_b;                    //中间变量,存放操作数 b 右移一位后的结果
      always@ (a or b)
        begin:
            temp_a=a;
            temp_b=b;
            outcome=0;
          repeat (size)                     //size 为循环次数,循环执行 8 次
            begin
                if (temp_b[1])              //如果 temp_b 最低位为 1,就执行下面的加法
                  outcome=outcome+temp_a;
```

```
                    temp_a=temp_a<<1;        //操作数 a 左移一位,以便代入上式,求部分积
                    temp_b=temp_b>>1;        //操作数右移一位,以便取 temp_b[1]
                end
            end
endmodule
```

3. while 语句

while 语句有条件地执行一条或多条语句，格式如下。

```
while(循环执行条件表达式)语句
```

或

```
while(循环执行条件表达式)
    begin
        多条语句
    end
```

首先判断循环执行条件表达式是否为真。如果为真，则执行后面的语句或语句块；然后再回头判断循环执行条件表达式是否为真，若为真，再执行一次后面的语句；如此不断，直到条件表达式不为真。

下例用 while 循环语句对 rega 这个 8 位二进制数中值为 1 的位进行计数。

```
begin :counts
    reg[7:0] tempreg;                          //用作循环执行条件表达式
    count =0;
    tempreg = rega;
    while(tempreg)                             //若 tempreg 非 0,则执行以下语句
        begin
            if(tempreg[0])
                count =count + 1;              //只要 tempreg 的最低位为 1,则 count 加 1
                tempreg = tempreg>>1;          //右移 1 位,改变循环执行条件表达式的值
        end
    end
```

在使用 while 循环语句时，注意以下几点：

- 首先判断循环执行语句条件表达式是否为真，若不为真，则其后的语句一次也不被执行。
- 在执行语句中，必须有一条改变循环执行条件表达式的值的语句。
- while 语句只有当循环块有事件控制（即@ （posedge clk））时才可综合。

4. for 语句

for 语句是一种条件循环，语句中有一个控制执行次数的循环变量。for 语句的一般形式为：

```
for(表达式 1;表达式 2;表达式 3)语句
```

它的执行过程为：

1）执行表达式1，实际是对循环次数的变量赋初值。

2）判断条件表达式2，若其值为真（非0），则执行for语句中指定语句后，然后转到第3）步；若为假（0），则结束循环，转到第4）步。条件表达式2实际为循环结束条件。

3）在执行指定的语句后，执行表达式3，然后继续判断条件表达式2。表达式3实际为循环变量增量表达式。

4）执行for语句下面的语句。

for语句最简单的应用形式为：

```
for(循环变量赋初值;循环结束条件;循环变量增值)
```

执行语句；

for循环语句用while循环语句改写：

```
begin
    循环变量赋初值;
    while(循环结束条件)
        begin
            执行语句
            循环变量增值,
        end
end
```

若用for语句来实现前面用while循环语句对rega这个8位二进制数中值为1的位进行计数，则会发现使用for语句更简单。

```
begin:block
    integer i;
    count=0;
    for(i=0;i<=7;i=i+1)
        if(rega[i]==1)
            count=count+1;
end
```

下面再举几个例子，体会for语句的用法。

例：用for语句来初始化memory。

```
begin :   init_mem
    reg[7 :0]     tempi;//存储器的地址变量
      for(tempi = 0 ;tempi<memsize; tempi= tempi+ 1)
          memory[ tempi] = 0 ;
end
```

例：用for循环语句来实现前文所举例的两个8位二进制数乘法器。

```
module mult_for(outcome,a,b);
        parameter size=8;
          output [2 * size:1] outcome;
```

```
    input [size:1] a,b;         //a 为被乘数,b 为乘数
    reg [2 * size:1] outcome;
    integer i;
  always@ (a or b)
    begin
      outcome=0;
          for(i=1;i<=size;i= i+ 1)
            if (b[i])               //等同于 if (b[i]==1)
        outcome=outcome+(a<<(i-1));//a 左移(i-1)位,同时用(i-1)个 0 填补移除的位
    end
endmodule
```

例：用 for 语句实现 7 人表决器：若超过 4 人（含 4 人）投赞成票，则表决通过。

```
module voter (pass, vote);
    input [7:1] vote;
    output pass;
    reg[2:0] sum;
    integer i;              //循环变量 i
    reg pass;
    always @ (vote)
      begin
          sum=0;
          for (i=1; i<=7;i=i+1)              //for 语句,循环体是第一个 if 语句
              if (vote[i])        sum=sum+1;
              if (sum[2])       pass=1;   //或写为 if (sum[2:0]>=3'd4),若超过 4 人赞
                                               成,则表决通过。
               else    pass=0;
      end
endmodule
```

例：分别用 for、while 和 repeat 语句显示一个 32 位整型数据的循环。
for 循环：

```
module loope;
integer i;   //i 是 32 位整型寄存器变量
initial
     for (i=0;i<4;i=i+1)   //for 循环
        begin
        $display("i=%h",i);
        end
endmodule
```

while 循环：

```
module loope;
```

```
integer i;  //i 是 32 位整型寄存器变量
initial
    begin
    i=0;
    while(i<4)   //while 循环
        begin
        $display("i=%h",i);
        i=i+1;
        end
    end
endmodule
```

repeat 循环：

```
module loope;
integer i;   //i 是 32 位整型寄存器变量
initial
    begin
    i=0;
    repeat(4)   //repeat 循环
        begin
        $display("i=%h",i);
        i=i+1;
        end
    end
endmodule
```

三个程序的输出结果：

```
i=00000000
i=00000001
i=00000002
i=00000003
```

5.5 系统任务与函数语句

除了在前面已经讨论过的过程块和连续赋值语句这两部分外，行为描述模块还包括任务定义和函数定义这两部分。

这两部分在行为描述模块中都是可选的，它们是存在于模块中的一种“子程序”结构。利用任务和函数可以把一个很大的程序模块分解成许多较小的任务和函数，便于理解和调试。学会使用定义任务和函数语句简化程序的结构，增强代码的可读性。

5.5.1 系统任务

任务是一段封装在关键词 task-endtask 之间的程序。任务是通过调用来执行的，任务有接收数据的输入端和返回数据的输出端。另外，任务可以彼此调用，而且任务内还可以调用函数。

1. 任务的定义

Verilog HDL 语言中，任务类似于其他编程语言中的“过程”。任务的使用包括任务定义和任务调用。任务既可表示组合逻辑又可表示时序逻辑，定义的形式如下。

```
task <任务名>;
      <端口及数据类型声明语句>
      begin     <语句 1>
                <语句 2>
                  ……
                <语句 n>
      end
   endtask
```

在定义任务时，请注意以下几点：

1）第一行 task 语句不能列出端口名列表。

2）在任务定义结构中的行为语句部分可以有延时语句、敏感事件控制语句等时间控制语句出现。

3）一个任务可以没有输入、输出和双向端口，也可以有一个或多个输入、输出和双向端口。

4）一个任务可以没有返回值，也可以通过输出端口或双向端口返回一个或多个返回值。

5）在一个任务中可以调用其他的任务和函数，也可以调用该任务本身。

6）在任务定义结构内可以出现 disable 中止语句，这条语句的执行将中断正在执行的任务，程序将返回调用任务的地方继续向下执行。

7）“局部变量说明”用来对任务内用到的局部变量进行宽度和类型说明，这个说明语句的语法与进行模块定义时的相应说明语句语法是一致的。

8）由“begin”和“end”关键词界定的一组行为语句指明了任务被调用时需要进行的操作。在任务被调用时，这些行为语句将按串行方式执行。

9）任务定义与“过程块”“连续赋值语句”及“函数定义”这三种成分以并列方式存在于行为描述模块中，它们在层次级别上是相同的。任务定义结构不能出现在任何一个过程块的内部，如下例所示。

例：

```
task read_mem;                    //任务定义结构的开头,指定任务名为“read_mem”
      input [15:0] address;       //输入端口说明
      output [31:0] data;         //输出端口说明
      reg [3:0] counter;          //局部变量说明
      reg[7:0] temp [1:4];        //局部变量说明
      begin                       //语句块 ,指明任务被调用时需要进行的操作
         for ( counter=1;counter<=4;counter=counter+1)
```

```
            temp[ counter ] = mem[ address+counter-1 ] ;
            data = { temp[ 1 ] ,temp[ 2 ] ,temp[ 3 ] ,temp[ 4 ] } ;
        end
    endtask                          //任务定义结构的结尾
```

上例定义了一个名为“read_mem”的任务，该任务有一个16位的输入端口“address”、一个32位的输出端口“data”、一个4位的局部变量“counter”和一个8位的存储器“temp”。当上例所定义的任务被调用时，begin和end中间的语句得到执行，它们用来执行对存储器“mem”进行的4次读操作，将其结果合并后输出到端口“data”。

2. 任务的调用

任务的调用是通过“任务调用语句”来实现的。任务调用语句的语法如下。

<任务名> （ 端口1,端口2,……,端口n）;

其中，“（端口1，端口2，……，端口n）”组成了一个端口名列表。

在调用任务时必须注意：

1）任务调用语句只能出现在过程块内。

2）任务调用语句就像一条普通的行为语句那样得到处理。

3）当被调用的任务具有输入或输出端口时，任务调用语句必须包含端口名列表，这个列表内各个端口名出现的顺序和类型必须与任务定义结构中端口说明部分的端口顺序和类型相一致，注意只有寄存器类型的变量才能与任务的输出端口相对应，如下例所示。

例：对前例的任务 read_mem 进行调用。

```
module   demo_task_invo;
    reg[ 7:0]  mem [ 128:0];
    reg[ 15:0]  a;
    reg[ 31:0]  b;
    initial
      begin
        a = 0;
        read_mem( a,b) ;            //第一次调用
        #10;
        a = 64;
        read_mem( a,b) ;            //第二次调用
      end
    <任务“read_mem”定义部分>
endmodule
```

在上面的模块中，任务“read_mem”得到了两次调用。由于这个任务在定义时说明了输入端口和输出端口，所以任务调用语句内必须包含端口名列表“（a，b）”。其中变量a与任务的输入端口“address”相对应，变量b与任务的输出端口“data”相对应，并且这两个变量在宽度上也与对应的端口相一致的。这样，在任务被调用执行时，变量a的值通过输入端口传给了address；在任务调用完成后，输出信号data又通过对应的端口传给了变量b。为了使程序更容易读懂，下面通过一个具体的例子来说明怎样在模块的设计中使用任务。

例：通过任务调用完成4个4位二进制输入数据的冒泡排序。

```
module sort4(ra,rb,rc,rd,a,b,c,d);
        output [3:0] ra,rb,rc,rd;
        input [3:0] a,b,c,d;
        reg [3:0] ra,rb,rc,rd;
            reg [3:0] va,vb,vc,vd;       //中间变量,用于存放两个数据比较交换的结果
            always@ (a or b or c or d)
                begin
                    {va,vb,vc,vd}={a,b,c,d};
                    /*任务的调用*/
                    sort2(va,vc);         //比较 va 与 vc,较小的数据存入 va
                    sort2(vb,vd);         //比较 vb 与 vd,较小的数据存入 vb
                    sort2(va,vb);         //比较 va 与 vb,较小的数据存入 va(最小值)
                    sort2(vc,vd);         //再比较 vd 与 vc,较小的数据存入 vc(则 vd 为最大值)
                    sort2(vb,vc);         //再比较 vb 与 vc 谁更小,较小的数据存入 vb
                    {ra,rb,rc,rd}={va,vb,vc,vd};
                end
        task sort2;                       //任务:比较两个数大小,按从小到大排序
        inout [3:0] x,y;                  //双向类型
        reg [3:0] temp;
        if(x>y)
            begin
                    temp=x;  //x 与 y 变量的内容互换,要求顺序执行,所以采用阻塞赋值
                    x=y;
                    y=temp;
            end
                endtask
        endmodule
```

3. 任务的特点

在利用任务编程时，任务有以下特点：

1）任务的定义与引用都在一个 module 模块内部。

2）任务的定义与 module 的定义有些类似，同样需要进行端口说明与数据类型说明。另外，任务定义的内部没有过程块，但在块语句中可以包含定时控制部分。

3）当任务被引用时，任务被激活。

4）一个任务可以调用别的任务或函数。

5.5.2 函数

函数（Function）的目的是通过返回一个值来响应输入信号的值，和任务一样，函数也是一段可以执行特定操作的程序，这段程序处于关键词 function-endfunction 之间。

Verilog HDL 语言中的函数使用包括了函数的定义、返回值、函数的调用和使用规则，下面具体说明。

1. 函数定义的语法

函数定义的语法如下：

```
function <返回值类型或范围>  <函数名>;
                  <输入端口说明>
```

```
        <局部变量说明>
           begin
           <行为语句 1;>
           <行为语句 2;>
              ……
           <行为语句 n;>
           end
endfunction
```

注意：<返回值的类型或范围>这一项是可选项，如缺省则返回值为一位寄存器类型数据。另外，在函数的定义中，必须有一条赋值语句，给函数中的一个内部寄存器赋以函数的结果值，该内部寄存器与函数同名。

下面举例说明函数定义的用法。

例：

```
function [7:0] gefun;                    //函数的定义
   input [7:0] x;
   ……
   <语句>                                 //进行运算
   gefun=count;                          //赋值语句,此处的 gefun 是内部寄存器
   endfunction
 assign number=gefun(rega);              //对函数的调用
```

例：word_aligner 中的函数 aligned_word 可以将一个数据字向左移动，直到最高位是 1 时为止。word_aligner 的输入是一个 8 位的数据字，输出也是一个 8 位的数据字。

```
module word_aligner(word_out,word_in);
     output [7:0] word_out;
     input [7:0] word_in;
     assign word_out=aligned_word(word_in);
     function [7:0] aligned_word;        //函数的定义
     input [7:0] word_in;
       begin
            aligned_word=word_in;
            if(aligned_word!=0)
         while(aligned_word[7]==0) aligned_word= aligned_word<<1;
       end
     endfunction
endmodule
```

例：

```
function [7:0] getbyte;          //函数定义结构的开头,注意此行中不能出现端口名列表
   input [63:0] word;            //说明第一个输入端口(输入端口 1)
   input [3:0] bytenum;          //说明第二个输入端口(输入端口 2)
   integer bit;                  //局部变量说明
   reg [7:0] temp;               //局部变量说明
     begin
         for (bit=0; bit<=7; bit=bit+1)
```

```
            temp[bit]=word[((bytenum-1) * 8)+bit];    //第一条行为语句
            getbyte = temp          //第二条行为语句:将结果赋值给函数名变量 getbyte
        end
    endfunction                     //函数定义结束
```

函数定义时必须注意：

1）与任务一样，函数定义结构只能出现在模块中，而不能出现在过程块内。

2）函数至少必须有一个输入端口。

3）函数不能有任何类型的输出端口（output 端口）和双向端口（inout 端口）。

4）在函数定义结构中的行为语句部分内不能出现任何类型的时间控制描述，也不允许使用 disable 终止语句。

5）与任务定义一样，函数定义结构内部不能出现过程块。

6）在一个函数内可以对其他函数进行调用，但是函数不能调用其他任务，任务可以调用函数。

7）在第一行“function”语句中不能出现端口名列表。

8）函数只返回一个数据，其缺省为 reg 类型

9）传送到函数的参数顺序和函数输入参数的说明顺序相同。

10）虽然函数只返回单个值，但返回的值可以直接给信号连接赋值。这在需要有多个输出时非常有效。

例：{o1, o2, o3, o4} = f_or_and (a, b, c, d, e);

2. 函数返回值

函数的定义包含声明了与函数同名的、函数内部的寄存器。如在函数的声明语句中<返回值的类型或范围>为缺省，则这个寄存器是一位的，否则是与函数定义中<返回值的类型或范围>一致的寄存器。函数的定义把函数返回值所赋值寄存器的名称初始化为与函数同名的内部变量。

返回值类型可以有三种形式：

1）“[msb:lsb]”：这种形式说明函数名所代表的返回数据变量是一个多位的寄存器变量，它的位数由 [msb:lsb] 指定，如函数定义语句

```
function [7:0] adder;
```

定义了一个函数“adder”，它的函数名“adder”还代表着一个 8 位宽的寄存器变量，其最高位为第 7 位，最低位为第 0 位。

2）“integer”：这种形式说明函数名代表的返回变量是一个整数型变量。

3）“real”：这种形式说明函数名代表的返回变量是一个实数型变量。

3. 函数的调用

函数调用是通过将函数作为表达式中的操作数来实现的，其调用格式如下。

```
<函数名> (<输入表达式 1>,<输入表达式 2>,……,<输入表达式 m>);
```

其中，m 个“<输入表达式>”与函数定义结构中说明的各个输入端口一一对应，它们代表着各个输入端口的输入数据。这些输入表达式的排列顺序及类型必须与各个输入端口在函数定义结构中的排列顺序及类型保持严格一致。

在调用函数时必须注意如下几点：

1）函数的调用不能单独作为一条语句出现，它只能作为一个操作数出现在调用语句内。

例：对所定义的函数“getbyte”进行调用。

```
out = getbyte( input1,number);
```

在这条调用语句中，函数调用部分“getbyte(input1,number)”被看作是一个操作数，这个操作数的取值就是函数调用的返回值。在整个调用语句中，函数调用部分是作为“赋值表达式”出现在整条过程赋值语句中的，函数调用部分不能单独地作为一条语句出现，这就是说语句“getbyte(input1,number);”是非法的。

2）函数调用既能出现在过程块中，也能出现在 assign 连续赋值语句中。比如语句：

```
wire[7:0] net1;reg [63:0] input1;
    assignnet1= getbyte( input1,3 );
```

函数调用就出现在一条连续赋值语句内，这条语句指定由函数调用返回值对 8 位连线型变量 net1 进行连续驱动。

3）函数在综合时被理解成具有独立运算功能的电路，每调用一次函数，相当于改变此电路的输入，以得到相应的计算结果。

例：函数的调用

```
module demo_function_call;
reg[7:0] call_output;
reg[63:0] input1;
reg[3:0] input2;
initial
  begin
  input1=64'h123456789abcdef0;
  input2=3;
  call_output=getbyte(input1,input2);          //第一次调用
   $display("after the first call,the returned value is : %b",call_output );
  #100;
   $display("second call,return value: %b ",getbyte(input1,6) );          //第二次调用
  end
 <函数 getbyte 定义部分>
endmodule
```

上例模块中的 initial 过程块对函数“getbyte”分别进行了两次调用。

函数 getbyte 的第一次调用是作为过程赋值语句“call_output=getbyte(input1,input2);”右端的赋值表达式出现的，调用时的输入表达式分别为两个寄存器变量 input1 和 input2，它们将与函数定义结构中的第一个和第二个输入端口相对应，因此这两个寄存器变量的取值将分别被传递给函数输入端口“word”和“bytenum”。函数调用完成后，过程赋值语句中的“getbyte”将具有函数调用的返回值，这个返回值将作为“赋值表达式”参与对变量 call_output 进行的过程赋值操作。

函数 getbyte 的第二次调用是作为系统任务 $display 语句内的“输出变量表项”出现的，

调用时的输入表达式分别是一个寄存器变量“input1”和一个常数“6”，它们的值将被分别传递给函数定义中的两个输入端口“word”和“bytenum”。函数调用完成后，$display 语句中的“getbyte”将具有函数调用的返回值，这个返回值将作为“输出变量表项”参与 $display 语句的执行。

由以上所给出的函数定义和函数调用的例子可以看出，在函数定义中必须有一条赋值语句来对函数名变量进行赋值，这样才能通过这个函数名变量来将函数调用的结果（返回值）传递给调用语句。

函数的每一次调用只能通过函数名变量返回一个值。在有些时候我们要求一次函数调用能返回多个值，可以通过在函数定义和函数调用中使用合并操作符“{”“}”来解决这一问题。

例：由一个函数返回多个值的方法。

```
module demo_multiout_function;
reg [7:0] a,b,c,d;
initial
    begin
    a=8'h54;
    b=8'h32;
    {c,d} =multiout_fun(a,b);
//语句 S1,进行了函数调用的过程赋值语句
    $display("the value of c is:%h   d is :%h ",c,d);
  end
function[15:0] multiout_fun;
input[7:0] in1,in2;
reg [7:0] out1;
reg [7:0] out2;
    begin
      out1=in1 & in2;
      out2=in1 | in2;
      multiout_fun={out1,out2};
  //语句 S2,对函数名变量进行赋值
    end
endfunction
endmodule
```

上例中定义了一个函数 multi_fun，我们想从这个函数中同时得到两个返回值 out1 和 out2，由于函数调用时只能由函数名返回一个值，因此 out1 和 out2 的取值不可能同时独立地被返回，但是可以借助合并操作符“{,}”来实现多个输出值的同时输出。

在函数定义内，语句 S2 通过合并操作符把两个输出值 out1 和 out2 合并成一个值并将它赋值给函数名变量“multiout_fun”。这样，虽然函数在形式上还是只有 multiout_fun 变量这一个返回值，但是在这个返回值内实际上包含了两个输出数据。

在对函数进行了调用的过程赋值语句 S1 中，函数调用返回值“multiout_fun”被赋值给由变量 c 和变量 d 组合而成的一个合并变量。这样，在执行了赋值语句 S1 后，函数调用返回值“multiout_fun”中所包含的两部分输出值将分别被赋值给变量 c 和变量 d，这样也就实

现了将函数输出 out1 和 out2 的值分别传递给变量 c 和变量 d。

在使用函数时必须注意：由于在函数定义结构中不能出现任何类型的时间控制语句，所以函数调用执行所需的时间只能是零仿真时间，也就是说，函数调用启动时刻和函数调用返回时刻是相同的。

4. 使用规则

与任务相比较，函数的使用有较多的约束。下面给出函数的使用规则。

- 函数的定义不能包含有时序控制操作（无延迟控制#、时间控制@ 或 wait 语句）。
- 函数不能启动任务。
- 定义函数时至少要有一个输入参量。
- 在函数的定义中必须有一条赋值语句给函数中的一个内部变量赋以函数的结果值，该内部变量具有和函数名相同的名字。

5. 举例说明

下面的例子中定义了一个可进行阶乘运算的名为 factorial 的函数，该函数返回一个 32 位的寄存器类型的值，还可后向调用自身，并且打印出部分结果值。

例：阶乘函数的定义和调用。

```
module tryfact ;
  //函数的定义-----------------------------------------------------------
  function[31 : 0]factoriali
    inpu t[ 3:0] operand ;
    reg[3 :0]index;
    begin
      factorial= 1 ;          //0 的阶乘为 1,1 的阶乘也为 1
      for( index= 2; index< = operand; index= index+1)
      factorial = index * factorial;
    end
  endfunction
//函数的测试-------------------------------------------------------------
    reg[31:0]result;
    reg[3:0]n;
    initial
      begin
          result = 1 ;
          for(n=2;n<= 9 ; n=n+l)
              begin
                  $display("Partial result n= %d result= %d",n,result);
                  result = n * factorial(n)/( (n * 2) +1);
              end
          $display("Finalresult= % d",result);
      end
endmodule          //模块结束
```

前面已经介绍了足够多的语句类型，可以编写一些完整的模块。之后，将给出一些实际的例子。这些例子都给出了完整的模块描述，因此可以对它们进行仿真测试和结果检验。通过学习和反复地练习就能逐步掌握利用 Verilog HDL 设计数字系统的方法和技术。

6. 函数与任务的共同点和区别

函数与任务的共同点：

1）任务和函数必须在模块内定义，其作用范围仅适用于该模块，可以在模块内多次调用。

2）任务和函数中可以声明局部变量，如寄存器、时间、整数、实数和事件，但是不能声明线网类型的变量。

3）任务和函数中只能使用行为级语句，但是不能包含 always 和 initial 块，设计者可以在 always 和 initial 块中调用任务和函数。

函数与任务的不同点：

1）函数只能与主模块共用同一个仿真时间单位，而任务可以定义自己的仿真时间单位。

2）任务可以没有输入变量或有任意类型的 I/O 变量，而函数允许有输入变量且至少有一个，输出则由函数名自身担当。

3）函数还可以出现在连续赋值语句 assign 的右端表达式中。

4）函数调用通过函数名返回一个返回值，而任务调用必须通过 I/O 端口传递返回值。

5）在函数中不能调用其他任务，而在任务中则可以调用其他的任务或函数。

5.5.3 常用的系统任务和函数

Verilog HDL 提供了一些定义好的任务和函数，称为系统任务和系统函数，通过直接调用可以方便地完成某些操作。依据实现功能的不同，系统任务可分成以下几类。

- 显示任务（Display Task）
- 文件输入/输出任务（File I/O Task）
- 时间标度任务（Timescale Task）
- 模拟控制任务（Simulation Control Task）
- 时序验证任务（Timing Check Task）
- PLA 建模任务（PLA Modeling Task）
- 随机建模任务（Stochastic Modeling Task）
- 实数变换函数（Conversion Functions for Real）
- 概率分布函数（Probabilistic Distribution Function）
- 系统任务和函数可经常与 Verilog 的预编译语句联合使用，主要用于 Verilog 仿真验证。限于篇幅，这里只讨论一些常用的内容。系统任务和系统函数的名字都是用字母“ $”开头的，下面分别给予介绍。

1. $display 和 $write 任务

$display 与 $write 都属于显示类系统任务，格式如下。

```
$display(p1,p2,…,pn);
$write (p1,p2,…,pn);
```

这两个函数和系统任务是用来输出信息，即将参数 p2 ~ pn 按参数 p1 给定的格式输出。参数 pl 通常称为“格式控制”，参数 p2 ~ pn 通常称为“输出表列”。这两个任务的作用基本相同。但 $display 与 $write 稍有不同，在输出文本结束时，$display 会在文本后加一个换行，而 $write 是不加的。如果想在一行里输出多个信息，可以使用 $write。在 $display 和 $write 中，其输出格式控制是用双引号（“”）括起来的字符串，它包括两种信息。

1）格式说明，由“%”和格式字符组成。它的作用是将输出的数据转换成指定的格式输出。格式说明总是由“%”字符开始的。对于不同类型的数据用不同的格式输出。表 5-11 给出了常用的几种输出格式。

表 5-11　常用的几种输出格式

输出格式	说　明
%h 或%H	以十六进制数的形式输出
%d 或%D	以十进制数的形式输出
%o 或%O	以八进制数的形式输出
%b 或%B	以二进制数的形式输出
%c 或%C	以 ASCII 码字符的形式输出
%v 或%V	输出网络型数据信号强度
%m 或%M	输出等级层次的名字
%s 或%S	以十字符串的形式输出
%t 或%T	以当前的时间格式的形式输出
%e 或%E	以指数的形式输出实型数
%f 或%F	以十进制数的形式输出实型数
%g 或%G	以指数或十进制数的形式输出实型数，无论何种格式都以较短的结果输出

2）普通字符，即需要原样输出的字符。其中一些特殊的字符可以通过表 5-12 给出的转换序列来输出。表中的字符形式用于格式字符串参数中，用来显示特殊的字符。

表 5-12　特殊字符输出方法

换码序列	功　能
\n	换行
\t	横向跳格(即跳到下一个输出区)
\\	反斜杠字符\
\”	双引号字符”
\o	1~3 位八进制数代表的字符
%%	百分符号%

例：假设 a、b、c 的值分别是 1、2、3，即

```
$display (“a=%d”,a);
$display (“b=%d”,b);
$display (“c=%d”,c);
```

得到输出：a=1

```
b=2
c=3
```

如果使用 $write：

```
$write ("a=%d",a);
$write ("b=%d",b);
$write ("c=%d",c);
```

得到输出：a=1b=2c=3

可以看出，$display 自动地在输出后进行换行，而 $write 则不是这样，它是一行显示多个信息。

例：

```
module  sdisp2;                //注意无输入输出端口
reg[31:0] rval;
pulldown(pd);                  //pd 接下拉电阻
initial
    begin
    rval=101;                  //赋整数 101
    $display("rval=%h hex %d decimal", rval, rval ); //十六进制、十进制显示 decimal",
rval,rval);
    $display("rval=%o otal %b binary", rval, rval ); //八进制、二进制显示 binary",rval,rval);
    $display(rval has %c ascii character value", rval );  //字符格式显示输出
    $display("pd strength value is %v",pd);               //pd 信号强度显示
    $display("current scope is %m");                      //当前层次模块名显示
    $display("%s is ascii value for 101", 101);           //字符串显示
    $display("simulation time is %t", $time);             //显示当前仿真时间
    end
endmodule
```

其输出结果为：

```
rval = 00000065 hex 101 decimal
rval = 00000000145 octal 00000000000000000000000001100101 binary
rval has e ascii character value
pd strength value is StX
current scope is sdisp2
e is ascii value for 101
simulation time is 0
```

输出数据的显示宽度：在 $display 中，显示宽度是自动按照输出格式进行调整的。对于十进制，输出前面的 0 用空格代替，但对于其他进制，前面的 0 仍然显示出来。

一般情况下，用“%d”输出的时候，结果显示是右对齐的。如果一定要让它左对齐，可以使用“%0d”（即，在%和表示进制的字符中间插入一个 0），规定最小的区域宽度为 0，最后输出显示就是左对齐了。见下例：

```
$display ("d= % 0h a= %0h", data, addr);
```

这样在显示输出数据时，在经过格式转换以后，总是用最少的位数来显示表达式的当前

值。下面举例说明。

```
module printval;
reg[11:0] rl;
initial
    begin
    rl= 10;
    $display(" Printing with maximum size=%d==%h", rl, rl);
    $display (" Printing with minimum size= % 0d= % 0h", rl ,rl);
    end
endmodule
```

输出结果为：

```
Printing with maximum size=10=00a:
Printing with minimum size=10=a;
```

由前面的两个例子可以看到，$display 可以很方便地插入到需要观察的 Verilog 语句后面，即时显示出所需要观察的信号变量，而且还可以以多种格式显示出来。

如果输出列表中表达式的值包含有不确定的值或高阻值，其结果输出遵循以下规则。

1）在输出格式为十进制的情况下：

- 如果表达式值的所有位均为不定值，则输出结果为小写的 x。
- 如果表达式值的所有位均为高阻值，则输出结果为小写的 z。
- 如果表达式值的部分位为不定值，则输出结果为大写的 X。
- 如果表达式值的部分位为高阻值，则输出结果为大写的 Z。

2）在输出格式为十六进制和八进制的情况下：

- 每 4 位二进制数为一组代表 1 位十六进制数，每 3 位二进制数为一组代表 1 位八进制数。
- 如果表达式值相对应的某进制数的所有位均为不定值，则该位进制数的输出结果为小写的 x。
- 如果表达式值相对应的某进制数的所有位均为高阻值，则该位进制数的输出结果为小写的 z。
- 如果表达式值相对应的某进制数的部分位为不定值，则该位进制数的输出结果为大写的 X。
- 如果表达式值相对应的某进制数的部分位为高阻值，则该位进制数的输出结果为大写的 Z。

对于二进制输出格式，表达式值的每一位的输出结果为 0、1、x、z，下面举例说明。

语句输出结果：

```
$display("%d", 1'bx);                        输出结果为:x
$display("%h", 14'bx0-1010);                 输出结果为:xxXa
$display("%h %o",12'b001x_xx10_1x01, 12'b001_xxx_101_x01); 输出结果为:XXX1x5X
```

注意：因为 $write 在输出时不换行，要注意它的使用。可以在 $write 中加入换行符\n，以确保明确的输出显示格式。

2. $monitor 和 $strobe

虽然利用 $display 可以即时显示出需要观察的信号变量，但不是所有情况下，$display 都可以胜任。比如需要某一个信号变量变化时，显示当前值；或者在非阻塞语句使用时，$display 显示值需要分析。在显示任务中还有 $monitor 和 $strobe，它们在有些情况下可以弥补 $display 的不足。为了更容易理解它们三者之间的区别，下面请看一个例子。

例：

```
module sdisp3;      //无输入输出信号
        reg [1:0] a;
        reg b;
        initial  $monitor("\ $monitor:a=%b",a);          // $monitor 监测 a 的变化
        initial begin
        b=0;a=0;
        $strobe("\ $strobe:a=%b",a);                      // $strobe 显示 a 的赋值
        a=1;
        $display("\ $display: a=%b",a");                  // $display 显示 a 的当前赋值
        a=2;
        $monitor("\ $monitor:b=%b",b);                    // $monitor 取代前一个 $monitor
        a=3;
        #30  $finish;                                     //延时 30 个时间单位后,仿真终止
        end
      always #10 b=~b;                                    //b 每隔 10 个时间单位,值翻转
endmodule
```

仿真输出的结果如下：

```
# $display: a=01
# $strobe: a=11
# $monitor: b=0
# $monitor: b=1
# $monitor: b=0
```

由仿真结果可以看出，$display 最容易理解，因为在 $display 的前一语句对 a 已经赋值 1，所以 $display 打印出“a=01”。但 $strobe 显示的却好像是 a 的最后赋值，这是为什么？由于 $strobe 不是单纯地显示 a 的当前值，它的功能是，当该时刻的所有事件处理完毕后，在这个时刻的结尾显示格式化字符串。虽然 a 有多次赋值，但都属于初始时刻赋值，在这个时刻的结尾，a 被赋值 3，所以 $strobe 才开始显示为 “a=11”。也就是说，无论 $strobe 是在该时刻的哪个位置被调用，只有当 $strobe 被调用的时刻，所有活动（如赋值）结束后，$strobe 才显示字符串，对于阻塞和非阻塞赋值都一样。

而 $monitor 的显示结果更难理解，明明有两个 $monitor，显示 a 的 $monitor 却消失了，只有显示 b 的 $monitor 在起作用。这是由于在使用 $monitor 还要符合一些约定。当有多个 $monitor 语句时，那么在执行时，后一个被执行的 $monitor 取代前一个 $monitor 的执行。这也就是为什么只有一个 b 的 $monitor 被执行。

另外，使用 $monitor 时还需注意：

- 一条 $monitor 语句可以显示多次，每次都是随参数表中的信号变量变化而启动。

- 为了使程序员更容易控制 $monitor 何时发生，可以通过 $monltoron 任务（用于启动监控任务）和 $monitoroff 任务（用于停止监控任务）来实现。
- $monitor 与 $display 的不同之处还在于 $monitor 往往在 initial 块中调用，只要不调用 $monitoroff，$monitor 便不间断地对其所设定的信号进行监视。

3. 仿真控制任务

仿真控制任务用于使仿真进程停止。该类任务有两个：$finish 和 $stop。两者用法相同，以 $stop 为例说明。

```
initial   #500  $stop;
```

执行此 initial 语句将使仿真进程在 500 个单位时间后停止。

这两个系统任务都是终止仿真，不过 $finish 终止仿真进程后，会把控制权返回操作系统；而 $stop 终止仿真进程后，没有返回操作系统，而是返回仿真器的命令行。

例：仿真结束任务的例子。

```
initial
  begin
      clock = 1'b0;
      ……                              //需要完成的任务
      #200  $stop                     //暂停仿真并进入交互方式
      #500  $finish                   //结束仿真任务
  end
```

4. 显示层次

通过显示任务，比如 $display、$write、$monitor 或者 $strobe 任务中的%m 的选项，可以显示任意级别的层次。例如，当一个模块的多个实例执行同一段 Verilog 代码时，%m 选项会区分哪个模块在输出。%m 选项无需参数，见下例。

例：显示层次

```
module   M;
initial
      $display("displaying in %m")
endmodule
//调用模块 M
module top;
      M m1( );
      M m2( );
      M m3( );
endmodule
```

仿真输出显示如下：

```
displaying in top. m1
displaying in top. m2
displaying in top. m3
```

这一特征可以显示全层次路径名，包括模块实例、任务、函数和命名块。

5. 文件输入/输出任务

Verilog 的结果通常输出到标准输出和文件 verilog. log 中，通过输入输出任务可将结果定向选择输出到指定的文件。文件的输出有以下作用：

- 将数据和分析的工作从 testbench 中隔离出来，便于协同工作。
- 可通过其他软件工具 c/c++、Matlab 等快速产生数据
- 将数据写入文档后，同通过 c/c++、excel 以及 Matlab 工具分析。因此在测试代码中完成文件输入输出操作，是测试大型设计的必备手段。

(1) 打开文件

首先定义 integer 指针，然后调用 $fopen(file_name,mode)任务，不需要模式时，调用 $fopen(file_name)，常用 mode 包括：

"w" 打开文件并从文件头开始写，如果不存在就创建文件。

"w+" 打开文件并从文件头开始读写，如果不存在就创建文件。

"a" 打开文件并从文件末尾开始写，如果不存在就创建文件。

"a+" 打开文件并从文件末尾开始读写，如果不存在就创建文件。

用法：

```
integer file_id;
file_id = fopen("file_path/file_name");
```

$fopen 将返回关于文件 file_name 的整数（指针），并把它赋给整形变量 file_id。

任务 $fopen 返回一个被称为多通道描述符（Multichannel Descriptor）的 32 位值。多通道描述符中只有一位被设置为 1。标准输出有一个多通道描述符，其最低位（第 0 位）被设置成 1。标准输出也称为通道 0，标准输出一直是开放的。任务 $fopen 返回一个被称为多通道描述符（Multichannel Descriptor）的 32 位值，多通道描述符中只有一位被置为 1。标准输出多通道描述符的最低位（第 0 位）被设置为 1，其余为 0。标准输出也称为通道 0，标准输出一直是开放的。以后对 $fopen 每一次调用打开一个新的通道，并且返回了一个设置为 1 的位相对应。下例说明了使用方法。

例：

```
//多通道描述符
    integer   handle1, handle2, handle3;          //整型数为 32 位
    //标准输出是打开的;descriptor = 32'h0000_0001(第 0 位置 1)
    initial
    begin
        handle1 = $fopen("file1. out");//handle1 = 32'h0000_0002
        handle2 = $fopen("file2. out");//handle1 = 32'h0000_0004
        handle3 = $fopen("file3. out");//handle1 = 32'h0000_0008
    end
```

多通道描述符的特点在于可以有选择地同时写多个文件。

(2) 读取文件

在 Verilog HDL 程序中，用来从文件中读取数据并存到存储器中的任务有两个：$readmemb（读取二进制格式数）和 $readmemh（读取十六进制格式数）。格式如下：

```
$readmemb("<数据文件名>",<存储器名>,<起始地址>,<结束地址>);
```

其中，<起始地址>和<结束地址>是可选项。如果没有<起始地址>和<结束地址>，则存储器从其最低位开始加载数据直到最高位。如果有<起始地址>和<结束地址>，则存储器从其起始地址开始加载数据直到结束地址。

例：先定义一个有 256 个地址的字节存储器 mem。

```
reg[7:0]   mem[1:256];
```

下面给出的系统任务以各自不同的方式装载数据到存储器 mem 中。

```
initial    $readmemh("mem.data",mem);
initial    $readmemh("mem.data",mem,16);
initial    $readmemh("mem.data",mem,128,1);
```

还有一种方式可以把指定的数据放入指定的存储器地址单元内，就是在存放数据的文本内，给相应的数据规定其存储地址，形式如下：

```
@ <16进制形式的地址><数据>
```

系统任务执行时将把该数据放入指定的地址，后续读入的数据会从该指定地址的下一个存储单元开始向后加载。

例：　　@ 3　B

数据 B 会被放入存储器地址为 3 的单元内，后续读入的数据会从地址 4 开始存放。

(3) 写文件

显示、写入、探测和监控系统任务都有一个用于向文件输出的相应副本，该副本可用于将信息写入文件。

调用格式：

```
$fdisplay(file_id,p1,p2,…,pn)
$fmonitor(file_id,p1,p2,…,pn)
$fstrobe(file_id,p1,p2,…,pn)
$fwrite(file_id,p1,p2,…,pn)
```

p1，p2，…，pn 可以是变量、信号名或者带引号的字符串。file_id 是一个多通道描述符，它可以是一个句柄或者多个文件句柄按位的组合。Verilog 会将输出写到与 file_id 中值为 1 的位相关联的所有文件中。

例：

```
//所有的 file_id 都在前例中定义
    integer desc1,desc2,desc3;
    initial
        begin
            desc1=handle1 | 1;
             $fdisplay(desc1,"display1");   //写到文件 file1.out 和标准输出 stdout
            desc2=handle1 | handle1;
             $fdisplay(desc1,"display2");   //写到文件 file1.out 和 file2.out
            desc3=handle3;
```

```
            $fdisplay(desc3,"display2");  //只写到文件 file3. out
        end
```

（4）关闭文件

关闭文件可通过系统任务 $fclose 来实现，其调用格式如下。

```
$fclose(file_id);
```

整个过程为：系统函数 $fopen 用于打开一个文件，并返回一个整数指针。然后，$fdisplay 就可以使用这个文件指针在文件中写入信息。写完后，可以使用 $fclose 系统关闭这个文件。文件一旦被关闭，就不能再写入。

例如：

```
integer write_out_file;      //定义一个文件指针
integer write_out_file= $fopen("write_out_file. txt");
 $fdisplay(write_out_file,"@ %h\n%h",addr,data);
 $fclose("write_out_file");
```

以上语法是将 addr、data 分别显示在“@ %h\n%h”中的两个%h 的位置，并写入 write_out_file 文件指针所指向的 write_out_file. txt 中。

6. 仿真时间函数

在 Verilog HDL 中有两种类型的时间系统函数：$time 和 $realtime。用这两个时间系统函数可以得到当前的仿真时刻。该时刻是以模块的仿真时间尺度 timescale 为基准的。不同之处是 $time 返回 64 位的整型时间，而 $realtime 返回实型时间。

例：

```
`timescale  10 ns/1ns
    module  test;
            reg  set,
            pararaeter  p=1. 6;
            initial
            begin
                $monitor( $time,,"set=",set);
               #p set=0;
               #p set=1;
          end
      endmodule
```

输出结果为：

```
0 set=x
2 set=0
3 set=1
```

时间尺度为 10ns，由于 $time 输出的时刻是时间尺度的整数倍，即输出 1. 6 和 3. 2，且 $time 的返回值是整数，所以 1. 6 和 3. 2 经过取整后分别为 2 和 3。

若采用 $realtime 系统函数，返回的时间数字是一个实型数。请看下例：

```
`timescale 10ns/1ns
```

```
module test;
        reg set;
        parameter   p=1.55;
        initial
        begin
              $monitor( $realtime,,"set=",set);
              #p set=0;
              #p set=1;
        end
endmodule
```

输出结果为：

```
0 set=x
1.6 set=0
3.2 set=1
```

由结果可以看出，无需进行取整操作， $realtime 只需将仿真时刻经过尺度变换后输出，因此 $realtime 返回的时间是实型数。

7. 随机函数 random

随机函数提供一种随机数机制，每次调用这个函数都可以返回一个新的随机数，格式如下。

例：

```
$random %b
```

其中 b>0。它给出了一个范围在(-b+1)~(b-1)中的随机数。下面给出一个产生随机数的例子。

例：

```
reg [23:0] rand;
rand= $random%60;
```

上面的例子给出了一个范围在-59~59 之间的随机数，下面的例子通过位拼接操作产生一个值在 0~59 之间的数。

```
reg[23:0] rand;
rand={ $random} %60;
```

5.6 Verilog HDL 设计实例

5.6.1 语法总结

1. 典型的 Verilog 模块的结构

```
module M (P1,P2,P3,P4);
        input P1, P2;
        output [7:0] P3;
```

```
            inout P4;
            reg [7:0] R1,Ml [l:1024];
            wire W1, W2, W3, W4;
            parameter Cl = "This is a string";
                initial
                    begin :块名
                    //声明语句
                    end
                always@ (触发事件)
                    begin
                    //声明语句
                    end
                //连续赋值语句
                  assign W1 =Expression;
                  wire (Strong l,Weak0)[3:0] #(2,3) W2 = Expression;
                //模块实例引用
                COMPU1 (W3, W4);
                COMP U2 (.P1(W3), ,P2(W4));

                task T1,//任务定义
                    input A1;
                    inout A2;
                    output A3;
                        begin
                        //声明语句
                        end
                endtask

                  function [7:0] FI;     //函数定义
                    input A1;
                    begin
                    //声明语句
                    FI =表达式;
                    end
            endfunction
    endmodule  //模块结束
```

2. 声明语句

```
    # delay
    wait (Expression)
    @ (A or B or C)
    @ (posedge Clk)
          Reg = Expression;
       Reg <= Expression;
       VectorReg[Bit] = Expression;
       VectorReg[MSB:LSB] = Expression;
       Memory[Address] = Expression;
       Assign Reg=Expression;
```

```
    deassign Reg;

    TaskEnable(…);
    disable TaskOrBlock;
    EventName;
    if (Condition)
        ⋮
    else if (Condition)
        ⋮
    else
        ⋮

    case (Selection)
    Choice1
        ⋮
    Choice2,   Choice3
        ⋮
    default:
        ⋮
    endcase

    for (I=0; I<MAX; I=I+1)
        ⋮
    repeat (8)
        ⋮
  while (Condition)
        ⋮
  forever
        ⋮
```

上面的简要语法总结可供读者快速查找，应注意其语法表示方法与本手册中其他地方的不同。

5.6.2 设计实例

下面以乐曲播放器为例，给出部分程序，分段说明每段程序的含义。

(1) 时钟信号发生器模块

代码中，模块 clk_gen 的功能是利用系统板上 50 MHz 的时钟信号产生 5 MHz 和 4 Hz 的时钟信号，这两个信号分别作为音频发生器和节拍发生器的时钟信号。模块 clk_gen 的端口参数功能描述如下。

- reset：同步复位输入信号。
- clk50M：50 MHz 输入信号。

(2) clk_5MHz：5 MHz 输出信号

clk_4Hz：4 Hz 输出信号，这里一拍的持续时间定义为 1/4 s（0.25 s）。

程序如下：

```
  module clk_gen(reset, clk50M, clk_5MHz, clk_4Hz);
```

```
        input reset;                          //同步复位信号(低电平有效)
        input clk50M;                         //输入时钟信号
        output reg clk_5MHz,clk_4Hz;          //输出时钟信号

        reg [23:0] count;
        reg [2:0] cnt;

        always@ (posedge clk_50M)             //生成 4 Hz 时钟信号
            begin
            if( !reset)
                count<=0;   clk_4Hz<=0;
            else
                begin
                    count<=count+1;
                    if(count==6249999)
                      begin
                          count<=0;
                          clk_4Hz<=~clk_4Hz;
                      end
                end
          end

         always@ (posedge clk50M)             //生成 5 MHz 时钟信号
            begin
            if( !reset)
              cnt<=0;   clk_5MHz<=0;
            else
                begin
                cnt<=cnt+1;
                if(cnt==3'b100)
                    begin
                        cnt<=0;
                      clk_5MHz<=~clk_5MHz;
                    end
              end
         end
      endmodule
```

(3) 音频产生器模块

音频产生器模块 tone_gen 的功能是根据输入音符的索引值，输出对应的音频信号，该模块各端口信号描述如下。

- reset：输入同步复位信号。
- code：输入音符索引值。
- freq_out：code 对应的音频输出信号。

代码如下：

```
module tone_gen(reset, clk, code, freq_out);
input reset, clk;
```

```
input [4:0] code;
output reg freq_out;
reg[16:0] count, delay;
reg[13:0]   buffer[20:0];                    //用于存放各音符的计数终值
initial                                      //初始化音符计数终止值
    begin
        buffer[0] = 14'H2553;
        buffer[1] = 14'H2141;
        buffer[2] = 14'H1DA0;
        buffer[3] = 14'H1BF7;
        buffer[4] = 14'H18EA;
        buffer[5] = 14'H1632;
        buffer[6] = 14'H13C6;
        buffer[7] = 14'H12AA;
        buffer[8] = 14'H10A1;
        buffer[9] = 14'HED0;
        buffer[10] = 14'HDFB;
        buffer[11] = 14'HC75;
        buffer[12] = 14'HB19;
        buffer[13] = 14'H9E3;
        buffer[14] = 14'H955;
        buffer[15] = 14'H850;
        buffer[16] = 14'H768;
        buffer[17] = 14'H6FE;
        buffer[18] = 14'H63A;
        buffer[19] = 14'H58C;
        buffer[20] = 14'H4F1;
    end
    always@ (posedge clk)
      if(!reset)
            count<=0;
      else
           begin
               count<=count+1'b1;
               if(count==delay&&delay!=1)
                 begin
                     count<=1'b0;
                     freq_out<=~freq_out;
                 end
               end
           else if(delay==1)
               freq_out<=0;
        end
  always@ (code)
     if(code>=0&&code<=20)
         delay=buffer[code];
     else
         delay=1;
endmodule
```

(4) 乐曲控制模块

乐曲控制模块的功能是依次从乐曲存储器中取得一个音符的索引值和节拍数据，在乐曲节拍持续时间内输出该音符对应的频率信号，直到乐曲结束。

demo_play 模块各端口信号描述如下。

- reset：同步复位输入信号。
- clk_4hz：输入时钟信号。
- code_out：音符的索引值输出信号。

代码如下：

```
module demo_play(reset, clk_4hz, code_out);
input reset;                          //复位信号
input clk_4hz;                        //时钟信号,4 分音符为一拍
output reg [4:0] code_out;            //音符索引值
reg [7:0]   count;                    //地址计数器
reg [2:0] delay;                      //节拍数据
wire [7:0] play_data;
wire   read_flag;
reg   over;
always@(posedge clk_4hz)
      if(!reset)
               begin
               count<=8'h00;
               delay<=3'b000;
               over<=0;
           end
      else
           if(~over)
               begin
               delay<=delay-1'b1;
               if(delay==0)
                    begin
                  if(play_data==255)                    //乐曲结束数据标志
                         over<=1;
                      delay<=play_data[7:5];            //更新节拍数据
                      code_out<=play_data[4:0];         //更新音符数据
                      count<=count+1'b1;
                    end
                  end
   //在时钟下降沿从乐曲存储器中读取乐曲数据
   demo_music u1(.address(count), .clock(~clk_4hz), .q(play_data));
endmodule
```

这个例子主要让大家体会一下前面语法的应用。大家可以自行添加程序以及测试文件，分配引脚，在实验板上查看运行结果。

第6章　IP核及其应用

IP是设计中不可或缺的组成部分，也是自底向上设计方法学的理论基础。随着数字系统设计越来越复杂，将系统中的每个模块都从头开始设计是十分烦琐的，而且会大大延长设计周期，甚至增加系统的不稳定因素。IP的出现使得设计过程变得十分简单，用户甚至只需要将不同的模块连接起来，就可以实现一个完整的系统。从而减少产品的上市时间、获取更大的利润。

6.1　IP概念及特点

IP（Intellectual Property）就是常说的知识产权。美国Dataquest咨询公司将半导体产业的IP定义为用于ASIC、ASSP、PLD等芯片当中的，并且是预先设计好的电路功能模块。

在可编程逻辑器件（PLD）领域，IP核是指将一些在数字电路中常用但比较复杂的功能块（如FIR滤波器、SDRAM控制器、PCI接口等）设计成参数可修改的模块，让其他用户可以直接调用这些模块。

随着CPLD/FPGA的规模越来越大，设计越来越复杂，使用IP核是一个发展趋势。用户可以在自己的FPGA设计中使用这些经过严格测试和优化过的模块，减少设计和调试时间，降低开发成本，提高开发效率。

Altera公司以及第三方IP合作伙伴给用户提供了许多可用的功能模块，它们基本可以分为两类：免费的LPM宏功能模块（Megafunctions/LPM）和需要授权使用的IP知识（MegaCore）。这两者只是从实现的功能上区分，使用方法上则基本相同。

Altera LPM宏功能模块是一些复杂或高级的构建模块，可以在QuartusⅡ设计文件中和门、触发器等基本单元一起使用，这些模块的功能一般都是通用的，比如Counter、FIFO、RAM等。Altera提供的可参数化LPM宏功能模块和LPM函数均为Altera器件结构做了优化，而且必须使用宏功能模块才可以使用一些Altera特定器件的功能，例如存储器、DSP块、LVDS驱动器、PLL以及SERDES和DDIO电路。

IP知识产权模块是某一领域内的实现某一算法或功能的参数化模块（简称IP核），这些模块是由Altera以及Altera的第三方IP合作伙伴（AMPP）开发的，专门针对Altera的可编程逻辑器件进行过优化和测试，一般需要用户付费购买才能使用。这些模块可以从Altera的网站（www.altera.com）上下载，安装后就可以在Quartus软件以及实际系统中进行使用和评估。用户对所需的IP核满意后，可以联系Altera的购买使用授权许可（License）。

6.2　锁相环

6.2.1　锁相环概述

随着系统时钟频率逐步提升，I/O性能要求也越来越高。在内部逻辑实现时，往往需要多个频率和相位的时钟，于是在 FPGA 内部出现了一些时钟管理元件，最具代表性的就是锁相环（PLL）和延时锁定环（DLL）两种电路。

锁相环结构示意图如图 6-1 所示。

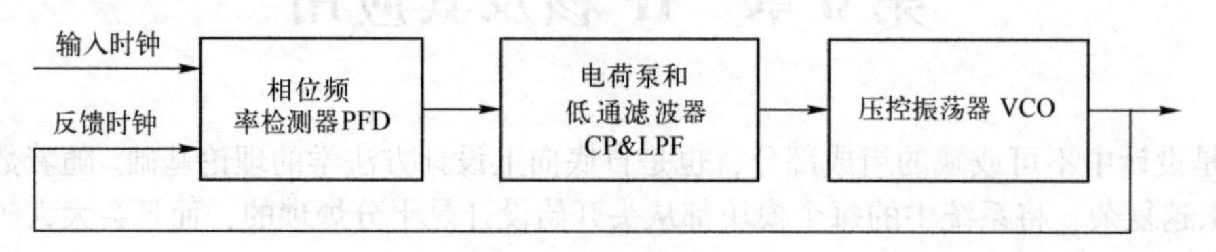

图 6-1　锁相环结构

PLL 工作的原理：压控振荡器（VCO）通过自振输出一个时钟，同时反馈给输入端的相位频率检测器（PFD），PFD 根据比较输入时钟和反馈时钟的相位来判断 VCO 输出的快慢，同时输出 Pump-up 和 Pump-down 信号给环路低通滤波器（LPF），LPF 把这些信号转换成电压信号，再用来控制 VCO 的输出频率，当 PFD 检测到输入时钟和反馈时钟边沿对齐时，锁相环就锁定了。

6.2.2　项目要求

本节学习利用锁相环实现分频和倍频的操作，时钟频率为 100 MHz，使用锁相环生成两路时钟：其中一路为 50 MHz；另一路为 150 MHz。

6.2.3　实现过程

1）在 MegaWizard Plug-In Manager 中找到 ALTPLL，如图 6-2 所示。

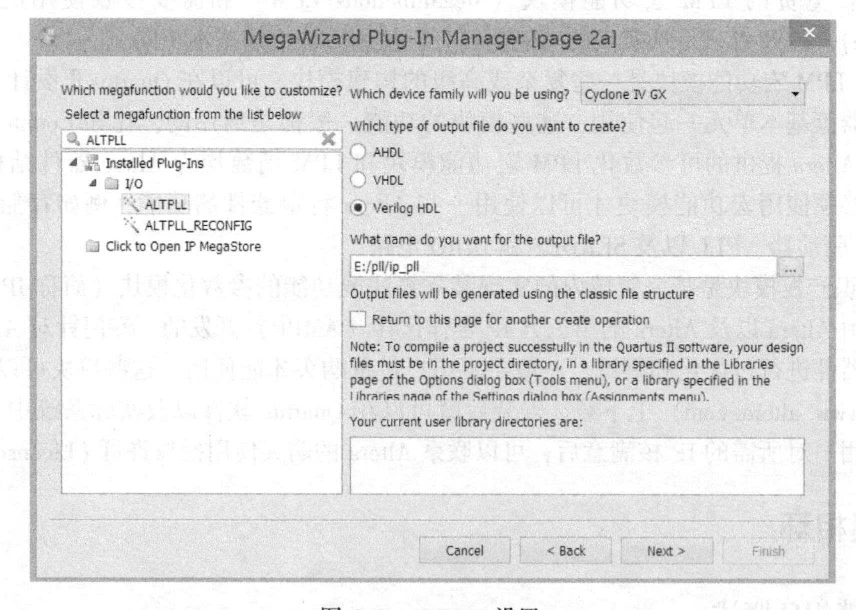

图 6-2　ALTPLL 设置

2）设定输入时钟频率为 100 MHz，如图 6-3 所示。

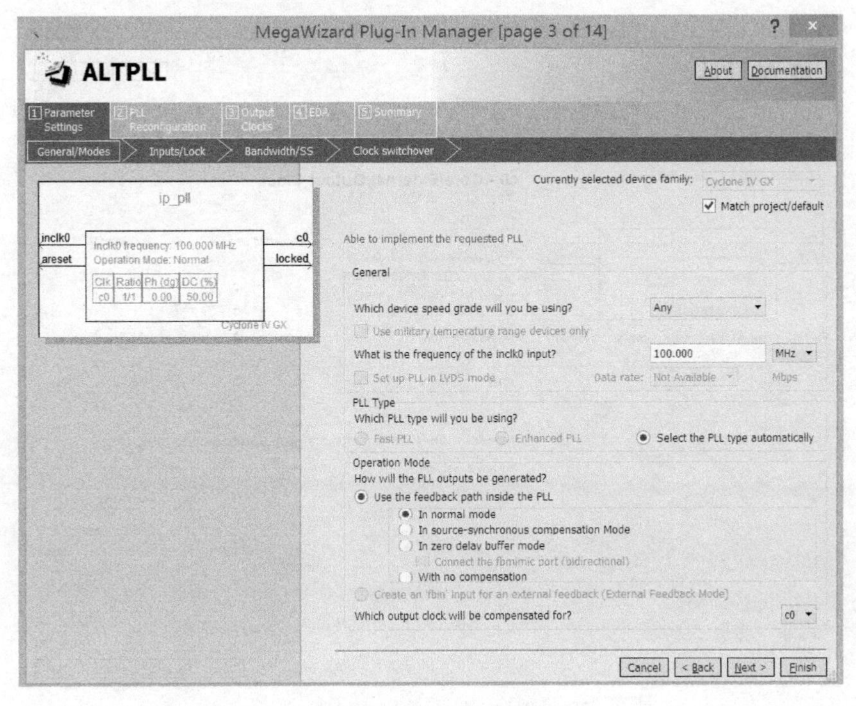

图 6-3　输入时钟设置

3）设定输入时钟参数，如图 6-4 所示。

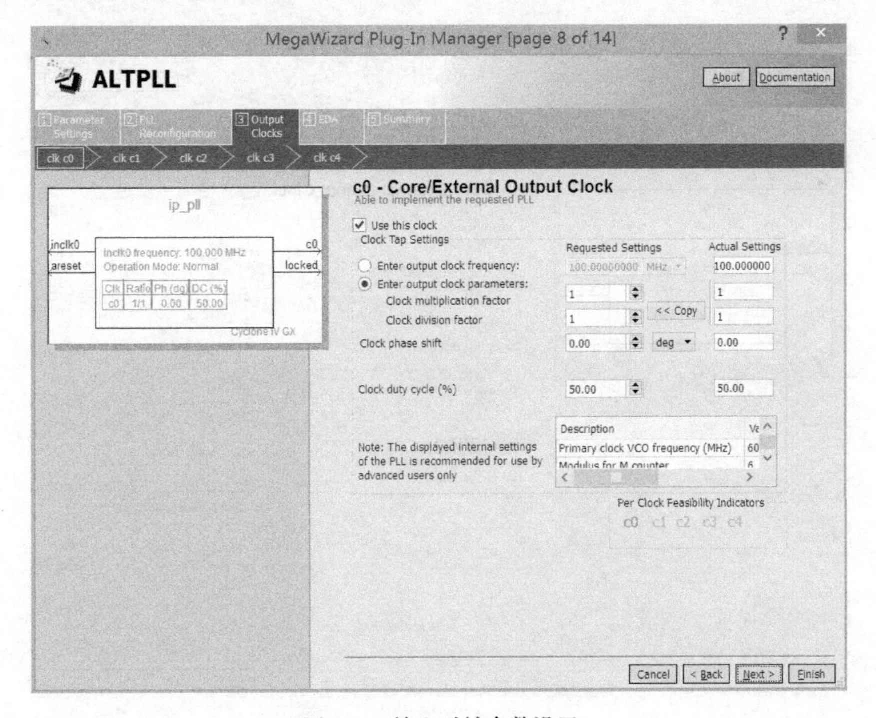

图 6-4　输入时钟参数设置

4）设置除数因子为 2，实现两分频得到 50 MHz 时钟，如图 6-5 所示。

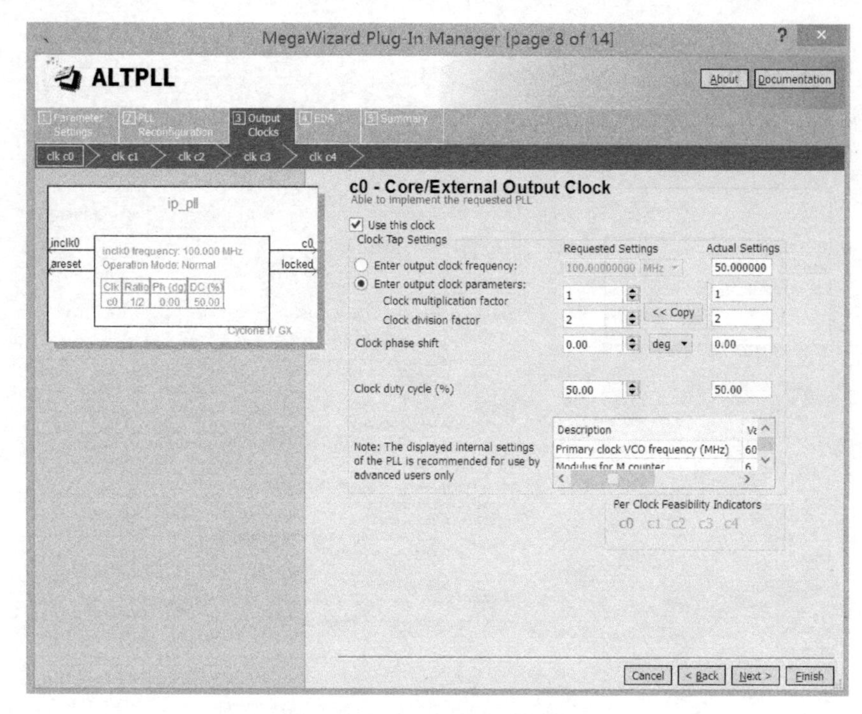

图 6-5　输出 50 MHz 时钟设置

5）设置除数因子为 2，乘数因子为 3，得到 150 MHz 时钟，如图 6-6 所示。

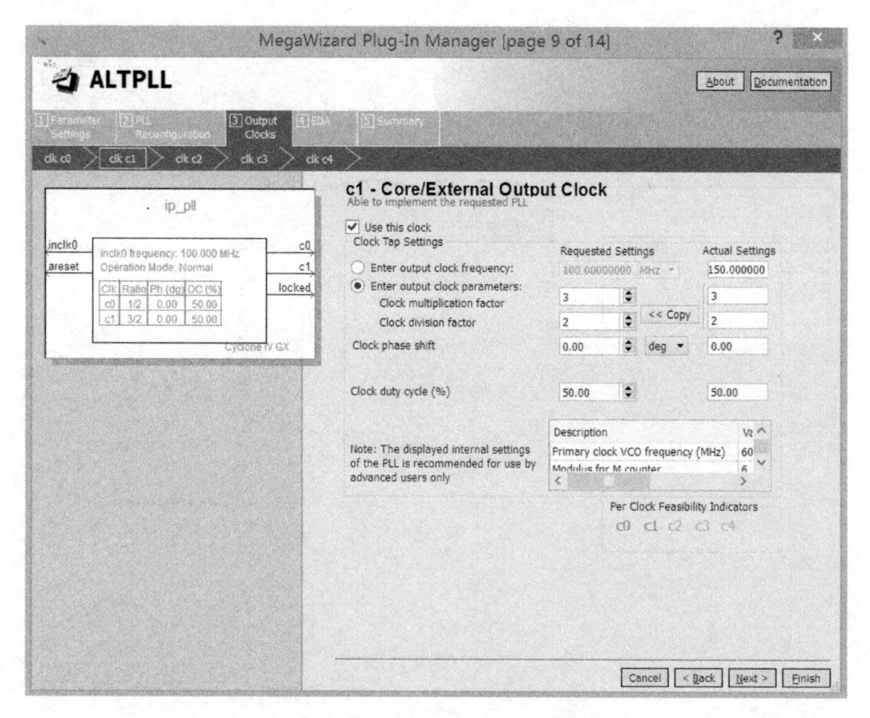

图 6-6　输出 150 MHz 时钟设置

6）按图 6-7 勾选相应 4 个选项，完成 PLL 设置。

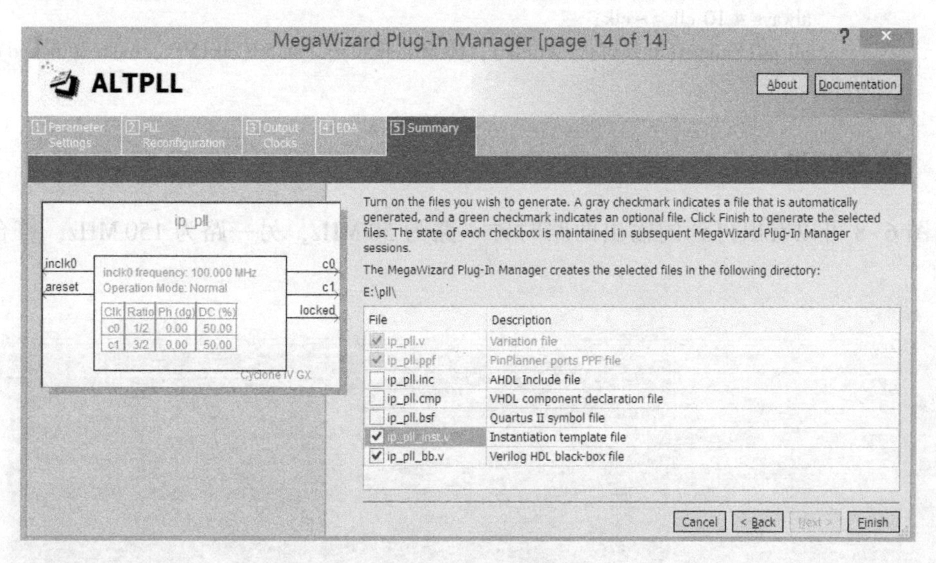

图 6-7　PLL 设置

6.2.4　代码实现

锁相环的主程序代码如下。

```
module pll(clk, areset, clk50, clk150,locked);

    input clk;
    input areset;

    output clk50;          //50MHz 时钟
    output clk150;         //150MHz 时钟
    output locked;
    ip_pll ip_pll_inst(.areset(areset), .inclk0(clk),.c0(clk50), .c1(clk150), .locked(locked));
endmodule
```

锁相环测试程序如下。

```
`timescale 1ns/1ps
module pll_tb;
    reg clk;
    reg areset;
        wire clk50;
        wire clk150;
        wire locked;
        initial begin
        clk=1;
        areset=1;
        # 100 areset=0;
        # 1000  $stop;
```

```
    end
        always # 10 clk = ~clk;
        pll pll(.areset(areset),.clk(clk),.clk50(clk50),.clk150(clk150),.locked(locked) );
endmodule
```

6.2.5 仿真结果

由图 6-8 可以看出得到的输出两路时钟一路为 50 MHz，另一路为 150 MHz，符合设计要求。

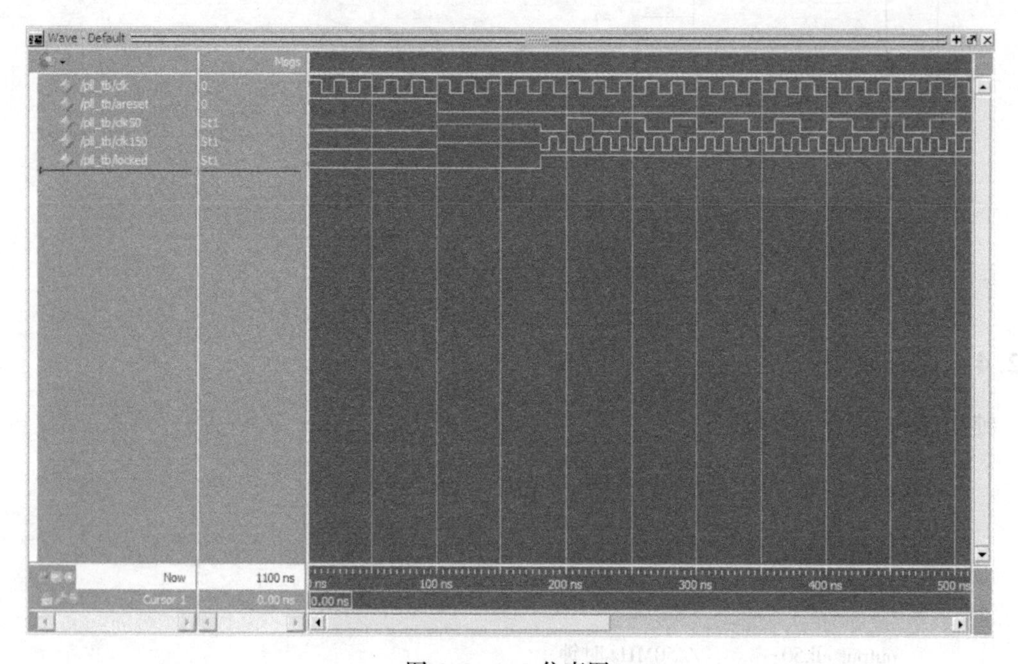

图 6-8　PLL 仿真图

6.3 ROM

6.3.1 项目要求

设计一个 ROM 控制器，输出 0-128-0 先递增后递减的地址数据，查看 ROM 输出的数据是否正确。

6.3.2 实现过程

1）建立 MIF 文件，如图 6-9 所示。

2）选择字数和位宽，如图 6-10 所示。

3）生成先升后降的地址数据，如图 6-11 和图 6-12 所示。

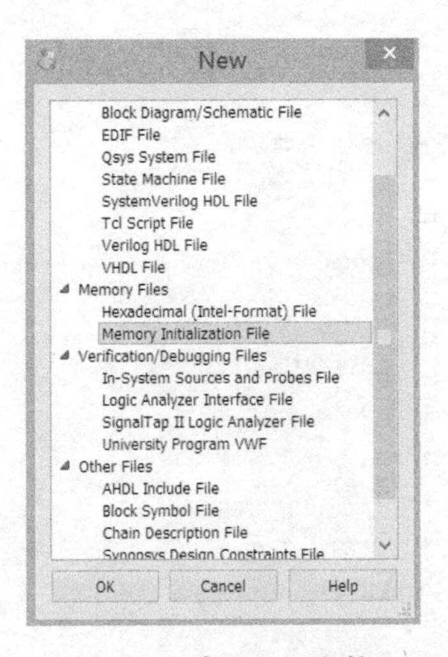

图 6-9　建立 MIF 文件

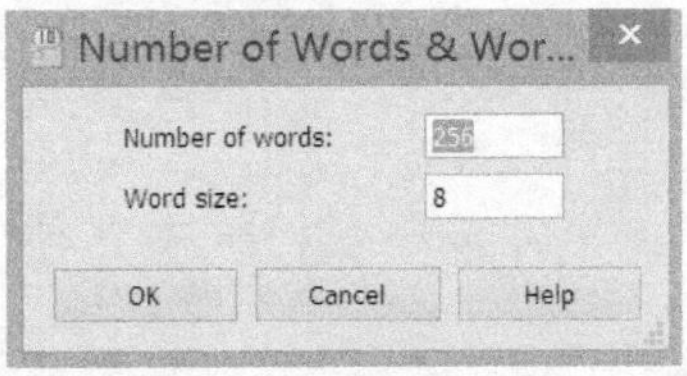

图 6-10　选择字数和位宽

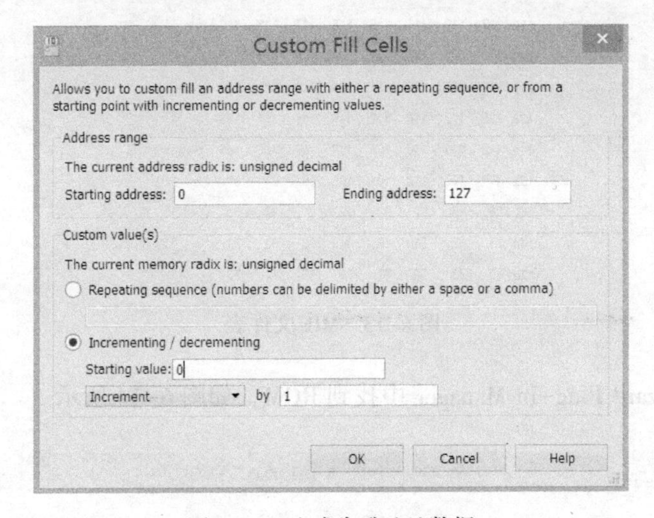

图 6-11　生成先升地址数据

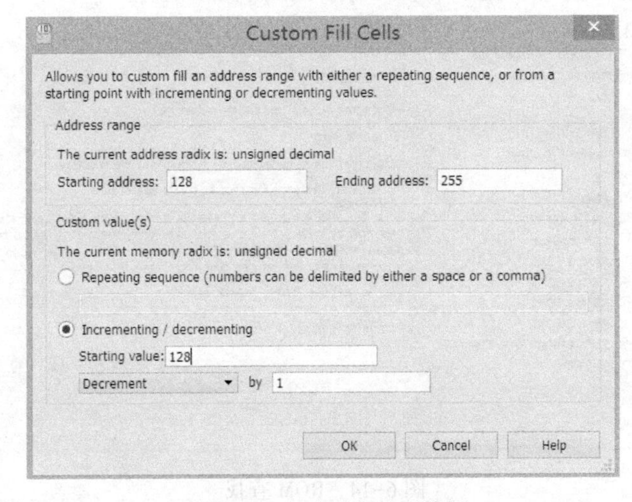

图 6-12　生成后降地址数据

4）MIF 文件建立成功，如图 6-13 所示。

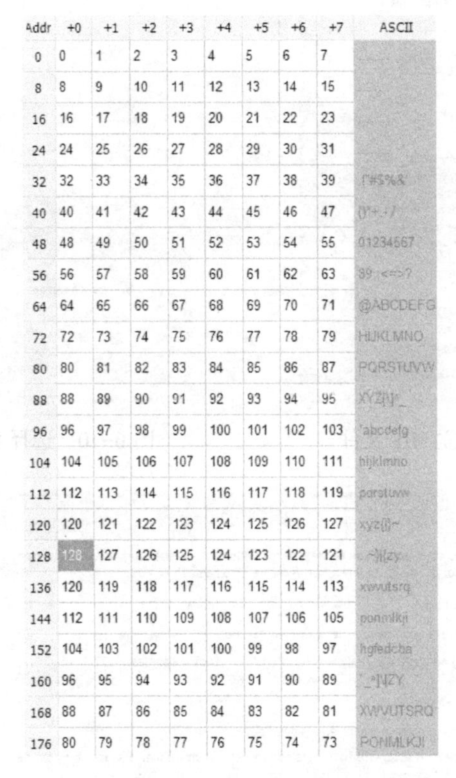

Addr	+0	+1	+2	+3	+4	+5	+6	+7	ASCII
0	0	1	2	3	4	5	6	7	
8	8	9	10	11	12	13	14	15	
16	16	17	18	19	20	21	22	23	
24	24	25	26	27	28	29	30	31	
32	32	33	34	35	36	37	38	39	!"#$%&'
40	40	41	42	43	44	45	46	47	()*+,-./
48	48	49	50	51	52	53	54	55	01234567
56	56	57	58	59	60	61	62	63	89:;<=>?
64	64	65	66	67	68	69	70	71	@ABCDEFG
72	72	73	74	75	76	77	78	79	HIJKLMNO
80	80	81	82	83	84	85	86	87	PQRSTUVW
88	88	89	90	91	92	93	94	95	XYZ[\]^_
96	96	97	98	99	100	101	102	103	`abcdefg
104	104	105	106	107	108	109	110	111	hijklmno
112	112	113	114	115	116	117	118	119	pqrstuvw
120	120	121	122	123	124	125	126	127	xyz{|}~
128	128	127	126	125	124	123	122	121	~}|{zy
136	120	119	118	117	116	115	114	113	xwvutsrq
144	112	111	110	109	108	107	106	105	ponmlkji
152	104	103	102	101	100	99	98	97	hgfedcba
160	96	95	94	93	92	91	90	89	`_^]\[ZY
168	88	87	86	85	84	83	82	81	XWVUTSRQ
176	80	79	78	77	76	75	74	73	PONMLKJI

图 6-13　MIF 文件表

5）在 MegaWizard Plug-In Manager 中找到 ROM，如图 6-14 所示。

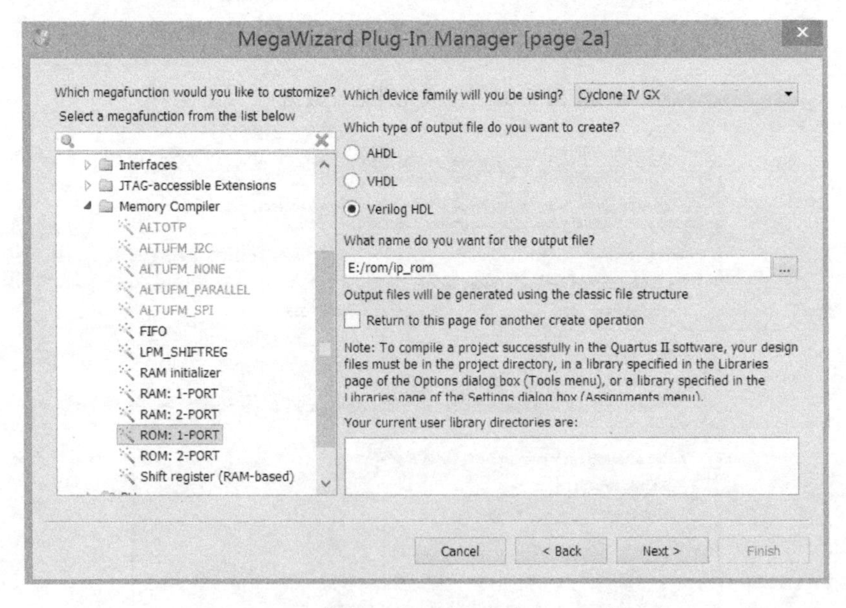

图 6-14　ROM 查找

6）设置 ROM 的长度和宽度，如图 6-15 所示。

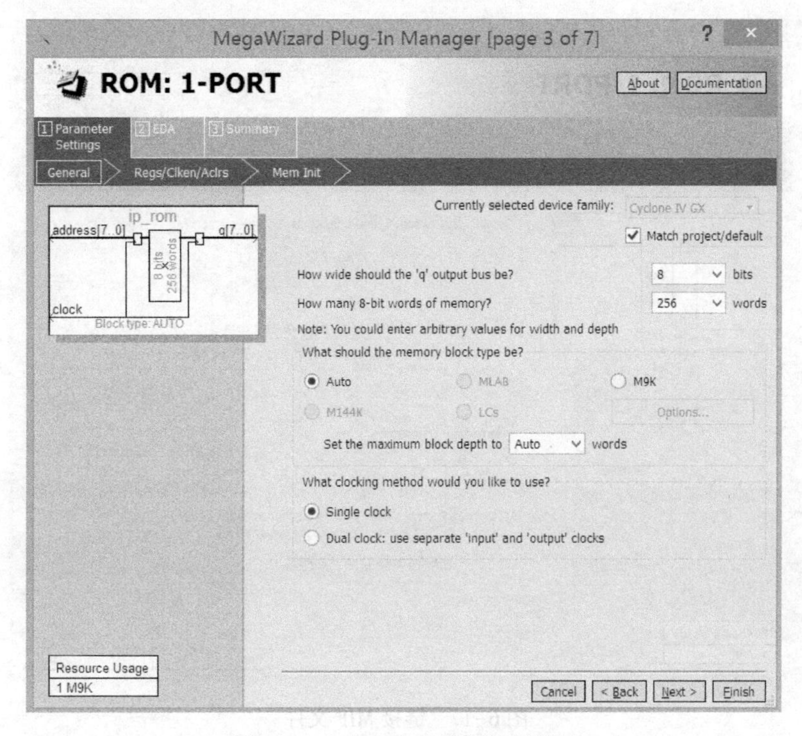

图 6-15　ROM 的长度和宽度设置

7）勾选"'address' input port"选项，如图 6-16 所示。

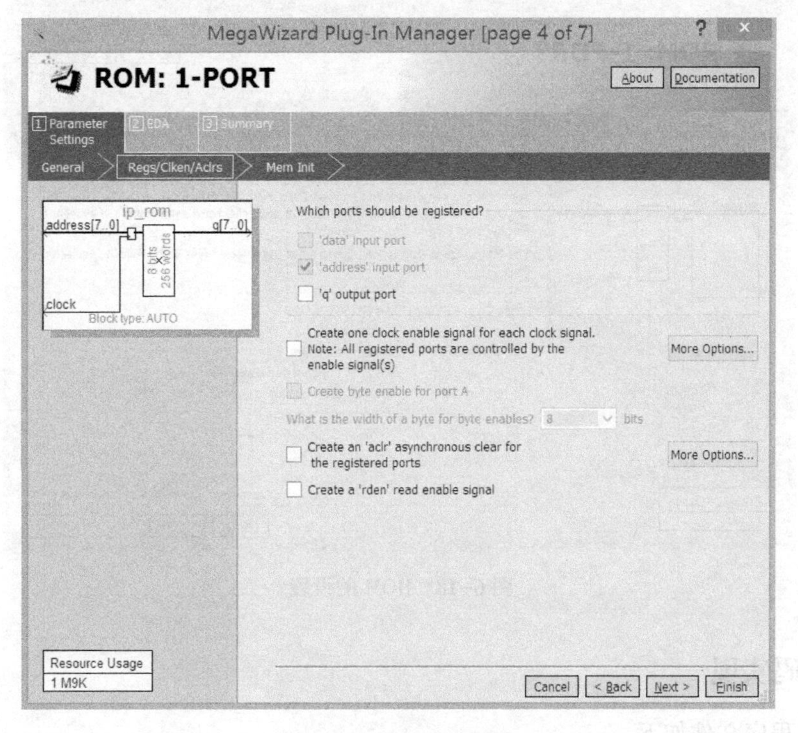

图 6-16　ROM 的设置

8）链接上面建立的 MIF 文件，如图 6-17 所示。

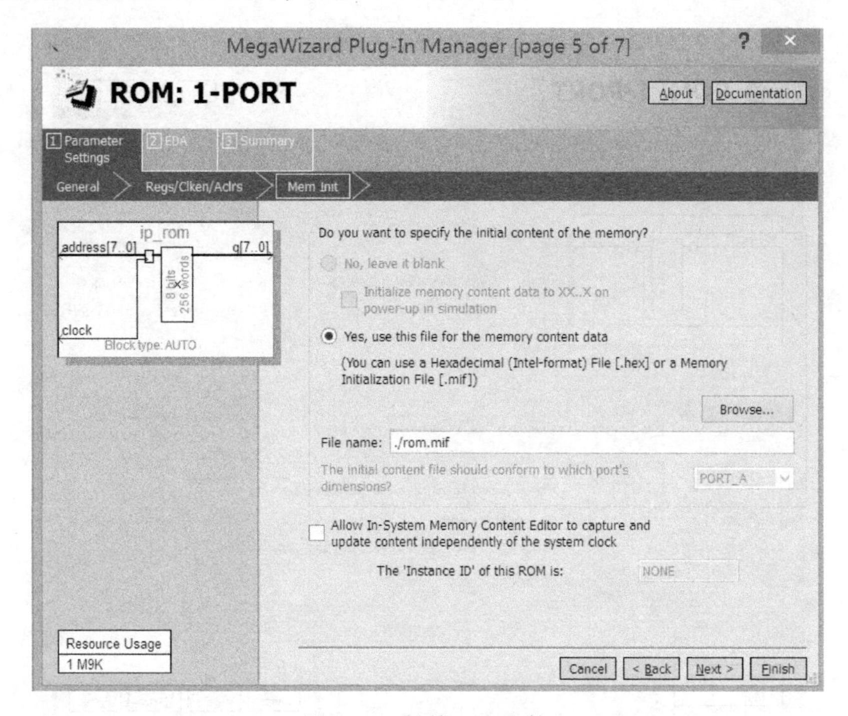

图 6-17　链接 MIF 文件

9）勾选图 6-18 所示的 3 个选项。

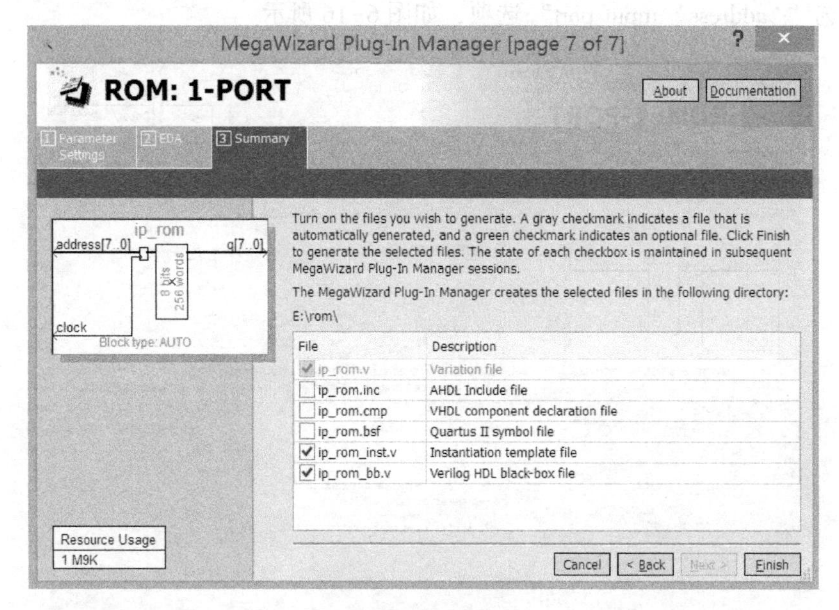

图 6-18　ROM 的设置

6.3.3　代码实现

ROM 主程序文件如下。

```
module rom (clk, rst_n, q);
    input clk;
    input rst_n;
        output [7:0] q;
        wire [7:0] address;
    rom_read rom_read ( .clk(clk), .rst_n(rst_n),.address(address));
    ip_rom ip_rom_inst( .address(address), .clock(clk), .q(q) );
endmodule
```

ROM 读程序如下。

```
module rom_read (clk, rst_n, address);
    input clk;
    input rst_n;
    output reg [7:0] address;
    always @ (posedge clk or negedge rst_n)
        begin
            if (!rst_n)
                address <= 0;
            else
                if (address <255)
                    address <= address + 1;
                else
                    address <= 0;
        end
endmodule
```

ROM 测试程序如下。

```
`timescale 1ns/1ps
module rom_tb;
    reg clk;
    reg rst_n;
    wire [7:0] q;
    initial begin
        clk = 1;
        rst_n = 0;
        # 100 rst_n =1;
        # 10000 $stop;
    end
    always # 10 clk = ~clk;
    rom rom( .clk(clk), .rst_n(rst_n), .q(q) );
endmodule
```

6.3.4 仿真结果

从图 6-19 和图 6-20 可以看出达到了本 ROM 项目的设计要求。

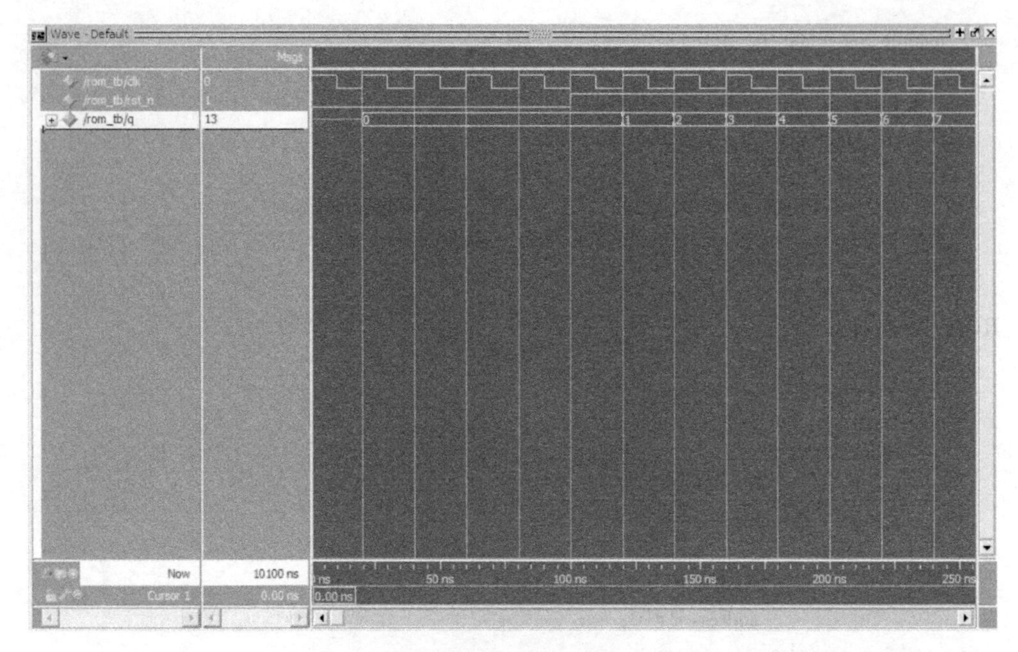

图 6-19　ROM 仿真结果（1）

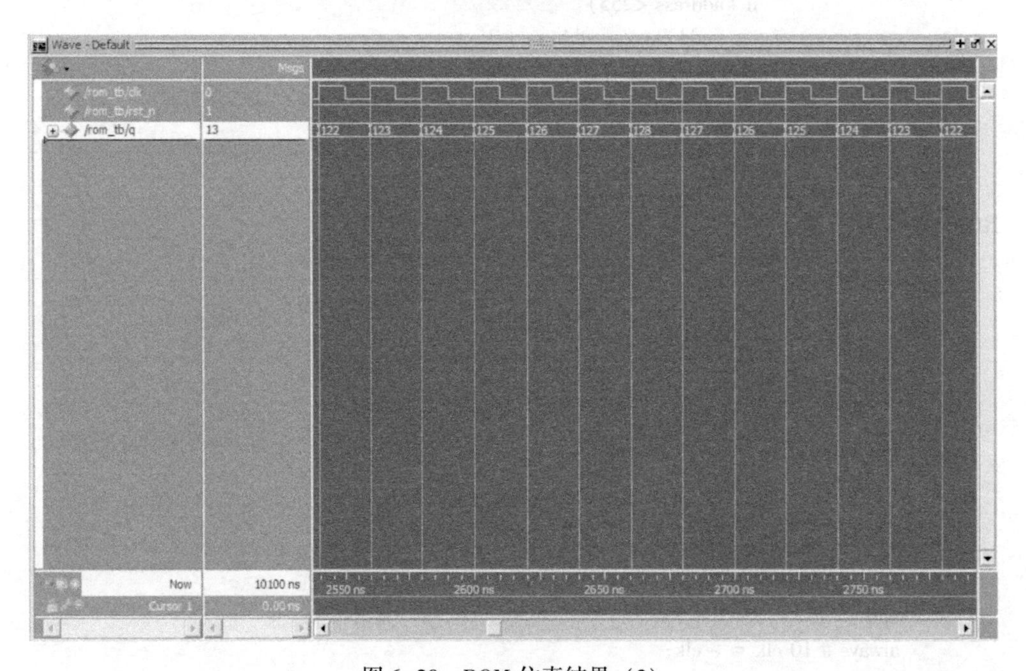

图 6-20　ROM 仿真结果（2）

6.4　RAM

6.4.1　项目要求

设计一个 RAM 控制器，首先对 RAM 写入数据，再进行读出，查看数据的正确性。

6.4.2 实现过程

1）在 MegaWizard Plug-In Manager 中找到 RAM，如图 6-21 所示。

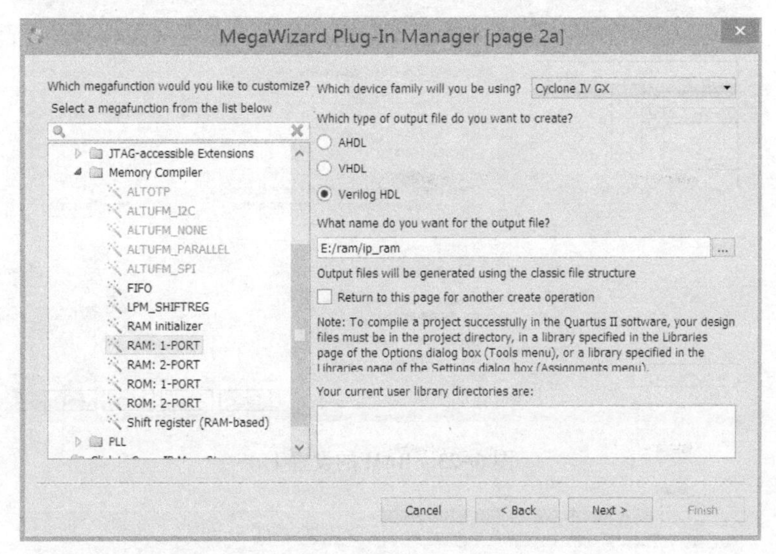

图 6-21　RAM 查找

2）设置 RAM 的宽度和深度，如图 6-22 所示。

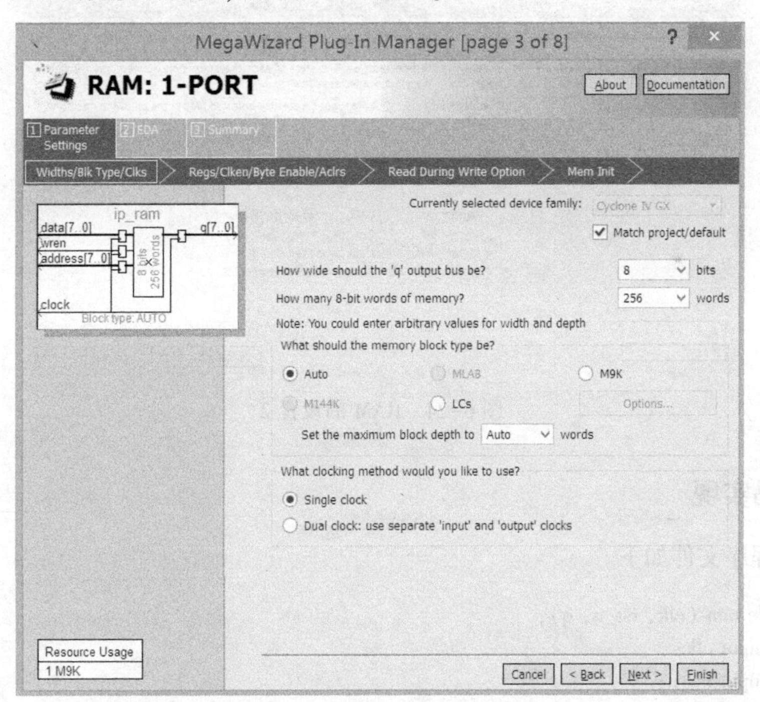

图 6-22　RAM 的宽度和深度设置

3）勾选图 6-23 所示的 2 个选项。

4）勾选图 6-24 所示的 3 个选项。

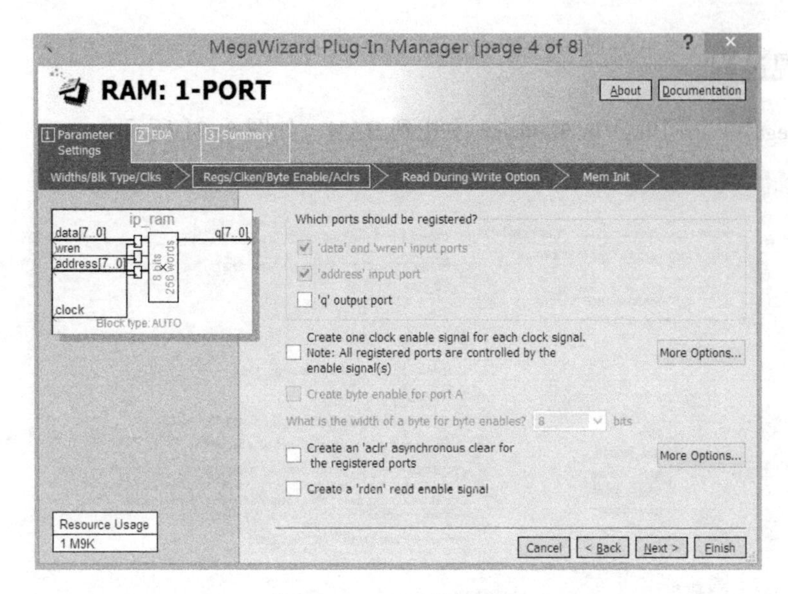

图 6-23　RAM 的设置 1

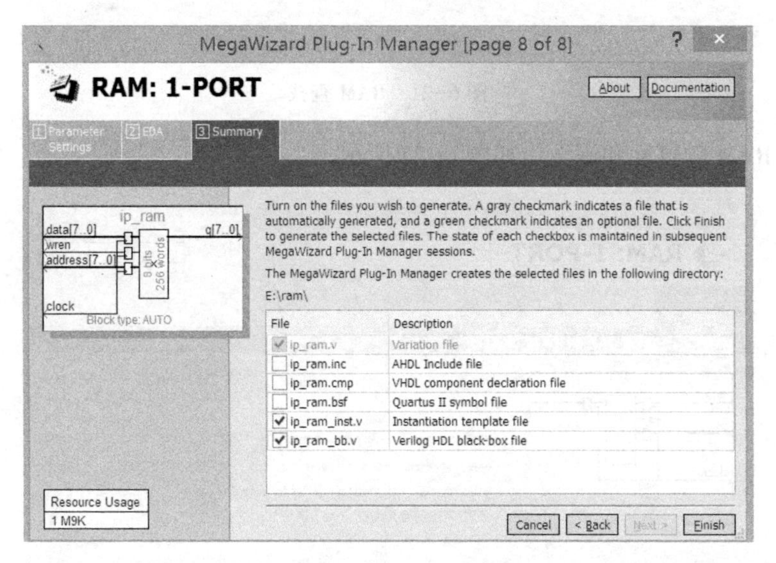

图 6-24　RAM 的设置 2

6.4.3　代码实现

RAM 主程序文件如下。

```
module ram (clk, rst_n, q);
    input clk;
    input rst_n;
    output [7:0] q;
    wire wren;
    wire [7:0] address;
    wire [7:0] data;
    ram_rw ram_rw (.clk(clk), .rst_n(rst_n), .wren(wren), .address(address), .data(data));
```

```
    ip_ram ip_ram_inst(.address(address),.clock(clk),.data(data),.wren(wren),.q(q));
endmodule
```

RAM 读写控制程序文件如下。

```
module ram_rw(clk, rst_n, wren, address, data);
    input clk;
    input rst_n;

    output reg wren;
    output reg [7:0] address;
    output reg [7:0] data;
    reg state;
    always @ (posedge clk or negedge rst_n)
        begin
            if (!rst_n)
                begin
                    wren <= 0;
                    address <= 0;
                    data <= 0;
                    state <= 0;
                end
            else
                begin
                    case (state)
                        0 : begin
                            if (address < 255)
                                begin
                                    address <= address + 1;
                                    wren <= 1;
                                end
                            else
                                begin
                                    address <= 0;
                                    state <= 1;
                                    wren <= 0;
                                end
                            if (data < 255)
                                data <= data + 1;
                            else
                                data <= 0;
                        end
                    1 : begin
                            if (address < 255)
                                begin
                                    address <= address + 1;
                                    wren <= 0;
                                end
                            else
```

```
                                begin
                                    state <= 0;
                                    address <= 0;
                                end
                        end
                    default : state <= 0;
                endcase
            end
    end
endmodule
```

RAM 测试文件如下。

```
`timescale 1ns/1ps
module ram_tb;
    reg clk;
    reg rst_n;
    wire [7:0] q;
    initial begin
                    clk = 1;
                    rst_n = 0;
                    # 100 rst_n = 1;
                    # 10000  $stop;
                end
    always # 10 clk = ~clk;
    ram ram (.clk(clk), .rst_n(rst_n), .q(q));
    endmodule
```

6.4.4 仿真结果

从仿真图 6-25 可以看出达到了本 RAM 项目的设计要求。

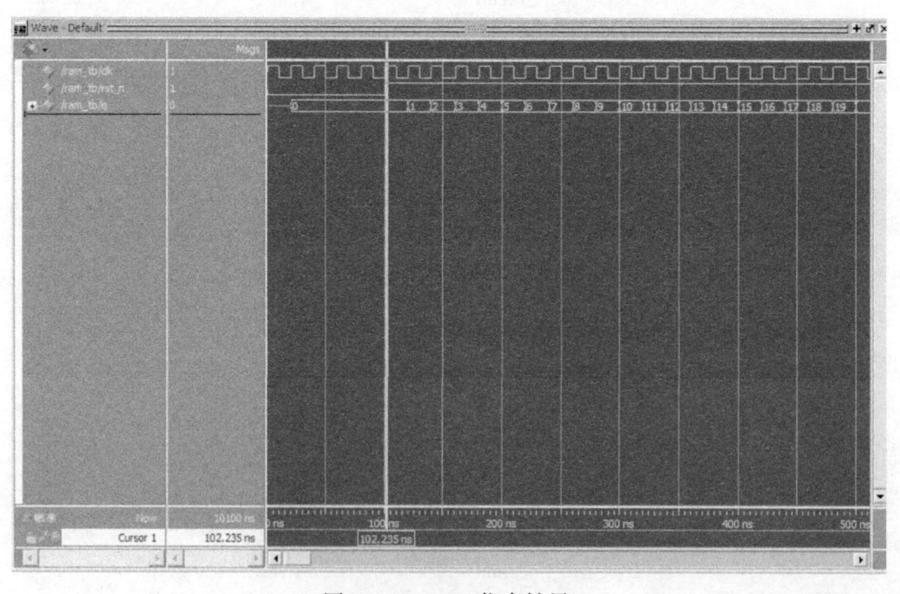

图 6-25　RAM 仿真结果

第7章 设计与实验

本章主要内容为FPGA设计与实验，通过实例掌握FPGA设计基本流程。

7.1 多路选择器

7.1.1 基本原理

多路选择器是一种数据选择器，在多路信号传输过程中可以通过多路选择器选择出某几路需要传输的信号。以四选一多路选择器为例，其结构如图7-1所示，通过地址选择端口A1、A2，选择输入D0、D1、D2、D3四路信号中的一路作为输出信号Y。

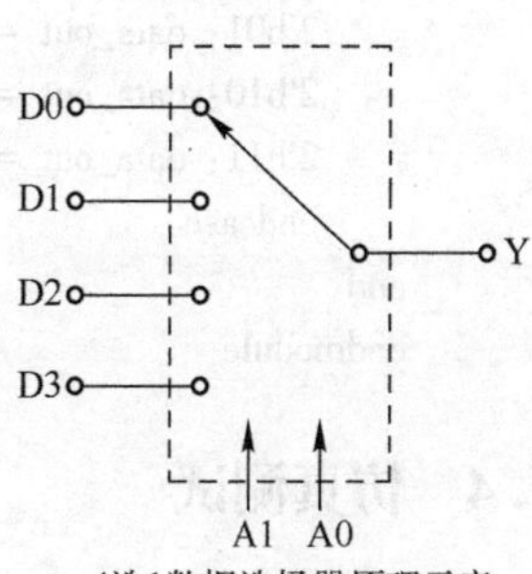

图7-1 多路选择器原理图

7.1.2 设计要求

设计一个四选一数据选择器，输入数据位宽为4位，有4路数据通道，通过地址选择信号选择出1路数据作为输出端口的输出，四选一功能如表7-1所示。

表7-1 四选一功能表

A1	A0	输入1	输入2	输入3	输入4	输出
0	0	1	0	0	0	输入1
0	1	0	1	0	0	输入2
1	0	0	0	1	0	输入3
1	1	0	0	0	1	输入4

由表7-1可知，四选一数据选择器的数据输出由输入和地址选择信号共同决定。通过地址端口A1、A0选通信号实现数据选择功能，本设计输入数据位宽为4位，用户可以根据实际需求自己定义数据位宽。

7.1.3 模块代码

四选一数据选择器模块的一种实现方式如下。

```
module multiplexer(
                data_a,
                data_b,
                data_c,
                data_d,
```

```
                    out_addr,
                    data_out
                    );
input [3:0] data_a, data_b, data_c, data_d; //定义输入端口为 input 类型且数据位宽为 4 位
input [1:0] out_addr;                      //定义地址选择端口为 input 类型且数据位宽为 2 位

output reg [3:0] data_out;                 //定义输出端口为 output reg 类型且数据位宽为 4 位

    always@( * )                           //当输入数据改变时,总是执行 always 块中的语句
begin
    case(out_addr)                         //判断 out_addr 的值,选择对应的输入端口作为输出
    2'b00: data_out = data_a;
    2'b01: data_out = data_b;
    2'b10: data_out = data_c;
    2'b11: data_out = data_d;
    endcase
end
endmodule
```

7.1.4 仿真测试

为了验证模块代码能否都实现设计要求，首先需要对设计出的模块进行计算机仿真，四选一数据选择器模块的仿真测试代码如下：

```
'timescale 1ns/1ps                        //仿真时间单位为 ns,精度为 ps
    module multiplexer_tb;                //测试模块名

    reg [3:0]data_a, data_b, data_c, data_d; //仿真激励数据,4 位数据输入信号
    reg [1:0]out_addr;                    //仿真激励数据,2 位地址选择信号

    wire [3:0]data_out;                   //仿真输出

    initial begin                         //对激励信号进行初始化赋值
    data_a = 4'b0000;                     //初始输入数据端口信号均为 0000
    data_b = 4'b0000;
    data_c = 4'b0000;
    data_d = 4'b0000;,
    out_addr = 2'bz;                      //地址选择端口信号为高阻态
    #50                                   //延迟 50ns 后,四路输入数据信号改变
    data_a = 4'b0001;
    data_b = 4'b0010;
    data_c = 4'b0100;
    data_d = 4'b1000;
    #50 out_addr = 2'b00;                 //延迟 50ns 后,地址选择信号变为 00
    #100 out_addr = 2'b01;                //延迟 100ns 后,地址选择信号变为 01
    #50                                   //延迟 50ns 后,四路输入数据信号改变
    data_a = 4'b1110;
    data_b = 4'b1101;
    data_c = 4'b1011;
```

```
        data_d = 4'b0111;
        #50 out_addr = 2'b10;                    //延迟 50 ns 后,地址选择信号变为 10
        #100 out_addr = 2'b11;                   //延迟 100 ns 后,地址选择信号变为 11
        #200 $stop;                              //延迟 200 ns 后,停止仿真
        end

        multiplexer i1(. data_a( data_a),        //将模块端口与测试平台实例化
                       . data_b( data_b),
                       . data_c( data_c),
                       . data_d( data_d),
                       . out_addr( out_addr),
                       . data_out( data_out)
                       );
        endmodule
```

7.1.5 结果分析

经过 ModelSim 仿真测试，仿真波形如图 7-2 所示。

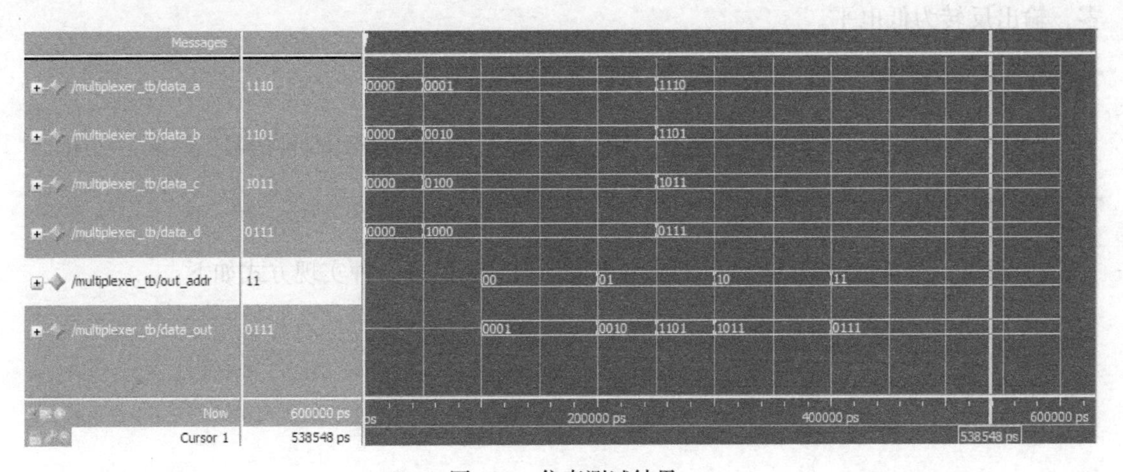

图 7-2　仿真测试结果

由图 7-2 所知，当地址选择信号 out_addr 为 00 时，模块输出数据为 data_out = data_a；当地址选择信号 out_addr 为 01 时，模块输出数据为 data_out = data_b；当地址选择信号 out_addr 为 10 时，模块输出数据为 data_out = data_c；当地址选择信号 out_addr 为 11 时，模块输出数据为 data_out = data_d。同时，无论地址选择信号还是输入数据信号发生改变，都会刷新输出数据信号。仿真波形表明，该四选一数据选择器模块能够满足设计要求。

7.2 分频器

7.2.1 基本原理

数字分频器就是将给定的某个频率的输入信号进行分频，最后得到需要的信号频率。利用计数的方法可以达到分频目的，具体做法是将输入周期信号作为计数脉冲，通过循环计数

的方法控制输出信号的周期，从而达到分频的目的。图 7-3 为二分频器的输入输出波形图，输入信号为 Clk，输出信号为 Clk_div2，从图中波形可以看出，输出信号频率是输入信号频率的 1/2。

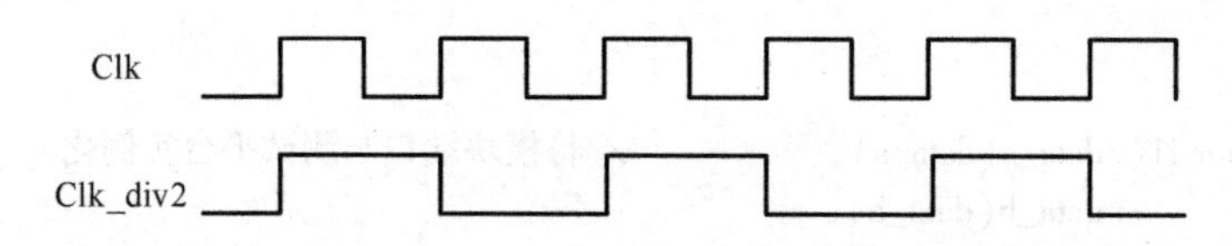

图 7-3　分频器基本原理

当 Clk 信号的上升沿到来时，Clk_div2 信号进行一次电平反转，因此每两个 Clk 周期对应一个 Clk_div2 周期。同理，通过计数的方式可以实现任意分频。首先分别定义分频时钟高、低电平的计数个数。在输出为低电平状态下，当计数器值小于分频时钟低电平计数个数时，输出保持为低电平；当计数器值等于分频时钟低电平计数个数时，计数器清零，输出反转为高电平。在输出为高电平状态下，当计数器值小于分频时钟高电平计数个数时，输出保持为高电平；当计数器值等于分频时钟高电平计数个数时，计数器清零，输出反转为低电平。

7.2.2　设计要求

设计一个分频器可以实现任意整数分频，输出信号为 50 MHz 的时钟信号，周期为 20 ns。

7.2.3　模块代码

在设计任意分频器模块时运用了状态机设计思想，其中一种实现方式如下：

```
module div_clk(
                clk,
                rst,
                clk_out
                );

    parameter HW = 3;                   //分频输出时钟高电平宽度为 3 个输入时钟周期
    parameter LW = 2;                   //分频输出时钟低电平宽度为 2 个输入时钟周期

    input clk, rst;                     //输入时钟,复位信号
    output reg clk_out;                 //分频输出时钟

    reg [31:0] count;                   //分频控制计数器
    reg state;                          //状态寄存器

    always@ ( posedge clk or negedge rst )
    begin
        if ( ! rst )                    //异步复位
            begin
                clk_out <= 1'b0;
                count <= 0;
```

```
                state <= 0;
            end
        else
            case (state)
            0 : if ( count < LW-1 )      //时钟低电平宽度控制
                    begin
                        count <= count+1;
                        state <= 0;
                    end
                else
                    begin                //当计数值等于 LW 时状态转移,同时输出反转
                        count <= 0;
                        clk_out <= 1;
                        state <= 1;
                    end
            1 : if ( count < HW-1 )      //时钟高电平宽度控制
                    begin
                        count <= count+1;
                        state <= 1;
                    end
                else
                    begin                //当计数值等于 HW 时状态转移,同时输出反转
                        count <= 0;
                        clk_out <= 0;
                        state <= 0;
                    end
            default: state <= 0;
            endcase
    end
endmodule
```

通过修改参数 HW 和 LW，可以任意改变高低电平所需的分频个数，能够非常方便地满足任意分频的要求。

7.2.4 仿真测试

编写完模块代码后，需要搭建 Testbench 进行验证，测试平台代码如下。

```
'timescale 1ns/1ps
module div_clk_tb;
    reg clk;                    //时钟激励信号
    reg rst;                    //复位激励信号
    wire clk_out;               //分频时钟输出
    initial begin               //初始化激励信号
        clk = 0;
        rst = 0;
        #50 rst = 1;
    end
```

```
always #10 clk = ~clk;          //产生 50 MHz 时钟信号,每过 10 ns 电平反转
    div_clk i1(
               .clk(clk),       //将激励信号与分频器模块端口相连(实例化)
               .rst(rst),
               .clk_out(clk_out));

endmodule
```

7.2.5 结果分析

仿真波形如图 7-4 所示。

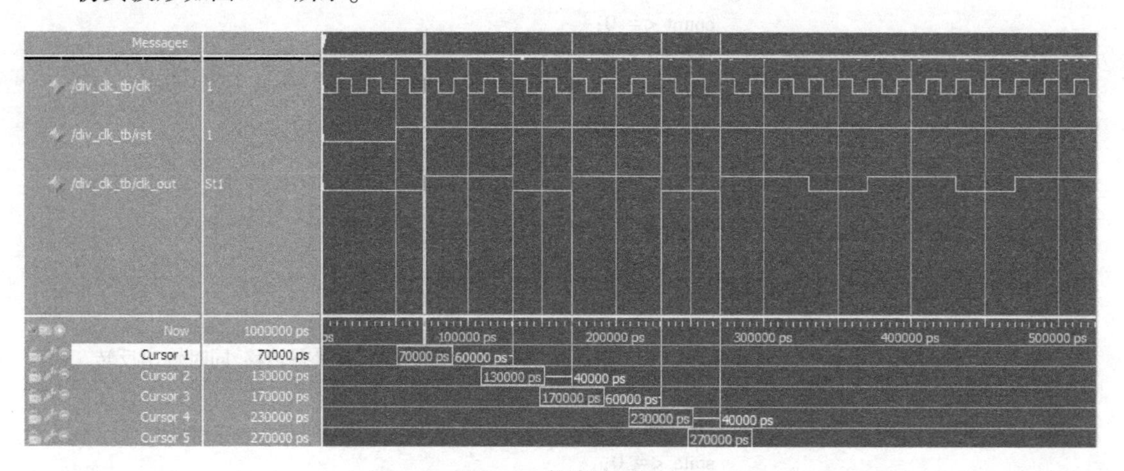

图 7-4 仿真波形图

由图 7-4 可知，参数 HW=3、LW=2 的分频器符合设计要求。为了进一步验证，将模块代码中 parameter HW 改为 2、LW 改为 3，测试平台代码保持不变。修改后模块仿真结果如图 7-5 所示。

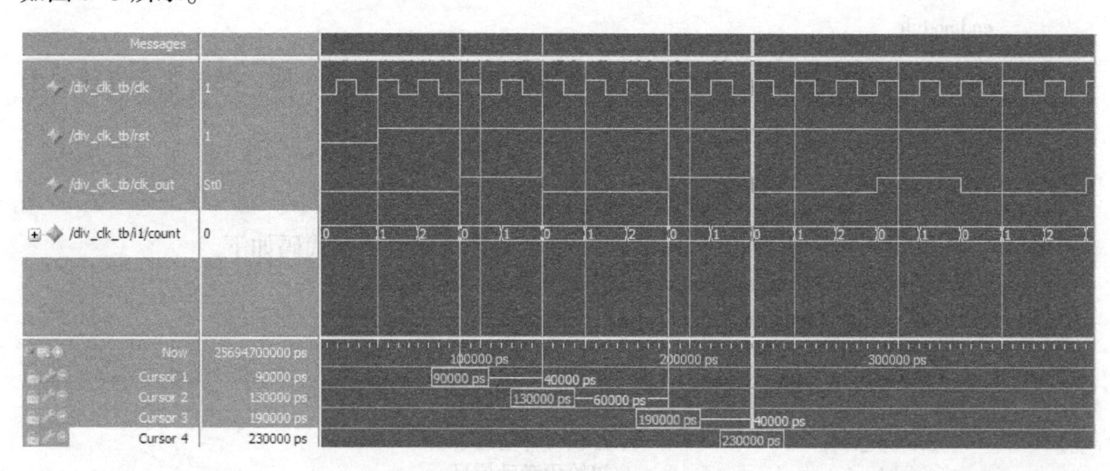

图 7-5 修改后模块仿真结果

在图 7-5 中将计数器值 count 作为观察对象，可以看到计数值与电平反转对应，在状态为 0 且计数器值等于 2 时，输出由低电平变为高电平；在状态为 1 且计数器值等于 1 时，输

出由高电平变为低电平。需要注意，计数器从 0 开始计数，三个计数周期对应的计数器值为 0，1，2。

7.3 BCD 与二进制的转换

7.3.1 基本原理

BCD 码就是通过四位二进制数表示一位十进制数，例如十进制数 1 表示为 0001，2 表示为 0010，……，9 表示为 1001；多位十进制数，如 129 的 BCD 码表示为 0001 0010 1001。

但是 BCD 码不能直接进行算数运算，如 129，230 的 BCD 码分别为 0001 0010 1001、0010 0011 0110，129+236 显然不能用他们的 BCD 码直接相加（四位 BCD 码的范围为 0000~1001）。由于计算机采用的是二进制运算方式，因此需要在进行算数运算时先把 BCD 码转换为二进制码，然后通过二进制形式进行运算，最后将结果再由二进制码转换为 BCD 码。为了实现这一过程，可以通过编写 BCD 与二进制的转换电路进行实现。

BCD 与二进制有多种转换方式，其基本思想都是逐步移位。本节介绍一种比较简单的转换方式，这种转换方式借助 FPGA 片内乘法器和加法器实现，具体实现过程如下。

（1）二进制转 BCD

以十进制数 123 为例说明，其二进制表示为 1111011，而 BCD 码需要 12 位（3×4 位）。将二进制转换为 BCD 形式，可以按照由高位向低位逐位转换，最高位为百位，而百位数字可以通过除以 100 取整得到，即 123/100 取整得 1；十位数字可以通过除以 10 取整后除以 10 求余得到，即（123/10）取整为 12，12%10 得 2；个位数字可以直接除以 10 求余得到，即 123%10 得 3。

FPGA 存在加法器、乘法器，同时 7'b1111011/100 这样的语法是允许的，在这一运算中默认首先将 100 转换为二进制形式 7'b1100100，然后进行二进制数的除法运算，最终得到 1，然后将结果赋值给 4 位 BCD 码，即 0001。

（2）BCD 转二进制

BCD 转二进制的过程为上述过程的逆过程，123 的 BCD 表示形式为‘0001 0010 0011’，123=1×100+2×10+3，这样 123 的二进制形式可以直接表示为 Bin = 4'b0001×100+4'b0010×10+4'b0011，Bin = 1100100+10100+11，Bin 最后为 1111011。

7.3.2 设计要求

实现任意 16 位 BCD 码和二进制数的互换。

7.3.3 模块代码

首先是二进制转 BCD 模块代码。

```
module BIN2BCD (BIN_IN, BCD_OUT);
input [15:0] BIN_IN;                        //输入为 16 位二进制数
output [15:0] BCD_OUT;                      //输出为 16 位 BCD 码
```

```
assign BCD_OUT[15:12] = BIN_IN/1000;          //千位
assign BCD_OUT[11:8] = (BIN_IN/100)%10;       //百位
assign BCD_OUT[7:4] = (BIN_IN/10)%10;         //十位
assign BCD_OUT[3:0] = BIN_IN%10;              //个位
endmodule
```

然后是 BCD 转二进制模块代码。

```
module BCD2BIN( BCD_IN1, BCD_IN2, BIN_OUT1, BIN_OUT2);
input[15:0] BCD_IN1, BCD_IN2;            //定义两个 16 位 BCD 输入端口
output [15:0] BIN_OUT1, BIN_OUT2;        //对应的两个 16 位二进制数输出端口
assign  BIN_OUT1[15:0] = BCD_IN1[15:12] * 1000 + BCD_IN1[11:8] * 100 +
                          BCD_IN1[7:4] * 10+ BCD_IN1[3:0];
assign  BIN_OUT2[15:0] = BCD_IN2[15:12] * 1000 + BCD_IN2[11:8] * 100 +
                          BCD_IN2[7:4] * 10+ BCD_IN2[3:0];
endmodule
```

上述实现方式的优点是代码编写过程简单易懂，缺点是需要额外消耗 FPGA 片内逻辑资源，因此在片内资源充裕的情况下此种设计方法可行。逐步移位的设计方法本节不再罗列具体实现过程，感兴趣读者可以自行查阅资料。

7.3.4 仿真测试

二进制转 BCD 模块测试平台代码如下。

```
'timescale 1 ms/1 ms                  //时间单位为 1 ms,精度为 1 ms
module BIN2BCD_tb;
reg [15:0] BIN_IN;                    //激励信号
wire [15:0] BCD_OUT;                  //输出
initial//初始化激励
begin
    #5
    BIN_IN = 16'b0000000001111011;
    #10
    BIN_IN = 16'b0000010011010010;
    #10
    BIN_IN = 16'b0010011010010100;
    #10 $stop;
end
BIN2BCD i1(//实例化端口
          . BIN_IN(BIN_IN),
          . BCD_OUT(BCD_OUT)
);
endmodule
```

BCD 转二进制模块测试平台代码如下。

```
'timescale 1 ms/1 ms
```

```
module BCD2BIN_tb;
reg[15:0] BCD_IN1, BCD_IN2;
wire[15:0] BIN_OUT1, BIN_OUT2;
initial
begin
    #5
    BCD_IN1 = 16'h0123;
    BCD_IN2 = 16'h3210;
    #10
    BCD_IN1 = 16'h1234;
    BCD_IN2 = 16'h4321;
    #10
    BCD_IN1 = 16'h9876;
    BCD_IN2 = 16'h6789;
    #10 $stop;
end
BCD2BIN     i1 (
    .BCD_IN1(BCD_IN1),
    .BCD_IN2(BCD_IN2),
    .BIN_OUT1(BIN_OUT1),
    .BIN_OUT2(BIN_OUT2)
    );
endmodule
```

7.3.5 结果分析

二进制转 BCD 仿真结果如图 7-6 所示。其中 BIN 和 BCD 都采用二进制和十进制两种表示形式，由图可知 123、1234、9876 均从二进制形式成功转换为 BCD 码形式。

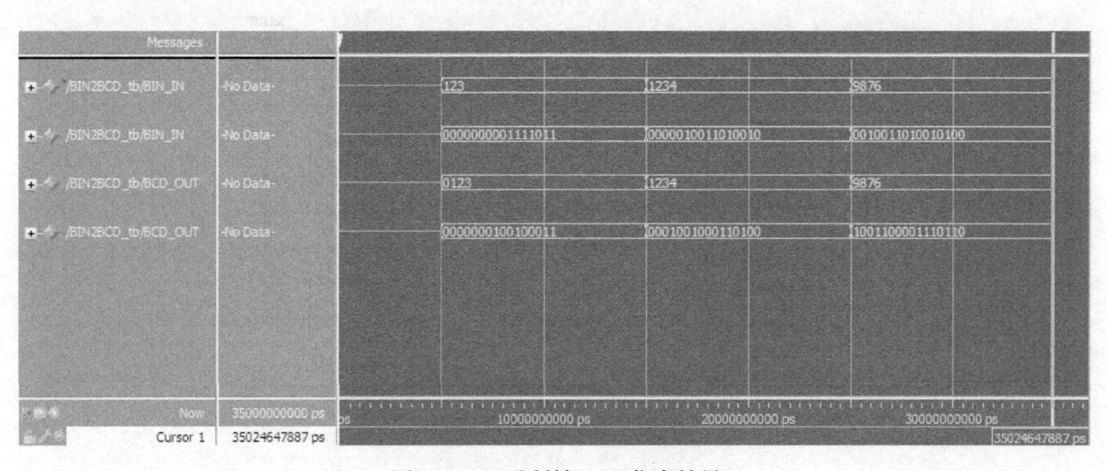

图 7-6　二进制转 BCD 仿真结果

BCD 转二进制仿真结果如图 7-7 所示。

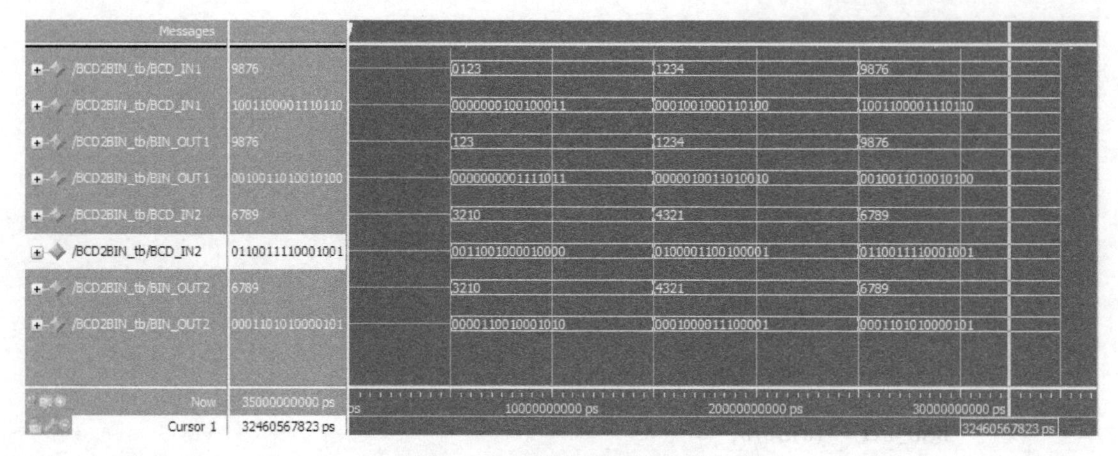

图 7-7　BCD 转二进制仿真结果

7.4　数码管显示

7.4.1　基本原理

数码管是一种常见外设，为了实现数码管的驱动和显示，首先需要了解数码管显示的原理。7 段式数码管由 7 个发光二极管组成，这 7 个发光二极管有一个公共端。公共端必须接 GND 或者接 VCC，公共端接 GND 的数码管称为共阴极数码管，公共端接 VCC 的数码管称为共阳极数码管。7 段数码管结构如图 7-8 所示，由图可知，发光二极管分别为 a、b、c、d、e、f、g 7 小段和 1 个小数点 dp。共阴极数码管每一小段均为高电平点亮，共阳极数码管每一小段均为低电平点亮。

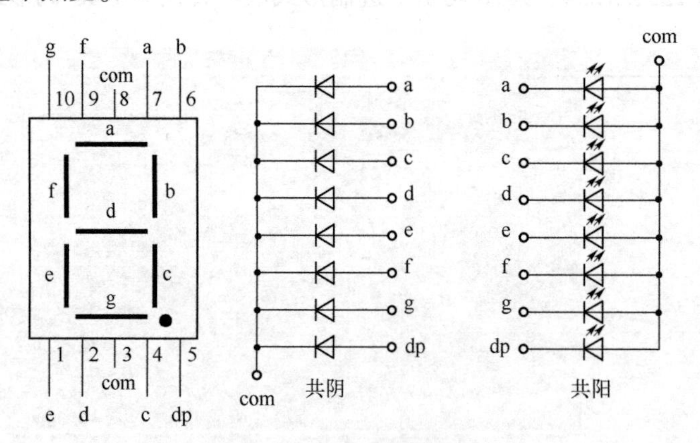

图 7-8　数码管基本原理

通过控制不同小段的亮灭的组合，显示出不同数字或字母。例如，阿拉伯数字 2，通过点亮 a、b、d、e、g，熄灭 c、f、dp 实现。控制数码管每一小段亮灭的信号称为段选信号，若希望数码管显示某个数字，只要给数码管的 7 个段选接口送相应的译码信号即可。表 7-2 列出了对 a~dp 进行编码得到相应的显示数字或字母（不带小数点显示）。

表 7-2 编码表

数字/字符	0	1	2	3	4	5	6	7
编码（十六进制）	3f	06	5b	4f	66	6d	7d	07
数字/字符	8	9	A	B	C	D	E	F
编码（十六进制）	7f	6f	77	7c	39	5e	79	71

单数码管的显示一般为静态显示方式，数码管常亮。但是，当要求多个数码管同时显示，为了节约资源，通常采用动态扫描方式使多个数码管“同时显示”。这里的“同时显示”并不是同时点亮全部数码管，而是利用人眼视觉暂留现象达到“同时显示”的效果。简单地说，只要扫描频率超过眼睛的视觉暂留频率就可以达到点亮单个数码管，却能享有多个数码管同时显示的视觉效果，并且显示也不闪烁。多个数码管显示时，位选信号控制数码管是否选通。

7.4.2 设计要求

设计一个共阴 7 段数码管控制接口，要求：在时钟信号的控制下，使 4 位数码管动态刷新显示 0~F，同时将所显示数据的二进制形式通过发光二极管表示出来。模块结构如图 7-9 所示，seg[7:0]连接数码管段选端口，sel[3:0]连接数码管位选端口，num[3:0]连接 4 个发光二极管。

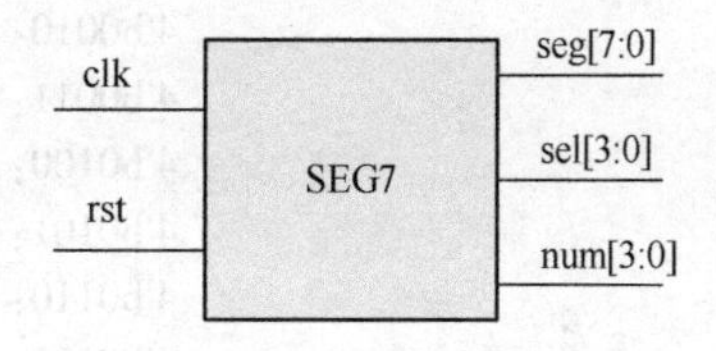

图 7-9 共阴 7 段数码管控制接口

7.4.3 模块代码

下面给出一种 7 段式数码管动态显示模块代码。

```
module seg7( clk,rst,sel,seg,num);
input clk;                                  //时钟信号
input rst;                                  //复位信号
output reg[3:0] sel;                        //数码管位选端口
output reg[7:0] seg;                        //数码管段选端口
output reg[3:0] num;                        //显示的数字或字母的输出端口
reg[31:0] counter_5kHz;                     //计数器 1,控制扫描频率为 5kHz
reg[31:0] counter_1Hz;                      //计数器 2,控制所要显示的数据 1s 更新一次
reg[1:0] pos;                               //数码管位选控制信号
always@ (posedge clk or negedge rst)
    begin
        if( ! rst)                          //复位键按下,初始化
        begin
            seg<=8'b0000_0000;
            sel<=4'b1111;
            counter_1Hz<=0;
            counter_5kHz<=0;
            num<=0;
            pos<=0;
        end
```

```
else
begin
    if(counter_1 Hz<5000_0000) //显示数据刷新控制
                               //未达到计数值,数据保持且计数器加一
    begin
        counter_1 Hz<=counter_1 Hz+1;
    end
    else                       //达到计数值,数据刷新且计数器清零
    begin
        num<=num+1;
        counter_1 Hz<=0;
    end

    case(num)                  //判断数据值,将对应数码管显示编码赋给段选端口

        4'b0000: seg<=8'b0011_1111;
        4'b0001: seg<=8'b0000_0110;
        4'b0010: seg<=8'b0101_1011;
        4'b0011: seg<=8'b0100_1111;
        4'b0100: seg<=8'b0110_0110;
        4'b0101: seg<=8'b0110_1101;
        4'b0110: seg<=8'b0111_1101;
        4'b0111: seg<=8'b0000_0111;
        4'b1000: seg<=8'b0111_1111;
        4'b1001: seg<=8'b0110_1111;
        4'b1010: seg<=8'b0111_0111;
        4'b1011: seg<=8'b0111_1100;
        4'b1100: seg<=8'b0011_1001;
        4'b1101: seg<=8'b0101_1110;
        4'b1110: seg<=8'b0111_1001;
        4'b1111: seg<=8'b0111_0001;
        default: seg<=8'b0000_0000;
    endcase
    if(counter_5 kHz<1_0000)   //数码管动态扫描,扫描频率 5kHz
                               //未达到计数值,位选控制信号保持且计数器加一
    begin
        counter_5kHz<=counter_5kHz+1;
    end
    else                       //达到计数值,位选控制信号刷新且计数器清零
    begin
        pos<=pos+1;
        counter_5 kHz<=0;
    end
    case(pos)                  //判断数码管位选控制信号,将对应位选信号赋给位选端口
        2'b00: sel<=4'b1110;
        2'b01: sel<=4'b1101;
        2'b10: sel<=4'b1011;
        2'b11: sel<=4'b0111;
        default: sel<=8'b1111;
```

```
            endcase
        end
    end
endmodule
```

7.4.4 仿真测试

上述模块的测试模块如下，在测试模块中只需要产生一个时钟激励和实例化。

```
'timescale 1 ns/1 ps
module seg7_tb;
    reg clk;                              //时钟
    reg rst;                              //复位
    wire[3:0] sel;                        //位选端口
    wire[7:0] seg;                        //段选端口
    wire[3:0] num;                        //数据输出端口
    initial begin
        clk = 0;
        rst = 0;
        #20 rst = 1;
    end

always #10 clk = ~clk;                    //产生一个 50 MHz 的时钟激励
seg7 i1(
        .clk(clk),
        .rst(rst),
        .sel(sel),
        .seg(seg),
        .num(num)
        );
endmodule
```

7.4.5 结果分析

仿真结果如图 7-10 所示。

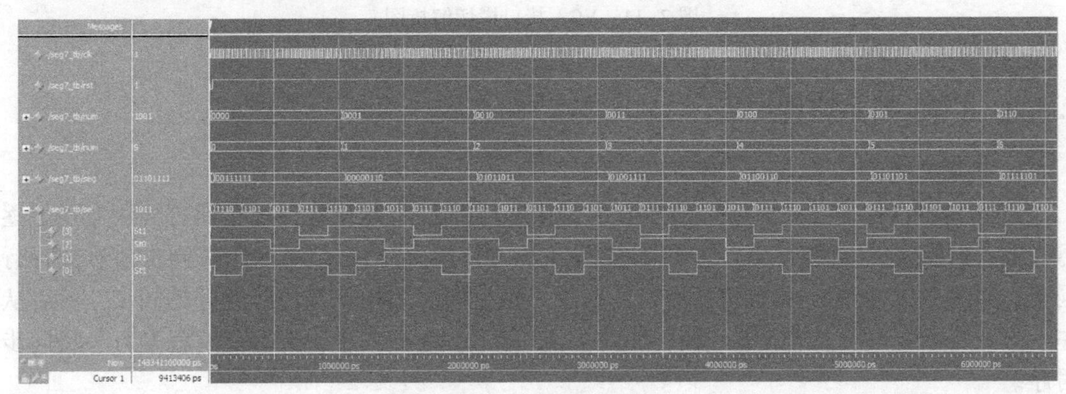

图 7-10 仿真结果图

由仿真波形可以看出，每隔一个数据刷新周期，数码管段选信号和对应二进制信号同步更新。数码管位选信号按扫描频率更新，sel 端口低电平表明选通与之相连的数码管，高电平则未选通。因此，该模块达到设计要求。

7.5 VGA 显示驱动

7.5.1 VGA

VGA（Video Graphics Array）是 IBM 在 1987 年推出的一种视频传输标准，VGA 广泛用于计算机显示，是一种显示设备制造商普遍通用的最低标准。个人电脑在加载自己的独特驱动程序之前，都必须支持 VGA 的标准。

VGA 支持在 640×480 像素的较高分辨率下同时显示 16 种色彩或 256 种灰度，同时在 320×240 像素分辨率下可以同时显示 256 中颜色。

在 VGA 基础上加以扩充，使其支持更高分辨率如 800×600 像素或 1024×768 像素，这些扩充的模式就称为 VESA（Video Electronics Standards Association，视频电子标准协会）的 Super VGA 模式，简称 SVGA，现在的显卡和显示器都支持 SVGA 模式，VGA 接口就是显卡上输出模拟信号的接口，也叫 D-Sub 接口，传输红、绿、蓝模拟信号以及同步信号（水平和垂直信号）。

VGA 接口共有 15 针，分成 3 排，每排 5 个孔，如图 7-11 所示。是显卡上应用最为广泛的接口类型，绝大多数显卡都带有此种接口。它传输红、绿、蓝模拟信号以及同步信号（水平和垂直信号）。

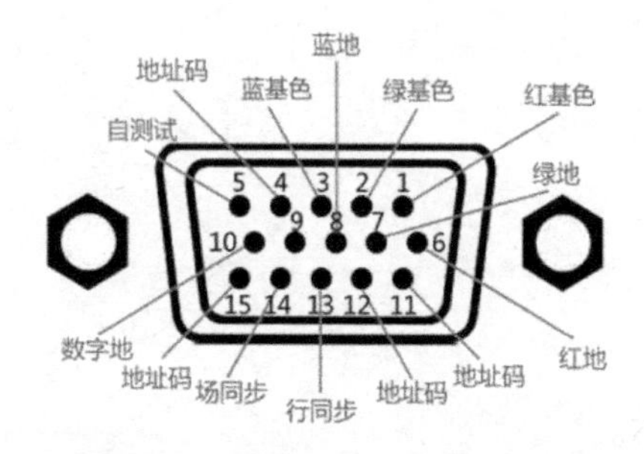

图 7-11　VGA 接口横切解析图

7.5.2 VGA 显示原理

1. 扫描方式

VGA 显示器扫描方式为逐行扫描方式，从屏幕的左上方开始，从左到右，从上到下逐行扫描，扫描完一场后对 CRT 电子束进行消隐，同时每行扫描结束时用行同步信号进行行同步，如图 7-12 所示。扫描完所有行，形成一帧，同时用场同步信号进行场同步，然后从左上方开始重新扫描，进入下一帧，如图 7-13 所示。在扫描中，最重要的就是行、场同步时序。

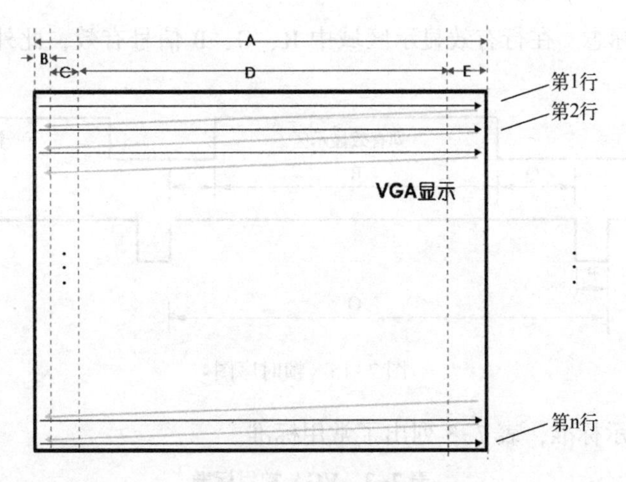

图 7-12　逐行扫描

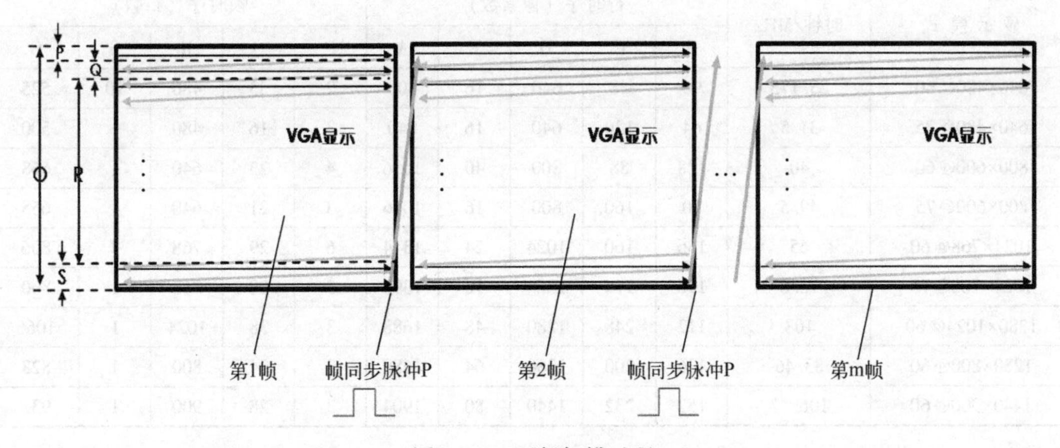

图 7-13　逐行扫描过程

2. 行帧时序

行时序如图 7-14 所示。

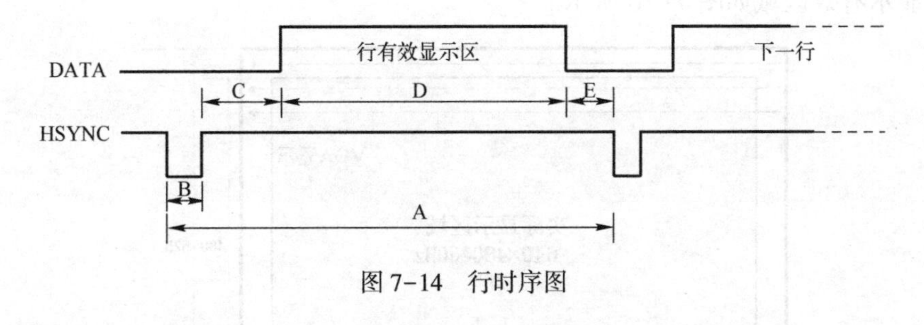

图 7-14　行时序图

帧时序如图 7-15 所示。

VGA 中，行时序和帧时序都需要同步脉冲（B，P 段）、显示后沿（C，Q 段）、显示时段（D，R 段）、显示前沿（E，S 段）四部分。VGA 工业标准显示模式规定：行同步、帧同步均为负极性脉冲同步。

由 VGA 行时序可知：每一行都有一个负极性同步脉冲（B 段），是数据行结束的标志，也是下一行开始的标志。在行有效显示区域中 R、G、B 信号有效，此外区域图像不投射到屏幕上。

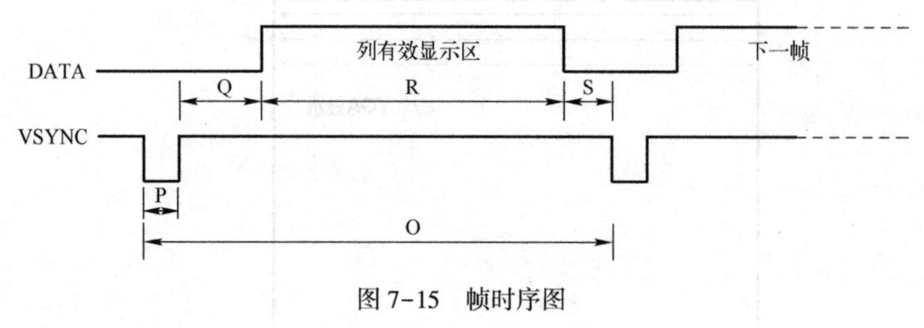

图 7-15　帧时序图

VGA 有许多显示标准，表 7-3 列出了常用标准。

表 7-3　VGA 常用标准

显示模式	时钟/MHz	行时序（像素数）					帧时序（行数）				
		B	C	D	E	A	P	Q	R	S	O
640×480@60	25.175	96	48	640	16	800	2	33	480	10	525
640×480@75	31.5	64	120	640	16	840	3	16	480	1	500
800×600@60	40	128	88	800	40	1056	4	23	640	1	668
800×600@75	49.5	80	160	800	16	1056	3	21	640	1	665
1024×768@60	65	136	160	1024	24	1344	6	29	768	3	806
1024×768@75	78.8	176	176	1024	16	1392	3	28	768	1	800
1280×1024@60	108	112	248	1280	48	1688	3	38	1024	1	1066
1280×800@60	83.46	136	200	1280	64	1680	3	24	800	1	828
1440×900@60	106.47	152	232	1440	80	1904	3	28	900	1	932

本设计采用 640×480@60 显示标准（行数为 480，列数为 640，刷新频率为 60 Hz）。

行时序：屏幕对应每行扫描像素数为 800（A=B+C+D+E），显示列为 640(D)。

帧时序：屏幕对应每帧扫描行数为 525（O=P+Q+R+S），显示行为 480(R)。

屏幕显示有效区域如图 7-16 所示。

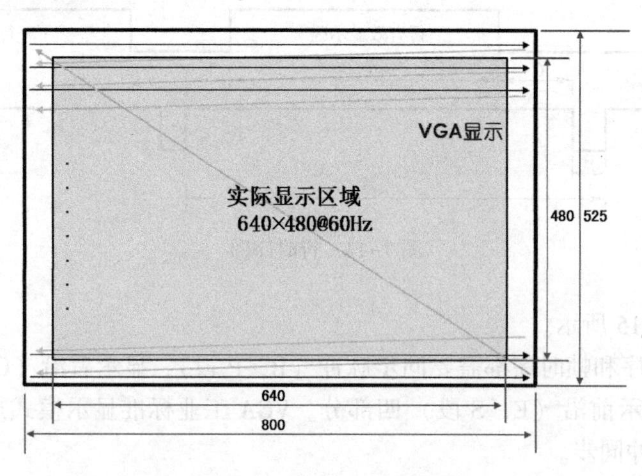

图 7-16　屏幕显示有效区域

7.5.3　设计要求

编写 VGA 显示驱动模块，实现 VGA 显示器的蓝屏显示和彩条显示。

7.5.4　模块代码

VGA 驱动模块代码如下。

```
module VGA(clk,rst,Hs,Vs,Rl,Gl,Bl);

input clk,rst;
output reg Hs,Vs;                    //行同步信号、场同步信号
output reg[7:0] Rl,Gl,Bl;            // 8 位 R、G、B 分量,24 位表示一个像素值
reg[9:0] Hcnt,Vcnt;                  // Hcnt 行计数  Vcnt 列计数
parameter A=800;                     //Line Period  行扫周期
parameter B=96;                      //Sync pulse  行同步脉冲
parameter C=48;                      //Back porch  显示后沿
parameter D=640;                     //Display interval  显示时段
parameter E=16;                      //Front porch  显示前沿
parameter O=525;                     //Frame Period  场扫周期
parameter P=2;                       //Sync pulse  场同步脉冲
parameter Q=33;                      //Back porch  显示后沿
parameter R=480;                     //Display interval  显示时段
parameter S=10;                      //Front porch  显示前沿
always @(posedge clk or negedge rst)
begin
    if(!rst)
        begin
        Hcnt<=0;Vcnt<=0;
        end
    else if(Hcnt==A-1)               //行、列计数控制
        begin
        if(Vcnt==O-1)
            begin
            Vcnt<=0;
            end
        else
            begin
            Vcnt<=Vcnt+1;
            end
        Hcnt<=0;
        end
    else
        Hcnt<=Hcnt+1;
end

always @(posedge clk)                //行、场同步脉冲控制
begin
    if(Hcnt<=B-1)
```

```
            Hs<=0;
        else
            Hs<=1;
        if(Vcnt<=P-1)
            Vs<=0;
        else
            Vs<=1;
end
always @(posedge clk)                                              //R、G、B 颜色控制
begin
        if((Vcnt<=P+Q-1)||(Vcnt>=P+Q+R))                          //显示区域以外不显示颜色
            begin
            Rl<=0; Gl<=0; Bl<=0;
            end
        else
            begin
            if((Hcnt<=B+C-1)||(Hcnt>=B+C+D))
                begin
                Rl<=0; Gl<=0; Bl<=0;
                end
            else
                begin
                //Rl<=0; Gl<=0; Bl<=255;                           //蓝屏
                    if((Vcnt>=P+Q)&&(Vcnt<=P+Q+160))               //前 160 行显示红色
                        begin
                            Rl<=255; Gl<=0; Bl<=0;
                        end
                    else if((Vcnt>=P+Q+160)&&(Vcnt<=P+Q+320))//中间 160 行显示绿色
                        begin
                            Rl<=0; Gl<=255; Bl<=0;
                        end
                    else                                           //后 160 行显示蓝色
                        begin
                            Rl<=0; Gl<=0; Bl<=255;
                        end
                end
            end
end
endmodule
```

7.5.5 仿真测试

仿真测试平台代码如下。

```
'timescale 10 ns/ 1 ps
module VGA_tb();
reg clk, rst;
wire [7:0] Rl, Gl, Bl;
wire Hs, Vs;
```

```
VGA i1 (
. Bl(Bl),
. Gl(Gl),
. Hs(Hs),
. Rl(Rl),
. Vs(Vs),
. clk(clk),
. rst(rst)
    );
initial
begin
    clk = 0;
    rst = 0;
    # 10 rst = 1;
 $display("Running testbench");
end
always #5 clk = ~clk;
endmodule
```

7.5.6 结果分析

仿真结果如图 7-17 和图 7-18 所示。

图 7-17 是屏幕显示彩条的仿真结果。可以看到 R、G、B 三色信号交替更新，颜色信号端口为 00000000 时，无对应颜色信号输出；颜色信号端口为 11111111 时，对应颜色信号色彩饱和度达到最大。这样，屏幕从上到下依次出现红、绿、蓝三种纯色彩条。场同步信号 Vs 低电平脉冲位于蓝色信号输出结束后，红色信号输出开始前，对应了下一帧的开启。场同步信号符合帧时序要求。

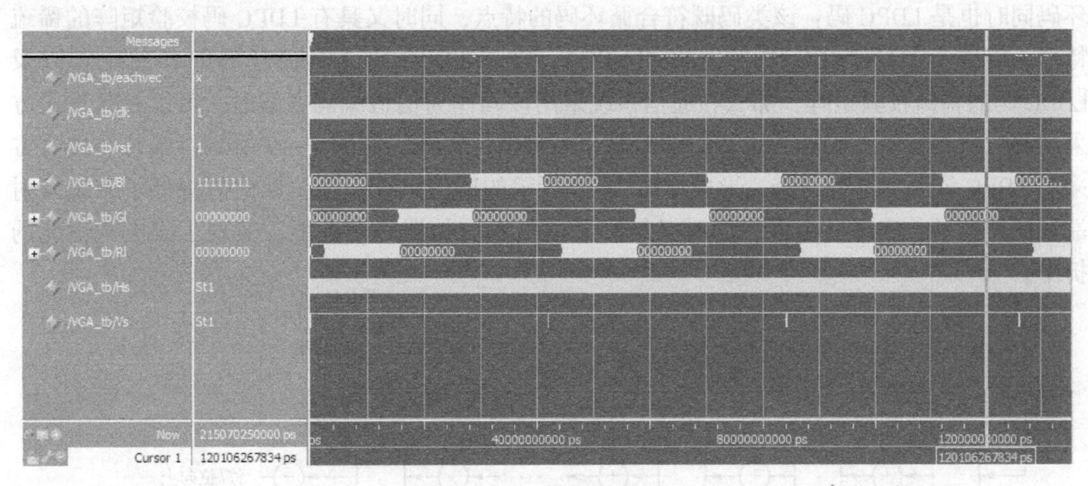

图 7-17　仿真结果图

图 7-18 为图 7-17 放大后的局部波形，可以看到行同步信号脉冲。在行同步脉冲到来前后，短暂无颜色信号输出，符合行时序要求。

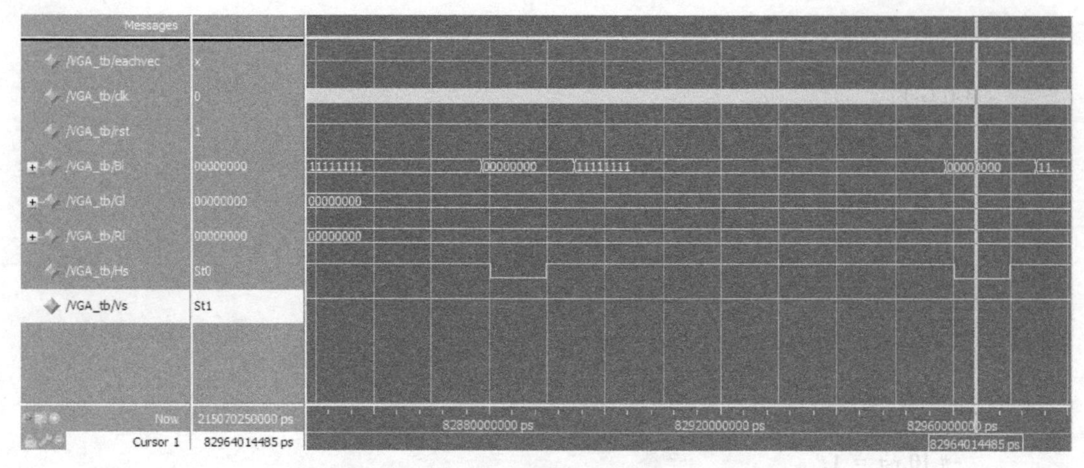

图 7-18　放大后的局部波形图

7.6　循环 LDPC 编译码

7.6.1　基本原理

循环码也是线性分组码的一种，除了具有线性分组码的一般性质之外，还有一个独有的特性——循环性，即任一码字经循环移位以后，仍为该码的码字。循环码有以下特点：

1）构造与分析均可用代数方法进行，并具有多种实用的译码方案。

2）可用反馈移位寄存器电路来实现，硬件实现简单。

循环码和 LDPC 码都是线性分组码，课题组在研究循环码过程中发现有些比较特殊的循环码同时也是 LDPC 码：该类码既符合循环码的特点，同时又具有 LDPC 码校验矩阵的稀疏特性，可称为循环 LDPC 码（Cyclic LDPC）。循环 LDPC 码兼具循环码的各种优点以及 LDPC 码的稀疏校验矩阵，那么在通信系统采用该码作为信道编码方案时，可以在其发送方采用移位寄存器的编码器结构，结构简单，易于硬件实现。如图 7-19 所示。系统在接收方采用 LDPC 译码器进行纠错，形成如图 7-20 所示的通信系统模型。如此既降低了系统发射端编码器的硬件实现复杂度，同时又提高了通信系统的误码率性能，实现了成本与性能的折中。

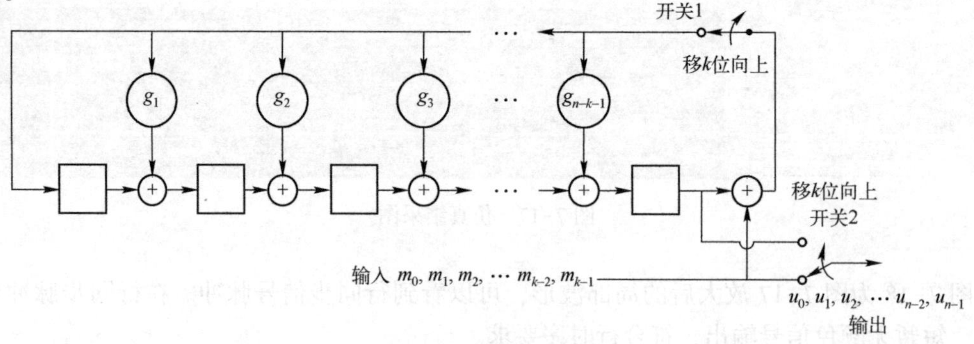

图 7-19　编码原理图

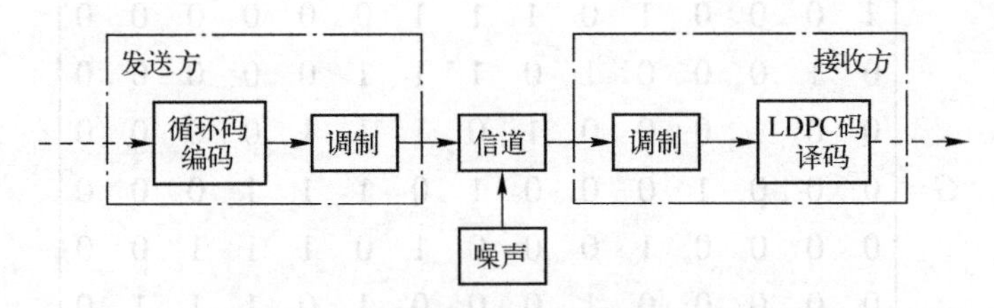

图 7-20　采用循环 LDPC 的通信系统模型

Gallager 博士早在提出 LDPC 码时曾给出了两种译码算法：硬判决译码算法和软判决译码算法。硬判决的译码方法运算量较小，但不能达到 LDPC 码的最佳性能；软判决采用了后验概率信息，并运用迭代运算，具有较好译码性能。为满足系统误码率性能的要求，本实验主要采用软判决译码算法设计 LDPC 译码器。

最小和（Min-sum）译码算法是根据对数域置信传播（Belief Propagation，BP）译码算法提出的一种近似简化算法，它利用求最小值的运算简化了函数运算，大大降低了运算复杂度且不需要对信道噪声进行估计，没有复杂的操作，因此非常适合硬件实现，但其性能相对于 BP 译码算法有所降低，适用于硬件条件受限而性能要求较低的场合，本实验采用最小和译码算法实现译码。

算法描述如下：

1）初始化。

$$L(q_{i,j})=L(P_i)$$

2）计算校验信息。

$$L(r_{ji})=\prod_{i'\in R_j\backslash i}\operatorname{sign}(L(q_{i'j}))\cdot\min_{i'\in R_j\backslash i}(\,|L(q_{i'j})|\,)$$

3）码字校验。

$$L(q_i)=L(P_i)+\sum_{j\in C_i}L(r_{ji})$$

$$L(q_i)>0,\quad \hat{c}_i=0$$

$$L(q_i)\leqslant 0,\quad \hat{c}_i=1$$

如果 $Hc^{\mathrm{T}}=0$ 或者达到系统设定的最大迭代次数时，系统将输出译码结果。

Step 4. bit to Check

$$L(q_{ij})=L(P_i)+\sum_{j'\in C_i\backslash j}L(r_{j'i})$$

返回至步骤 2）

7.6.2　设计要求

本实验给出一种（15,7）的循环 LDPC 码的生成多项式为 $g(x)=x^8+x^7+x^6+x^7+1$，其对应的生成矩阵 $\boldsymbol{G}$ 和校验矩阵 $\boldsymbol{H}$ 分别如式（7-1）和式（7-2）所示。

$$
\boldsymbol{G}=\begin{bmatrix}
1&0&0&0&1&0&1&1&1&0&0&0&0&0&0\\
0&1&0&0&0&1&0&1&1&1&0&0&0&0&0\\
0&0&1&0&0&0&1&0&1&1&1&0&0&0&0\\
0&0&0&1&0&0&0&1&0&1&1&1&0&0&0\\
0&0&0&0&1&0&0&0&1&0&1&1&1&0&0\\
0&0&0&0&0&1&0&0&0&1&0&1&1&1&0\\
0&0&0&0&0&0&1&0&0&0&1&0&1&1&1
\end{bmatrix} \tag{7-1}
$$

$$
\boldsymbol{H}=\begin{bmatrix}
1&1&0&1&0&0&0&1&0&0&0&0&0&0&0\\
0&1&1&0&1&0&0&0&1&0&0&0&0&0&0\\
0&0&1&1&0&1&0&0&0&1&0&0&0&0&0\\
0&0&0&1&1&0&1&0&0&0&1&0&0&0&0\\
0&0&0&0&1&1&0&1&0&0&0&1&0&0&0\\
0&0&0&0&0&1&1&0&1&0&0&0&1&0&0\\
0&0&0&0&0&0&1&1&0&1&0&0&0&1&0\\
0&0&0&0&0&0&0&1&1&0&1&0&0&0&1
\end{bmatrix} \tag{7-2}
$$

根据生成矩阵 ***G*** 和校验矩阵 ***H***，可以得到循环 LDPC 码的 Tanner 图如图 7-21 所示。

Cout1	V1	C1	Vout1		Cout1	V1		Vout1
Cout2	V2	C1	Vout2		Cout2	V2		Vout2
Cout5		C2	Vout3		Cout3	V4	C1	Vout6
Cout6	V3	C2	Vout4		Cout4	V8		Vout18
Cout9		C3	Vout5		Cout5	V2		Vout3
Cout3		C1	Vout6		Cout6	V3		Vout4
Cout10	V4	C3	Vout7		Cout7	V5	C2	Vout9
Cout13		C4	Vout8		Cout8	V9		Vout22
Cout7		C2	Vout9		Cout9	V3		Vout5
Cout14	V5	C4	Vout10		Cout10	V4		Vout9
Cout17		C5	Vout11		Cout11	V6	C3	Vout12
Cout11		C3	Vout12		Cout12	V10		Vout25
Cout18	V6	C5	Vout13		Cout13	V4		Vout8
Cout21		C6	Vout14		Cout14	V5		Vout10
Cout17		C4	Vout15		Cout15	V7	C4	Vout15
Cout22	V7	C6	Vout16		Cout16	V11		Vout27
Cout25		C7	Vout17		Cout17	V5		Vout11
Cout4		C1	Vout18		Cout18	V6	C5	Vout13
Cout19	V8	C5	Vout19		Cout19	V8		Vout19
Cout26		C7	Vout20		Cout20	V12		Vout29
Cout29		C8	Vout21		Cout21	V6		Vout14
Cout8		C2	Vout22		Cout22	V7	C6	Vout16
Cout23	V9	C6	Vout23		Cout23	V9		Vout23
Cout30		C8	Vout24		Cout24	V13		Vout30
Cout12	V10	C3	Vout25		Cout25	V7		Vout17
Cout27		C7	Vout26		Cout26	V8	C7	Vout20
Cout16	V11	C4	Vout27		Cout27	V10		Vout26
Cout31		C8	Vout28		Cout28	V14		Vout31
Cout20	V12	C5	Vout29		Cout29	V8		Vout21
Cout24	V13	C6	Vout30		Cout30	V9	C8	Vout24
Cout28	V14	C7	Vout31		Cout31	V11		Vout28
Cout32	V15	C8	Vout32		Cout32	V15		Vout32

图 7-21　系统的 Tanner 图

7.6.3 模块代码

1. 顶层模块

```
module top(clk,rst,clkdata,rqcontrol,urom,c,rq,rtemp,romcnt,encodeoutready,enmseq,waitstate,out-
putcode,mseqoutcnt,mesqoutready,endecode,decodeout);
//公共信号
input clk,rst;
//分频器模块
output wire clkdata;
//rom 模块
output wire urom;

//编码模块
output wire rq;
output wire c;
output wire[8:1]rtemp;
output wire[4:0]romcnt;
output wire encodeoutready;
output wire enmseq;
output wire waitstate;
//m 序列模块
output wire [7:0]outputcode;
output wire [4:0]mseqoutcnt;
output wire mesqoutready;
output wire endecode;
//译码模块
outputwire decodeout;
output wire rqcontrol;
clkdiv clkdiv(.clk(clk),.clk_div(clkdata));
datarom datarom(.clk(clkdata),.rst(rst),.rq(rq),.data(urom));
encode encode(.clk(clkdata),.rst(rst),.rq(rq),.u(urom),.rqcontrol(rqcontrol),.c(c),.romcnt
(romcnt),.rtemp(rtemp),.encodeoutready(encodeoutready),.enmseq(enmseq),.waitstate(wait-
state));
mseq mseq(.clk(clkdata),.rst(rst),.en(enmseq),.rqcontrol(rqcontrol),.datain(c),.dataout(out-
putcode),.mseqoutcnt(mseqoutcnt),.mseqoutready(mesqoutready),.endecode(endecode));
decodedecode(.clk(clk),.rst(rst),.clk_datain(clkdata),.en(endecode),.data_in(outputcode),
.decode_out(decodeout),.rqcontrol(rqcontrol));
```

2. 编码模块

```
module encode(clk,rst,rq,u,rqcontrol,c,rtemp,romcnt,encodeoutready,enmseq,waitstate);
input clk,rst,rqcontrol,u;
output reg c,rq;
output reg [8:1]rtemp;
output reg [4:0]romcnt;
output reg encodeoutready;
output reg enmseq;
output reg waitstate;
```

```
reg temp;
always@(posedge clk)                                    //请求、接收数据
    begin:Inputrom
        if(!rst)                                        //复位初始化
            begin
                rq<=1'b1;                               //开始打开数据请求
                romcnt<=5'd0;                           //rom 计数初始化
                waitstate<=1'b1;                        //等待使能,仅第一次
                rtemp<=8'd0;                            //移位寄存器初值
                c<=1'bx;                                //输出初始化
                enmseq<=1'b0;                           //加噪声初始关断
                encodeoutready<=1'b0;                   //编码未完成
            end
        else
            begin
                if(!encodeoutready)                     //未编码输出完成
                    begin//1
                        if(waitstate)                   //等待 rom 一个时钟,仅第一次
                            begin
                                waitstate<=1'b0;        //关断等待状态
                            end
                        else
                            begin
                                if(romcnt<=5'd6)        //计数未到达 6,说明仍需要读数据
                                    begin
                                        temp=u;         //前 7 个读入数据
                                c=temp^rtemp[5'd4]^rtemp[5'd6]^rtemp[5'd7]^rt
                              emp[5'd8];
                                        rtemp[5'd8]=rtemp[5'd7];
                                        rtemp[5'd7]=rtemp[5'd6];
                                        rtemp[5'd6]=rtemp[5'd5];
                                        rtemp[5'd5]=rtemp[5'd4];
                                        rtemp[5'd4]=rtemp[5'd3];
                                        rtemp[5'd3]=rtemp[5'd2];
                                        rtemp[5'd2]=rtemp[5'd1];
                                        rtemp[5'd1]=u;
                                        romcnt=romcnt+5'd1;     //计数加 1
                                        enmseq=1'b1;            //打开加噪声
                                    end
                                else if(romcnt==5'd15)          //计数到达 15,说明已编
                                                                码并输出完成
                                    begin
                                        encodeoutready<=1'b1;   //编码完成标志打开
                                        c<=1'bx;                //输出初始化
                                    end
                                else
                                    begin
                                        temp=0;                 //后八个为补 0
                                c=temp^rtemp[5'd4]^rtemp[5'd6]^rtemp[5'd7]^rtemp[5'd8];
```

```
                                    rtemp[5'd8]=rtemp[5'd7];
                                    rtemp[5'd7]=rtemp[5'd6];
                                    rtemp[5'd6]=rtemp[5'd5];
                                    rtemp[5'd5]=rtemp[5'd4];
                                    rtemp[5'd4]=rtemp[5'd3];
                                    rtemp[5'd3]=rtemp[5'd2];
                                    rtemp[5'd2]=rtemp[5'd1];
                                    rtemp[5'd1]=0;
                                romcnt=romcnt+5'd1;          //计数加1
                                    rq<=1'b0;
                                    enmseq=1'b1;             //打开加噪声
                                end
                            end
                    end//1
            else if(rqcontrol)                              //编码完成,且译码完成发来数据请求
                begin
                    rq<=1'b1;                               //开始打开数据请求
                    romcnt<=5'd0;                           //rom 计数初始化
                    rtemp<=8'd0;                            //移位寄存器初值
                    c<=1'bx;                                //输出初始化
                    enmseq<=1'b0;                           //加噪声初始关断
                    encodeoutready<=1'b0;                   //编码未完成
                end
            end
    end
endmodule
```

3. 译码模块

```
module decode(clk,rst,clk_datain,en,data_in,decode_out,rqcontrol);
    input   clk,clk_datain,en,rst;
    input   [7:0]data_in;
    output  decode_out;
    output  reg rqcontrol;
    reg     decode_out;
    reg     data_ready;  //接收数据标志
    wire    [7:0] cout[1:32];
    wire    [7:0] vout[1:32];
    wire    [15:1] judge;
    reg     [15:1] judge_out;
    //使能和标志信号
    reg      cnu_en,vnu_en;
    wire     vnu_over,cnu_over;
    reg      cnu_rst,vnu_rst;
    reg      check_en;
    reg      out_en;
    reg      j0_out_en,iter_en;
    reg      j0_check,j0_check0,j0_check1;
    reg      [5:0]iter_num;
```

```
reg          sign;
reg          [8:1]check=8'b11111111;
reg          [7:0]data[15:1];
reg          [7:0]data1[15:0];
reg          [7:0]data2[15:0];
reg          sign_databuffer;
reg          [5:0]count;
reg          [5:0]num=6'd0;
reg          rqcnt=0;
reg          decodeready;
parameter max_iter_num=4;
parameter length=15;
//乒乓接收数据并报告接收完成
always @ (posedge clk_datain)
    begin:databuffer
        if (!en)
            begin
                count=0;
                sign_databuffer=0;
                data_ready<=0;   //data_ready 是给 0 的时候数据开始输入
            end
        else
            begin
                count=count+6'b1;
                    if(sign_databuffer==0)
                        begin
                            data1[count]<=data_in;
                            if(count==length)
                                begin
                                    data_ready<=1;count=0;sign_databuffer=1;
                                end
                        end
                    else //sign_databuffer='1'
                        begin
                            data2[count]<=data_in;
                            if(count==length)
                                begin
                                    data_ready<=1;count=0;sign_databuffer=0;
                                end
                        end
            end
    end

always @ (posedge clk)
    begin:datatransfer
        if (!en)
            begin
                data[1]<=0;data[2]<=0;data[3]<=0;data[4]<=0;data[5]<=0;
```

```
                data[6]<=0;data[7]<=0;data[8]<=0;data[9]<=0;data[10]<=0;
                data[11]<=0;data[12]<=0;data[13]<=0;data[14]<=0;data[15]<=0;
            end
        else
            begin
                if(data_ready==1)  //接收完成,送到待处理数据内
                    begin
                        if(sign_databuffer==1)
                            begin
                                data[1]<=data1[1];data[2]<=data1[2];data[3]<=data1[3];
                                data[4]<=data1[4];data[5]<=data1[5];data[6]<=data1[6];
                                data[7]<=data1[7];data[8]<=data1[8];data[9]<=data1[9];
                                data[10]<=data1[10];data[11]<=data1[11];data[12]<=dat
                                a1[12];data[13]<=data1[13];data[14]<=data1[14];data[15]
                                <=data1[15];
                            end
                        else
                            begin
                                data[1]<=data2[1];data[2]<=data2[2];data[3]<=data2[3];
                                data[4]<=data2[4];data[5]<=data2[5];data[6]<=data2[6];
                                data[7]<=data2[7];data[8]<=data2[8];data[9]<=data2[9];
                                data[10]<=data2[10];data[11]<=data2[11];data[12]<=dat
                                a2[12];data[13]<=data2[13];data[14]<=data2[14];data[15]
                                <=data2[15];
                            end
                    end
            end
    end
//使能控制模块
always @(posedge clk)
    begin:enablestate
        reg [2:0]state;
        if(!en)
            begin
                check_en<=0;
                cnu_en<=0;vnu_en<=0;
                cnu_rst<=0;vnu_rst<=0;
            end
        else
            begin
                state = {vnu_en,check_en,cnu_en};
                case(state)
                3'b000:if(data_ready==1)
                          begin
                             vnu_en<=1;cnu_rst<=1;vnu_rst<=1;
                          end
                3'b100:if(vnu_over==1)
                          begin
```

```
                                        check_en<=1;vnu_en<=0;
                                    end
                3'b010:begin
                              if(j0_out_en==1)
                                    begin
                                        cnu_rst<=0;check_en<=0;
                                    end
                              if(iter_en==1)
                                    begin
                                        check_en<=0;cnu_en<=1;
                                    end
                              end
                3'b001:if(cnu_over==1)
                                    begin
                                        cnu_en<=0;vnu_en<=1;
                                    end
                default:begin
                                    cnu_en<=0;vnu_en<=0;check_en<=0;
                                    end
                endcase
            end
        end
//将 judge 进行校验以判断迭代是否再进行
always @ (posedge check_en or negedge cnu_rst)  //迭代次数计数
    begin
        if(cnu_rst==0)
            iter_num<=0;
        else
            iter_num<=iter_num+6'b1;
    end
always @ (posedge clk or negedge check_en)      //校验结果返回
    begin
        if(check_en==0)
            begin
                iter_en<=0;out_en<=0;
                j0_check<=0;j0_check0<=0;j0_check1<=0;
            end
        else
            begin
                j0_check0<=check_en;j0_check1<=j0_check0;j0_check<=j0_check1;
                if (j0_check==1)                //j0_check 有效则表明校验的计算完成
                    begin
                        if(check==0)
                            begin
                                out_en<=1;
                                judge_out<=judge;
                            end
```

```
                    else
                        if(iter_num = = max_iter_num+1)
                            begin
                                out_en<=1;
                                judge_out<=judge;
                            end
                        else
                            iter_en<=1;
                end
            end
        end
    //输出模块,数据输出的时候,下一帧译码仍然进行
    //输出数据为有效数据的使能信号
    always @ (posedge clk)
        begin:dataout
            if(!en)
                begin
                    decodeready<=1'b0;
                    decode_out<=1'bx;
                    num<=6'd0;
                    sign<=0;
                    j0_out_en<=0;
                end
            else
                begin
                    if(out_en = =1)
                        sign<=1;
                    if(sign = =1)
                        begin
                            num=num+6'd1;
                                decode_out<=judge_out[num];j0_out_en<=1;
                        end
                        if(num = =length+1)
                            begin
                                num<=0;j0_out_en<=0;sign<=0;
                                decodeready<=1'b1;
                            end
                end
        end
    always @ (posedge clk_datain)                //上升沿有效
        begin
            if(!en)
                begin
                    rqcnt<=1'b0;
                    rqcontrol<=1'b0;
                end
            else
                begin
```

```
                    if(rqcnt==1'b0)              //为了计一个周期
                        begin
                            if(decodeready)        //译码完成
                                begin
                                    rqcontrol<=1'b1;
                                    rqcnt=rqcnt+1'b1;
                                end
                        end
                    else
                        begin
                            rqcontrol<=1'b0;
                        end
                end
        end
    //对变量节点,看完整的H,是按照先从左到右,后从上到下的顺序
    //15个变量节点同时运算
    vnu_1 g1(clk,vnu_en,vnu_rst,data[1],cout[1],vout[1],judge[1]);
    vnu_2 g2(clk,vnu_en,vnu_rst,data[2],cout[2],cout[5],vout[2],vout[3],judge[2]);
    vnu_2 g3(clk,vnu_en,vnu_rst,data[3],cout[6],cout[9],vout[4],vout[5],judge[3]);
    vnu_3 g4(clk,vnu_en,vnu_rst,data[4],cout[3],cout[10],cout[13],vout[6],vout[7],vout
[8],judge[4]);
    vnu_3 g5(clk,vnu_en,vnu_rst,data[5],cout[7],cout[14],cout[17],vout[9],vout[10],vout
[11],judge[5]);
    vnu_3 g6(clk,vnu_en,vnu_rst,data[6],cout[11],cout[18],cout[21],vout[12],vout[13],vout
[14],judge[6]);
    vnu_3 g7(clk,vnu_en,vnu_rst,data[7],cout[15],cout[22],cout[25],vout[15],vout[16],vout
[17],judge[7]);
    vnu_4 g8(clk,vnu_en,vnu_rst,data[8],cout[4],cout[19],cout[26],cout[29],vout[18],vout
[19],vout[20],vout[21],judge[8]);
    vnu_3 g9(clk,vnu_en,vnu_rst,data[9],cout[8],cout[23],cout[30],vout[22],vout[23],vout
[24],judge[9]);
    vnu_2 g10(clk,vnu_en,vnu_rst,data[10],cout[12],cout[27],vout[25],vout[26],judge
[10]);
    vnu_2 g11(clk,vnu_en,vnu_rst,data[11],cout[16],cout[31],vout[27],vout[28],judge
[11]);
    vnu_1 g12(clk,vnu_en,vnu_rst,data[12],cout[20],vout[29],judge[12]);
    vnu_1 g13(clk,vnu_en,vnu_rst,data[13],cout[24],vout[30],judge[13]);
    vnu_1 g14(clk,vnu_en,vnu_rst,data[14],cout[28],vout[31],judge[14]);
    vnu_0 g15(clk,vnu_en,vnu_rst,data[15],cout[32],vout[32],judge[15],vnu_over);
    //对校验节点,看完整的H,是按照先从上到下,后从左到右的顺序
    //8个校验节点同时运算
    cnu_4 c1(clk,cnu_en,cnu_rst, vout[1],vout[2],vout[6],vout[18],cout[1],cout[2],cout
[3],cout[4]);
    cnu_4 c2(clk,cnu_en,cnu_rst, vout[3],vout[4],vout[9],vout[22],cout[5],cout[6],cout
[7],cout[8]);
    cnu_4 c3(clk,cnu_en,cnu_rst, vout[5],vout[7],vout[12],vout[25],cout[9],cout[10],cout
[11],cout[12]);
    cnu_4 c4(clk,cnu_en,cnu_rst, vout[8],vout[10],vout[15],vout[27],cout[13],cout[14],cout
```

```
[15],cout[16]);
    cnu_4 c5(clk,cnu_en,cnu_rst, vout[11],vout[13],vout[19],vout[29],cout[17],cout[18],
cout[19],cout[20]);
    cnu_4 c6(clk,cnu_en,cnu_rst, vout[14],vout[16],vout[23],vout[30],cout[21],cout[22],
cout[23],cout[24]);
    cnu_4 c7(clk,cnu_en,cnu_rst, vout[17],vout[20],vout[26],vout[31],cout[25],cout[26],
cout[27],cout[28]);
    cnu_0 c8(clk,cnu_en,cnu_rst, vout[21],vout[24],vout[28],vout[32],cout[29],cout[30],
cout[31],cout[32],cnu_over);
    //校验模块----------验证是否满足 h * cT=0
    always @(posedge check_en)
        begin
            if(!en)
                begin
                    check<=8'dx;
                end
            else
                begin
                    if (check_en==1)
                        begin
                                check[1]<= judge[1] ^ judge[2] ^ judge[4] ^ judge[8];
                                check[2]<= judge[2] ^ judge[3] ^ judge[5] ^ judge[9];
                                check[3]<= judge[3] ^ judge[4] ^ judge[6] ^ judge[10];
                                check[4]<= judge[4] ^ judge[5] ^ judge[7] ^ judge[11];
                                check[5]<= judge[5] ^ judge[6] ^ judge[8] ^ judge[12];
                                check[6]<= judge[6] ^ judge[7] ^ judge[9] ^ judge[13];
                                check[7]<= judge[7] ^ judge[8] ^ judge[10] ^ judge[14];
                                check[8]<= judge[8] ^ judge[9] ^ judge[11] ^ judge[15];
                        end
                end
        end
endmodule
```

7.6.4 仿真测试

```
'timescale 1 ns/ 1 ns
module top_vlg_tst();
//公共信号
reg clk,rst;
//分频模块
wire clkdata;
//rom 模块
wire urom;
//编码模块
wire rq;
wire c;
wire[8:1]rtemp;
wire[4:0]romcnt;
```

```
wire encodeoutready;
wire enmseq;
wire waitstate;
//m 序列模块
wire [7:0]outputcode;
wire [4:0]mseqoutcnt;
wire mesqoutready;
wire endecode;

//译码模块
wire decodeout;
wire rqcontrol;
 top i1 (
    //公共信号
    .clk(clk),
    .rst(rst),
    //分频模块
    .clkdata(clkdata),
    //rom 模块
    .urom(urom),
    //编码模块
    .rq(rq),
    .c(c),
    .romcnt(romcnt),
    .encodeoutready(encodeoutready),
    .enmseq(enmseq),
    .rtemp(rtemp),
    .waitstate(waitstate),
    //m 序列模块
    .mesqoutready(mesqoutready),
    .mseqoutcnt(mseqoutcnt),
    .outputcode(outputcode),
    .endecode(endecode),
    //译码模块
    .rqcontrol(rqcontrol),
    .decodeout(decodeout)
);
initial   begin
    clk = 0;
    forever
        #5 clk = ~clk;
end
initial   begin
    rst = 0;
    #125 rst = 1;
end
 initial   begin
    #50000 $stop;
```

```
end
endmodule
```

7.6.5 结果分析

利用 ModelSim 进行仿真，可以得到系统的编码和译码仿真结果，如图 7-22 和图 7-23 所示，从而验证了系统的正确性。

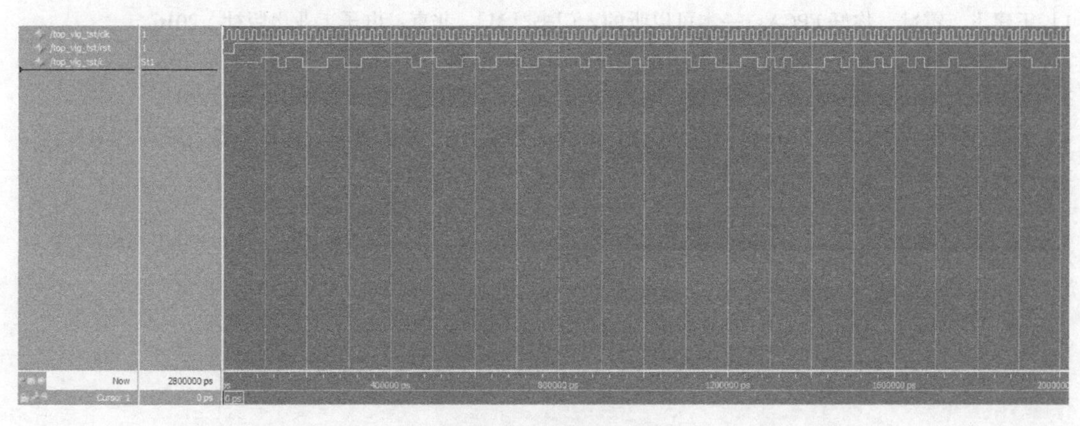

图 7-22　编码仿真图

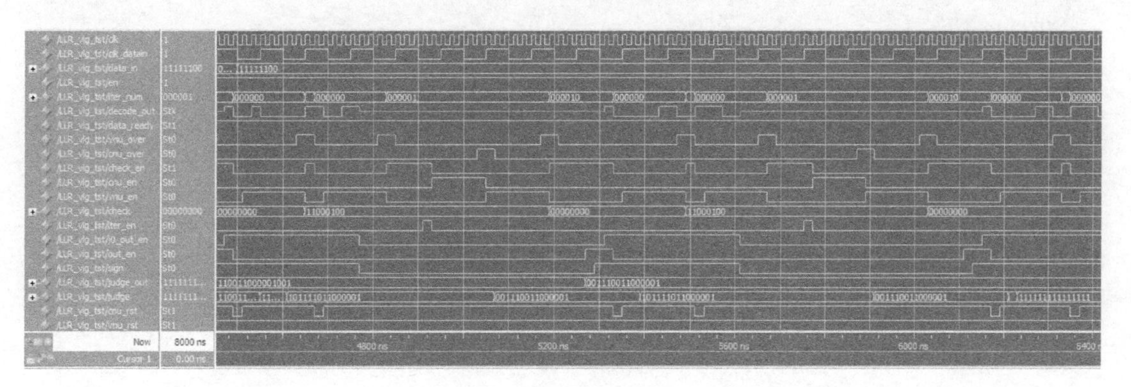

图 7-23　译码仿真图

参考文献

[1] 王建飞，雷斌．你好 FPGA：一本可以听的入门书［M］．北京：电子工业出版社，2016.

[2] 潘松，黄继业，潘明．EDA 技术实用教程—Verilog HDL 版［M］．5 版．北京：科学出版社，2013.

[3] 夏宇闻．Verilog 数字系统设计教程［M］．3 版．北京：北京航空航天大学出版社，2013.

[4] 王诚，蔡海宁，吴继华．Altera FPGA/CPLD 设计（基础篇）［M］．北京：人民邮电出版社，2013.

[5] 陈金鹰．FPGA 技术及应用［M］．北京：机械工业出版社，2015.